資本主義は脱物質化する

MORE from LESS

モア・フロム・レス

アンドリュー・マカフィー
小川敏子 訳

日本経済新聞出版

MORE from LESS
（モア・フロム・レス）

資本主義は脱物質化する

More from Less
by
Andrew McAfee

Japanese translation rights arranged with
Scribner, a Division of Simon & Schuster, Inc.
through Japan UNI Agency, Inc., Tokyo.

母ナンシーに本書を捧げる。
子どもである私たちに、
世界に対し目を見開くこと、
そして世界を愛することを教えてくれた、
わが母に

私たちは神としてうまく振る舞えるようになるかもしれない

――スチュアート・ブランド、ホール・アース・カタログ、１９６８年

はじめに

よく聴け！最初に断わっておく。なめらかで見映えのよいものを期待するな。
俺が用意している褒美は、取っ付きが悪くてゴツゴツしている。

――ウォルト・ホイットマン「Song of the Open Road（オープン・ロードの歌）」１８５６年

もっと地球を大事にする。私たちはようやく、それを実行できるところまで漕ぎ着けた。やっとここまで来たのだ。

有史以来、人は地球の資源をいかにして手に入れようかと工夫を凝らし、その知恵と工夫によって繁栄してきた。やがて人口が大幅に増え、社会は栄え、ますます資源が必要となった。もっと多くの鉱物、化石燃料、耕地、木々、水、それ以外の資源も。

だが、それも過去のことになろうとしている。近年、これまでの常識をくつがえす「モア・フロム・レス」というパターンが出てきた。アメリカは現在、世界のＧＤＰの約25％を占める経済大国でありＧＤＰも人口も成長を続けている。にもかかわらず、大半の資源消費量が年々減少傾向にある。加えて大気汚染は軽減し、水の使用量が減り、温室効果ガスの排出量が減り、絶滅に瀕していた多くの動物の生息数が増加している。一言でいうと、ある時点でアメリカが必要とする資源量はピークを過ぎた。同じ状況はアメリカ以外の豊かな国々でも多く見られる。そして、中国を始めとする開発途上国においても、地球を大事にするための重要な施策が打ち出されている。

私たちはどのようにして転換点を迎え、より少量からより多くを得られるようになったのか、本書で解き明かしていきたい。

その前に、はっきりさせておきたいことがある。私は決していまの世界の状況が上出来とは思っていない。何もかもがうまくいっているなどと愚かなことを言うつもりもない。現に地球温暖化という問題があり、私たち人間は当事者として緊急な対応を求められている。地球規模での環境汚染への取り組み、人間によって絶滅の危機にさらされている種の保護も緊急課題である。言うまでもなく、貧困、疾病、栄養失調、コミュニティの崩壊などの問題を克服しない限り、人類に明るい未来はないだろう。

仕事は山積みである。それでもきっと私たちはやり遂げる。そのための方法がわかっているからだ。それをまず指摘しておこう。地球の多くの場所ですでに危機を脱した人々がいる。自然界の状況もよくなってきている。人類と自然界とのトレードオフの関係は終わった。人間が道を誤らない限り、二度と逆戻りはしない。その根拠を本書で示し、読者の皆さんにうなずいていただければと思う。

より少量の資源から人間はより多くを得られるようになった。これは人類にとって記念すべき重要な節目である。ここに至るまでの道筋を本書では辿っていくわけだが、不思議なことに、劇的な進路変更によって人類と自然界とのトレードオフの関係が終わったわけではない。人類の繁栄と健全な地球環境の両立は、これまでやってきたことの延長上にあった。ひたすらレベルを上げることで成し遂げたのである。

本書の概要

なんといっても、資本主義とテクノロジーの進歩という組み合わせが効果を発揮して、人々のニーズと願望に見事に応えてきた。ここで首をひねる人も大勢いるだろう。何しろ18世紀後半の産業革命はまさにこのふたつの組み合わせであり、以来、資源消費量がとてつもなく増えて環境悪化につながったからだ。工業化時代に人類はかつてない規模で、そしてスピードで発展を遂げた。それは、地球を犠牲にしたうえでの発展だった。私たちは地球の資源を掘り出し、森の木々を伐採し、動物を殺し、大気と水を汚染し、それ以外にも地球に対して数えきれないほどの許されない行為をおこなった。繁栄のために、罪深い行為を延々と重ねてきたのである。

工業化時代にはテクノロジーの進歩と資本主義というふたつの力が花開き、人類の運命は決まってしまったかと思われた。このまま人口が増えつづけ、消費が加速し、地球をますます疲弊させていくだろうと。第1回アースデイが開催された1970年の時点では、多くの人々が悲観的であった。テクノロジーの進歩と資本主義という組み合わせは人類を破滅へと導くだろう、この調子で地球を痛めつければいつかそうなるだろうと予想していた。

では、実際にはどうであったのか。予想とはまったく逆のことが起きた。それこそが、本書の主題である。資本主義は依然として勢力を拡大している（これは容易に実感できるだろう）が、テクノロジーの進歩に変化があった。人類はコンピュータ、インターネットを始めとして多様なデジタル技術を開発し、消費の脱物質化を実現させたのである。消費はますます増えているが、地球から取り出す量は減少しているということだ。デジタル技術の進歩によりアトムがビットに取って代わられ、コスト削減が可能になり、資本主義においてコスト削減の強い圧力にさらされる企業に大いに歓迎された。それを追求した結果、かつて複数のデバイスを必要としていたことが、いまやスマートフォン（スマホ）ひとつで事足りるようになった。

より少量からより多くを実現した立役者は資本主義とテクノロジーの進歩だけではない。重要な要因がさらにふたつある。ひとつは人間が地球に害を与えている（汚染し、種の絶滅を引き起こしている）という市民の自覚［public awareness］であり、もうひとつは反応する政府［responsive government］、つまり自国民の意志に沿って行動し、地球に与える害を防ぐ適切な手立てをとる政府である。どちらも、アメリカを始め世界各地でおこなわれるアースデイと環境運動によって強化されてきた。

テクノロジーの進歩、資本主義、市民の自覚、反応する政府。この4つをまとめて〈希望の四騎士〉と呼ぶことにする。(*) このすべてが揃った国は人間と自然の両方とも、よりよい状況となる。どれひとつ存在しない場合、人間も自然も苦しむ。

幸いにも、いま世界各地に〈希望の四騎士〉が姿をあらわすようになっている。したがって、私たちは急激な転換を図る必要はなく、すでに着手しているよいことをさらにやりつづければいい。騎士ではなく自動車の運転にたとえてみよう。経済と社会のハンドルを右や左に切るのではなく、アクセルを踏むことが大事だ。

釈然としなくても

どうぞ、頭をやわらかくして本書を読み進めていただきたい。にわかには受け入れ難い考えや結論に行き当たることが必ずあるはずだ。そもそも本書の骨子——資本主義とテクノロジーの進歩によって、私たちは地球への負担を小さくしながら、豊かに暮らせるようになっている——には賛同できないという人は決して少なくないだろう。

＊新約聖書「ヨハネの黙示録」において戦争、飢饉、疫病、死をあらわすとされる四騎士と対比させている。

かく言う私も、初めてこの考えに出会った時には受け入れ難いと感じた。ジェシー・オースベルが2015年にブレイクスルー・ジャーナル誌で発表したすぐれた小論「The Return of Nature: How Technology Liberates the Environment（自然の復活──テクノロジーはいかに環境を解放するか）」を読んだ時のことだ。(十一) タイトルを一目見て、クリックして本文を読まずにはいられなかった。それはおそろしく興味深い内容であった。

オースベルはアメリカ経済の脱物質化を実証してみせたのである。それは細部に至るまで徹底した内容であった。それでも、「まさか、これが正しいはずがない」と思ってしまう自分がいた。経済が成長すれば資源消費量が増えるに決まっている、という考えから脱するのはたやすいことではなかった。だが、オースベルの研究をきっかけとして、私は自分の思い込みに疑問を抱くようになり、結局きっぱりと考えを改めた。

決定的だったのは、研究を重ねるなかで、人類がより少量からより多くを得られるようになった経緯について説明がついたことだ。なぜ経済成長と資源の消費を切り離すことができたのか。脱物質化へと切り替えられたのはなぜか。そこに欠かせないのが、すでに述べた通り資本主義であり、本書ではその重要性をじっくりと解き明かしていこうと思う。

すんなり受け入れてもらえる、とはいかないだろう。資本主義はマルクスに激しく批判されて以来、多くの反発を浴びてきた。懐疑的な立場をとる人々はさらに多い。その資本主義を絶賛するような主張をすれば、なんと無知なことかと呆れられる、あるいはもっと手厳しい反応があるだろう。もしもあなたがその1人であるなら、本書を手に取ってくださったことを心からありがたく思う。資本主義についての私の考え、本書で提示する証拠と論理、それをもとにした見解をじっくりと検討していただければと心から願う。

もしもあなたが資本主義を擁護する立場にあるなら、本書で私が支持する新しい税（炭素税など）と厳しい規制（公害、絶滅の危機に瀕した動物の売買についての規制）が気に入らないかもしれない。筋金入りの資本主義者の多くは、こうした提案にいい顔をしないだろう。それに加えて、私は原子力と遺伝子組み換え作物をもっと積極的に活用しようと提案している。どちらも強い逆風にさらされているのはよくわかっている。

そうなると、あらゆる立場の人々にとって、本書の内容はどこかしらひっかかる部分が出てくるだろう。繰り返しになるが、広い心で本書に接していただきたい。誤解しないでいただきたいのは、私には論争を巻き起こそうとか、きな臭い議論を勃発させようなどという気持ちはいっさいない。誰かを挑発したり攻撃したり、という意図もない（あえて怒りを買いたいとも、誰かを出し抜きたいとも思わない）。私が目指すのは、この世界で起きているすばらしい現象について、なぜそれが実現したのかを解明し、どんな可能性を秘めているのかを記していくことだ。どうか、お付き合いいただきたい。

目次

はじめに……5

第1章　マルサス主義者の黄金時代……15

第2章　人類が地球を支配した工業化時代……24

第3章　工業化が犯した過ち……48

第4章　アースデイと問題提起……70

第5章　脱物質化というサプライズ……98

第6章　なぜリサイクルや消費抑制は失敗するか …… 111
第7章　何が脱物質化を引き起こすのか ―― 市場と驚異 …… 124
第8章　アダム・スミスによれば ―― 資本主義についての考察 …… 156
第9章　さらに必要なのは ―― 人々、そして政策 …… 175
第10章　〈希望の四騎士〉が世界を駆け巡る …… 207
第11章　どんどんよくなる …… 222
第12章　集中化 …… 248
第13章　絆の喪失と分断 …… 263
第14章　この先にある未来へ …… 286
第15章　賢明な介入 …… 307

結論　未来の地球 339
謝辞 344
原註 372

第1章

マルサス主義者の黄金時代

［戦争に似ている状態は］人が自分自身に備わった力と創意工夫で身を守ることなどできない状況の時である。そんなことでは産業が生まれる余地はなく……したがって地球上の文化は存在し得ない……それは最悪の状態であり、絶えず恐怖と非業の死を遂げる危険から逃れられず、人は孤独で、貧しく、不快で、凶暴で、短命である。

――トマス・ホッブズ『リヴァイアサン』［邦訳：岩波書店］１６５１年

後世に自分の名が語り継がれることを夢見る人は多いだろう。だが、「とんでもない誤謬」の同義語として残るとしたら、うれしくはないのでは。

まさにそのような形で名を残すことになったのが、人類と地球の関係について議論を展開したトマス・ロバート・マルサス（と彼の理論を受け継ぐ人々）である。ある論証がなされ、それが却下され、論証者が揶揄される時に、「マルサス主義」の一言が充てられるようになった。(*) 正当な根拠に欠け、乏しい情報に基づいて未来を悲観的にとらえる。それを表現する時に、マルサスの名が登場する。

18世紀が終わりに近づいた頃にマルサスはとてつもなく暗い未来を予測し、結果的にその予測は見事にはずれた。だから、しかたないのではあるが、それでも、善き牧師マルサスにとって、この評価はいささか厳し過ぎやしないか。未来に関しては、確かに完全に見誤っていたが、過去に関してマルサスはおおむね正しくとらえていた。彼についての議論では、この部分が抜け落ちることが多い。

よからぬ波

マルサスは1798年に発表した『人口論』〔邦訳：中央公論新社〕で一躍名を知られるようになった。これは現代人にはたいへんに読みにくい。出版されてから2世紀の間に文章形式が大きく変わったためでもあるが、それにも増して、事実を述べる際にも人種差別的な態度が感じられて、全体としてなんとも不快な印象なのだ。たとえばマルサスは一貫して「北米インディアン〔原文ママ〕は、他の人種に比べて男女間の親密さがさほど顕著ではない」としている。[十一]

こうした記述から『人口論』はヨーロッパ中心主義だ、独善的な一般化の寄せ集めだ、との評価を受けやすい。しかし後の研究から、マルサスは正しかったとあきらかになった。北米の先住民の性生活についてではない。人類の歴史において時代と集団の違いを問わず、驚くほど共通する、ある特徴をマルサスは見抜いていたのである。総人口が減少する時期の後に増加が始まるという現象に着目し、人口における「周期的変動」あるいは「波動」と表現した。「歴史の古い国々にはすべてそのよ

うな波動がある……その主題について深く考える人であれば、これは疑いようがない」とマルサスは述べている。(†2)

地球上のあらゆる人間集団に例外なくこの波動が起きるのはなぜか、それを数学的に解き明かすことこそ、『人口論』の主題であった。マルサスは次のように的確に指摘をしている。人口を減らそうという力がまったく働いていない状態では、急速に増加していく。あるカップルに子どもが2人生まれ、その子たちに2人ずつ子どもが生まれ、同じことが順々に続いていけば、1世代ごとに子孫は倍増し、2、4、8、16、と増えていく計算だ。人口の指数関数的（あるい等比級数的）な増加に歯止めをかけるための選択肢はふたつしかない。子どもを持たない、あるいは、死。そのどちらかだ。

その両方が抑止力となって頻繁に歯止めがかかり、どんな集団でも人口増加の速度が落ちる。時には総人口が減る、とマルサスは指摘する。それは単純な理由によるもので、等比級数的に増加する人口を養いつづける食糧を供給できないからだ。人口が等比級数的（2、4、8、16……）に増えるのに対し、食糧は等差級数的（あるいは線形的。2、3、4、5……）にしか増やせないとマルサスは考えた。このミスマッチから生じる悲惨な未来を記すのに『人口論』の大部分が割かれている。「人口は抑止されなければ等比級数的に増加する。一方、生き延びるための糧は等差級数的に増える。少し数

＊自然科学の分野ではそのような言葉についてコンセンサスが取れている。たとえば生物学者は「創造論者」という言葉を同じ意味合いで使う。社会科学ではやや複雑である。本書で後に再登場する「社会主義者」と「資本主義者」は、侮蔑的な意味合いでも、誇りを持って自称する時にも広く使われる。

学をかじった人であれば、後者に対し前者の増え方がどれほど大きなものであるのかがわかる……これは、生存していくことの困難が、つねに人口の増加を強力に抑制することを意味する。つまり、どこかで犠牲を強いられることとなり、必然的に大半の人類は過酷な状況に陥る」(†3)(*)

成長の限界

実際に彼の言葉通りになったのだろうか？　アンガス・マディソンの先駆的な研究を筆頭に過去40年かけて経済史家たちは、何世紀にもわたる人間の生活水準の推移を辿った。人々が必要とし、欲しいと思うものをどれだけ手に入れることができたのかを示す証拠を集め、まとめたのである。生活水準をあらわす際には実質賃金や実質所得がよく使われる。(**)各国で使用される通貨は時とともに変わり、中世の農民は必ずしも現代的な意味での「お金」で「支払い」を受けてはいなかった。それでも賃金と所得という概念を軸として長期にわたる豊かさと貧困について調査することができるので、有効である。また、人口統計の歴史的推移についての研究からは、人口が時とともにどう変動したのかを知ることができる。

経済史家グレゴリー・クラークはこの2種類のエビデンスをまとめ、イングランドの人々の暮らしを『人口論』出版から6世紀前まで遡ってあきらかにした。一言で言うと、悲惨だ。

クラークは横軸をイングランドの人口、縦軸を個人の豊かさとするグラフを作成した。[***] 1200年から1800年まで、10年ごとのデータポイントが線で結ばれている（わかりやすくするために私はグラフに濃淡をつけ、世紀の変わり目を書き入れた）。

グラフが右肩上がりのラインを描いていれば、イングランドの人口は時代とともに増えて、豊かになっているはずだ。実際のグラフはそうはなっていない。1200年以降、何百年間もグラフは左上方と右下方の間を弧を描くように行き来している、つまり、少ない人口で比較的豊かな状態と、人口が多くてあまり豊かではない状態が交互に起きている（本書で紹介するグラフのデータソースは巻末の原註に記載し、morefromlessbook.com/dataで入手できる）。

イングランドでは1200年から何百年間も、マルサスの表現をなぞるように人口が振り子のように増減していた。1700年頃くらいまで、少ない時には約200万人、多い時にはその3倍の約600万人まで増えた。比較的豊かだったのは、人口が比較的少ない時期だけである。食糧も資源も、手に入るものには限りがあった。人間は土地から多くを得ることができなかったのだ。人口が一

*マルサスは生命維持に必要な食糧がなぜ人口のように等比級数的に増えないのかについて、詳細に説明していない。食糧生産について「どれほど熱心に考えても、[等差級数的増加を]上回る方法は想定できない」と仮定しているにとどめている。

**「実質」とは、「インフレの影響を加味した数値」を意味する。

***クラークが豊かさを測る尺度として用いたのはイングランドの職人の賃金である。経済全体の健全性をあらわす指標として適当で、過去に遡って入手できる質の高いデータであるのがその理由だ。

イングランドの人口と豊かさ（1200〜1800年）(†4)

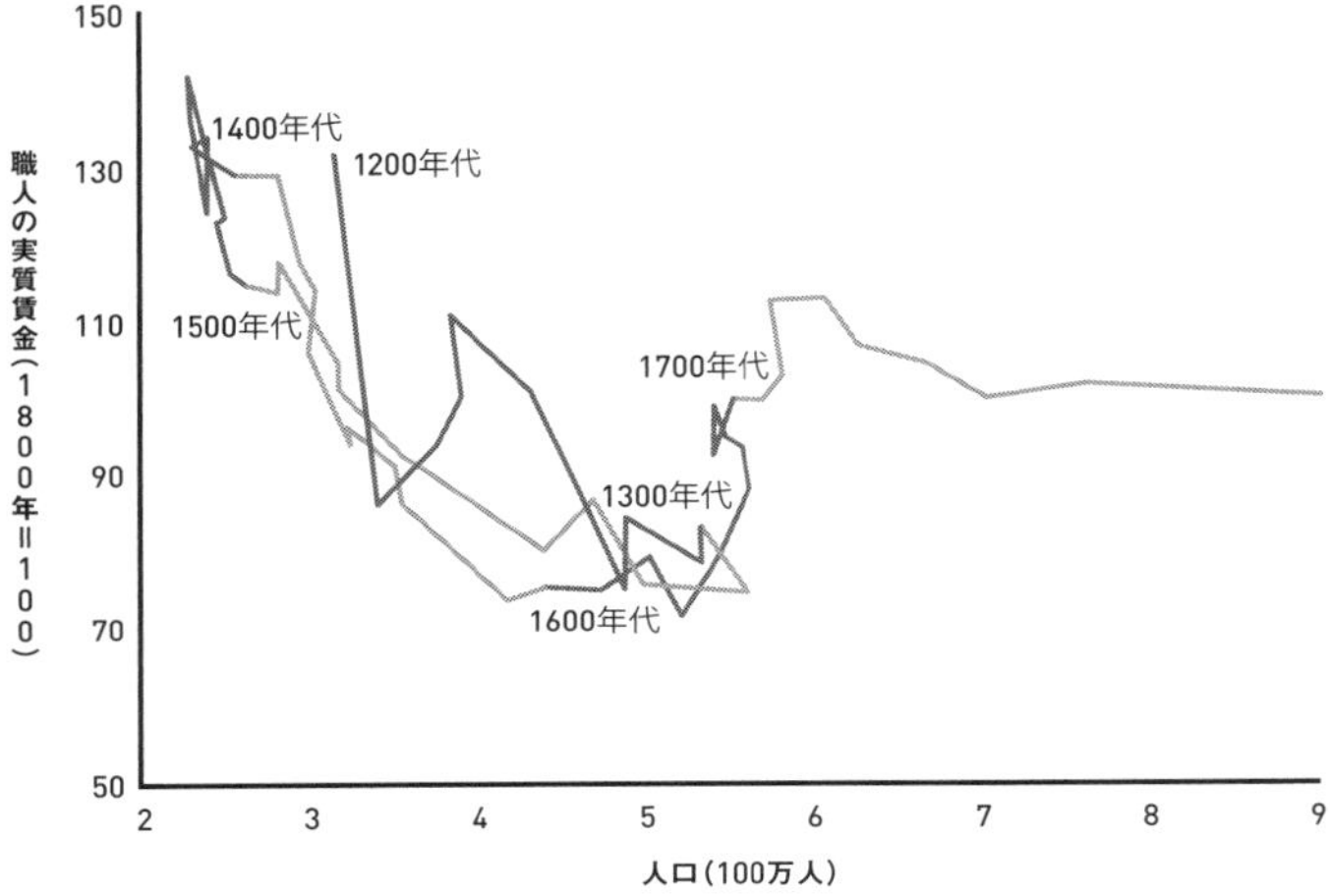

定以上増えれば当然足りなくなり、人口が減るという情け容赦ない仕組みとなっていた。

18世紀に入ると、人口と豊かさのトレードオフは少しだけ弱まった。それだけ農業が発展したからだろう。しかし、全体としては、やはり状況は厳しかった。たとえば1700年代の平均的なイングランド人は、1200年の時点よりも暮らしが過酷になった。クラークは次のように述べている。「1200年から1800年まで600年間を調べると、前工業化時代についてのマルサスモデルの基本理念のひとつが当てはまることが確認できる」(†5)

同時期のスウェーデン、イタリア、その他ヨーロッパ諸国においてもマルサスの人口波動が起きていることが研究者によってあきらかになった。(†6)狩猟採集あるいは遊牧生活から定住化して農耕生活へとライフスタイルが変わっても――いわゆる「新石器革命」――人は飢饉と飢餓から解放されなかった。[*]「必要な食糧」と「手に入るもの」が釣り合わない結果、人口は増減の波を繰り返した。土地に対して人数が増え過ぎると資源が乏しくなり、人口は減っていった。

地球に対抗する人類

人類のゆりかご、アフリカからホモ・サピエンスが出たのは10万年以上前である。[†7] 以来、18世紀後半の工業化時代を迎えるまで、まさにマルサスが描いた世界で人間は生きてきた。人類は地球のあらゆるところに到達したが、征服してはいなかった。

永久凍土の南極大陸をのぞいてすべての大陸に人は進出し、ありとあらゆる土地と気候に順応した。そして捲まず弛まず努力を続け、創意工夫を発揮した。動物を家畜化し、植物を栽培し、交配を繰り返して人間にとって望ましい遺伝子を持つ品種をつくった。大きな都市を築き、16世紀のアステカのテノチティトラン（現代のメキシコシティの場所にあった）は5平方マイル［約13平方キロメートル］もの広さがあった。[†8] 17世紀末までにロンドンの人口は50万人を突破した。[†9] また、灌漑《かんがい》や犂《すき》、セメント

＊骸骨を調べると、農耕を始めた第一世代は狩猟採集生活を営んでいた祖先よりも顕著に身長が低く栄養状態が悪かったことがわかる。人が定住型の農耕生活で祖先よりも健康的になるまでには驚くほど長い時間がかかった。

から火薬に至るまで多様な技術をつくりだして環境を整えた。

ただ、人口はやたらには増えていない。1万年前、地球上にはおよそ500万人の人間がいた。[†10] 新たな土地に移動し技術が発達するにつれて人口は順調に増えた。指数関数的ではあるが浅い曲線を描いて増え、イエス・キリスト時代までにおよそ1億9000万人に達した。農耕により高い人口密度が可能になったので、紀元後になると農耕の広まりとともに人口増加も加速した。

1800年まで地球上には人間がわずか10億人くらいしかいなかった。そんなに大勢、と思うかもしれないが、地球の居住可能地域[*]から見れば少ないと感じるだろう。1800年にすべての人間が居住可能地域に均等に散ったとすると、約16エーカー［約6ヘクタール］の土地に1人という計算になる――ワールドカップのサッカー場9個分の面積だ。この広さではどんなに声を張り上げても、誰とも話ができない。

ここまで人口の増加が非常にゆるやかであった理由としては、まず、人間はあまり長生きしなかった。人口統計学者ジェームズ・ライリーによれば、「1800年の世界の平均寿命は約28・5歳」であり、当時、世界のどの領域においても平均余命は35歳未満だったという。[†11] 寿命に加えて、豊かでもなかった。経済学者アンガス・マディソンは、「1人当たりの所得は非常にスローペースで伸びた――［1000年を起点として］8世紀かけて世界の平均所得はようやく1・5倍」になり、それより前はさらにペースが遅いのが当たり前であったと述べている。[†12]

ようするに、現生人類の歴史のほぼすべてが、マルサスの法則通りの世界だった。どんな集団で生きる人々にとっても、なにより重要なのは命をつなぐのに必要な食糧などの資源を自然界から確保することだった。しかし自然界は気前がよくないので、存分には与えてくれない。何千年ものあいだ、私たちが地球からめぐみを手に入れる力量はさっぱりあがらなかった——だから集団の大きさ、豊かさにもさして差はつかなかった。人間は粘り強く、コツコツと奮闘努力を重ねたものの、18世紀末までは自然界を征服したとは言い難い。むしろ自然界によって人間は牽制されていた。

＊居住可能地域とは、山岳地帯、砂漠、南極大陸を除外した陸地部分のことである。

第2章

人類が地球を支配した工業化時代

どんな土地でも、多くの人々が豊かに暮らせるようになるには、あらゆる技術を用いた生産手法をひたすら改良して発展する以外に道はない。

――MIT（マサチューセッツ工科大学）にておこなわれた集会Mid-Century Convocationでのウィンストン・チャーチルの演説、1949年

マルサスは人口の増減の波に関して、正しい説を唱えた。また、人類が地球に登場してから大部分の時期、自然界のさまざまな条件によって人口が制限されていたことについても、彼の説は正しかった。それならば、なぜ今日、マルサスの名は尊敬をもって語られないのか。産業革命ですべてが変わってしまったからである。とりわけ、マルサスが『人口論』を出版する22年前に登場したある機械によって、人類は大規模な食糧不足に陥るというマルサスの予測は、歴史に残る誤算となった。

世界でもっとも強力なアイデア

世界史に刻まれる1776年[*]の3月、発明家ジェームズ・ワットとマシュー・ボールトン、そして投資家らがイングランド、バーミンガム近郊のブルームフィールドの炭鉱で、新しい蒸気機関のお披露目をした。

イングランドの炭鉱で坑道内の排水に蒸気を動力とする機械を使うというアイデアは、とりたてて新しいものではなかった。すでに何十年も前からイギリス人トーマス・ニューコメンが開発した蒸気機関が使われていた。ただし、排水以外にはほとんど使用されていなかった。ニューコメンの蒸気機関は石炭を燃料として大量に食うので、石炭が安く豊富にあるところでなければ経済的とはいえなかったためだ。この点で坑口は最適であった。一方、ワットがブルームフィールドでお披露目した蒸気機関はニューコメンの蒸気機関と比較すると、石炭1ブッシェル当たり2倍もの有用なエネルギーを供給できた。[†1] すぐれたひらめきと長年コツコツと積み上げた研究から生まれた新しい蒸気機関は、格段に効率的で大きな動力をもたらした。これはほかにもいろいろ活用できる。ワットとボールトン、そして多くの人々が気づくまでに時間はかからなかった。

＊同じ年、アメリカの独立宣言が採択され、スコットランドの経済学者アダム・スミスが代表作『国富論』（後述する）を出版した。

その時点まで、人類の歴史で動力源といえば（人間と人間が家畜化した動物の）筋肉［畜力］、風、落差を利用した水の力に限られていた。ワットの蒸気機関と、それから発展した機械が登場すると、動力源のリストには石炭など化石燃料を使う各種機械が加わり、それによって人間と地球との関係はまったく違うものとなった。むろん、産業革命は動力をつくりだす新しい機械だけで実現したわけではない——株式会社、特許、その他知的財産を含むさまざまなイノベーション、かつてはエリート層が独占していた科学と技術の知識が広く社会に普及することも必須だった——が、機械の存在がなければ「革命」には至らなかったはずだ。蒸気機関の歴史を著したウィリアム・ローゼンが選んだタイトルは「世界でもっとも強力なアイデア」である。(十2) まさにその通りだ。

蒸気から土へ

マルサスの人口波動にピリオドを打った蒸気の力とは、実際のところどれほど強力だったのか。エンジンは石炭から化学エネルギーを大量に抽出し力学的エネルギー（車輪をまわす、重い物を持ち上げる）に変える。それがどのようにして人口増減というサイクルを終わらせ、歴史が始まって以来初めて人類を解放したのだろうか。たとえば蒸気を動力とするトラクターを使って農地の収穫量を格段に増やしたのか。

実際はそうではなかった。そのようなトラクターは19世紀の後半になってようやくいくつか製造された。しかしあまり役に立たず、あまりにも重過ぎた。簡単に泥にはまり、農地はどこもかしこも泥だらけだった。蒸気の力は農地を耕すのではなく肥やすことに利用され、人類の歴史が変わっていった。

各種ミネラルを与えると農地が肥える。人類は何千年も前からそれに気づいていた。19世紀前半にチリのアタカマ砂漠で硝石の大きな鉱床が発見され、イギリスの農学者と起業家たちはそれを手に入れようと活気づいた。硝酸塩は多くの肥料の主原料だったのである。南米の沿岸沖の島々で、グアノ――海鳥が何世紀にもわたって集まってできた大量の糞の堆積物――が発見された時も同様だった。

1838年、ウィリアム・ホイールライトはイングランドと南米西岸を結んで貨物船を行き来させる会社を創設した。(†3) ホイールライトが選んだのは風力を利用する帆船ではなく、開発されてまもない蒸気船だった。蒸気機関をおもな動力として大西洋横断がおこなわれたのはわずか15年前であったが、(†4) すでに世界の海洋を人と物資が移動する方法は様変わりしていた。ホイールライトが興したパシフィック・スチーム・ナビゲーション社の最初の2隻の船は、それぞれチリ、ペルーと呼ばれ、1840年に操業開始した。こうして工業化時代の船が続々と操業してイギリスの石炭を南米に運び、南米からは鉱肥を満載して戻り、イギリスの農場の生産性が高まった。

食肉処理された動物の骨も良質な肥料となった。さらに、1840年代にイングランド南西部で、動物の糞尿が化石化した糞石も発見され、これも良質な肥料となった。[†5] このようなミネラルが肥料として使われるまでには、ひとつひとつの過程で蒸気の力が欠かせなかった。輸送には蒸気船と蒸気機関車が使われることが増えていった。ミネラルは大規模な化学反応によって肥料となるが、それには大量のエネルギーが必要だ。そのエネルギーは石炭が供給し、石炭を掘り出す鉱山では蒸気を動力とする機械で排水と換気がおこなわれた。化学工場の炉には蒸気を動力とする送風機で絶えず空気が送り込まれた。工場から肥料を農村地帯に運んだのは蒸気機関車だった。このように19世紀には肥料を媒介として土壌と蒸気が密接に結びついていた。

工業化時代、肥料を使うことで農場は作物の収穫量を増やし、多くの人を養えるようになった。この現象はイギリスだけに限ったことではない。産業革命はイギリスで起きたが、その恩恵はイギリス以外にも広がっていった。蒸気船、蒸気機関車、肥料の大量生産を始め、工業化が生み出した新しいものは、これまでの方法よりもはるかによかったので急速に普及した。

強力なテクノロジーの急速な普及によってヨーロッパ大陸の一部地域ではイングランドよりも安く作物をつくれるようになり、これが長年の緊張をさらに高めることとなった。イギリスの地主貴族層は安い穀物が国外から入ってくることに断固として反対し、政治的な力を発揮して阻止した。彼らは1815年から穀物法として知られる一連の法令を制定し、輸入穀物の販売を制限した。穀物法によってイギリスの食糧の価格は高くなり、国民の不満が募った。[†6] 議会での大規模な論戦の末、穀物法は1846年に廃止された(*)。自由貿易はイギリスの農業の弱点をあらわにした。競争力のない農場が休耕し、1870年の時点ではすでにイギリスの耕作地の総面積が減っていたのである。

利益、病原菌、食事

一方で、イギリスは自由貿易のおかげで製造業と鉱業の優位性を見せつけることとなった。貿易大国として君臨し、国内の経済は急激に成長し多様化した(**)。1750年にイギリスの鉄の生産量はヨーロッパ全体の8％であったが[†8]、それから1世紀あまり後にはほぼ60％を占めていた。19世紀半ばには、世界人口の2％にも満たないイギリスが世界の綿織物生産の半分を、石炭採掘量の65％あまりを

＊穀物法についての議論を機に、自由貿易推進派の政治家ジェームズ・ウィルソンはエコノミスト誌を創刊した。私の大好きな同誌は現在も発行されている（同誌は新聞［newspaper］を名乗っている）。

＊＊たとえ農業と製造業の両方でヨーロッパ大陸よりも高い生産性を誇っていたとしても、イギリスにとっては製造業に集中することが理にかなっていた。直感とは相容れないが、これは「比較優位」という概念であり、A国がふたつの製品のどちらもB国よりも効率的に生産できるとしても、そのどちらか――効率性において相対的に有利な方――を生産し、もう一方をB国から買うことが最良の方法であるというものだ。これは双方の国益に沿うものであり、発展につながる。1817年、イギリス人政治経済学者デヴィッド・リカードがこの比較優位の概念を発表した。ノーベル経済学賞を受賞したポール・サミュエルソンは、ある時、数学者スタニスワフ・ウラムに次のように問われた（†7）。「社会科学すべてのなかで、真であり、かつ自明ではない命題をひとつ挙げて欲しい」。その答えをサミュエルソンは何年も考えつづけ、比較優位であるという結論に至った。「論理的に真であるならば、数学者を説得する必要はない。自明でないものとは、有能で知的な無数の人々がたとえ自力で理解できず、説明されても納得できなくても実証はできる、そういうものである」とサミュエルソンは記している。

イングランドの人口と豊かさ（1200～2000年）（†12）

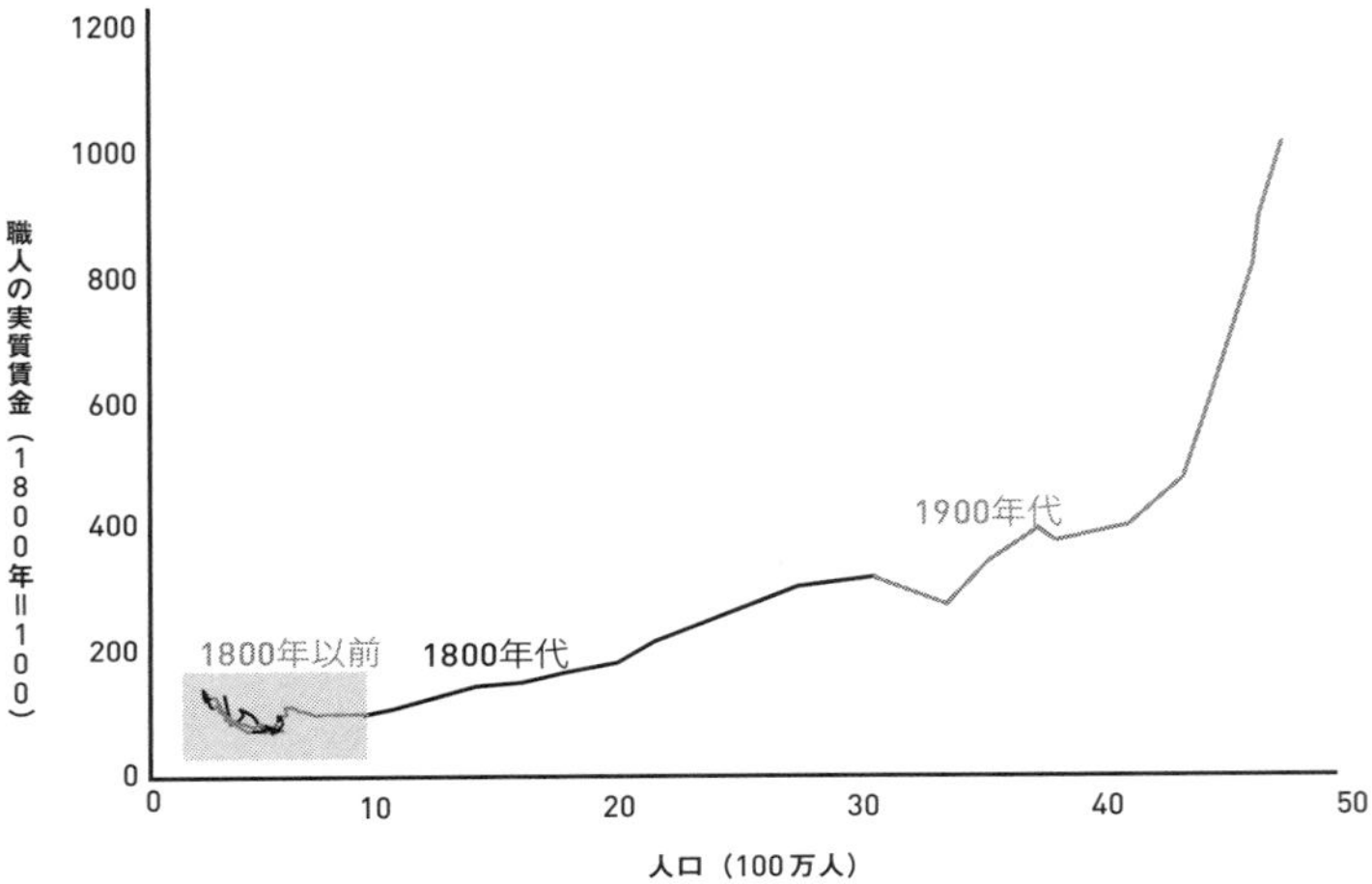

占めていた。[†9] また、1825年以前にはイギリスには蒸気機関を使用する鉄道事業はなかったが、1850年になると蒸気機関車が走る路線長は6000マイル［約9700キロメートル］に達していた。[†10] イギリスの特許登録件数は1850年までの100年で20倍になった。[†11]

ワットやボールトンら発明家と起業家は新しい階層を形成し、イギリスの工業化時代の発展とともにすばらしい成功をおさめた。では、それ以外のイギリスの人々はどうだったのだろう。彼らはどうやって食いつないでいたのか？ その答えを知るために、グレゴリー・クラークのグラフ、すなわち人口と実質賃金の変遷をとらえたグラフを延長してみよう。前章で紹介したグラフでは1800年までの変遷を示し、豊かさと人口がマルサスの理論通りに波打っていることを確認した。では1800年以降はどうなったのだろう。

グラフはまったく異なる様相を示している。あまりにも違うので、すべてのデータを書き入れるために総人口をあらわす横軸と実質賃金をあらわす縦軸を両方とも大幅に延長しなくてはならない。それほどまでに過去とは異なる軌道を描いている。人口と平均的な豊かさ（賃金）を結ぶ線は、19世紀の始まりとともに右の方に急上昇し、それ以降、その軌道が変わることはほとんどなかった。マルサスの人口波動は、イギリスの歴史の1コマとしてひっそりと姿を消した。

イングランドの平均的な労働者の実質賃金が上昇を始めた時期については、産業革命を研究する経済史家たちのなかでばらつきがある。クラークらは研究調査にもとづいて、19世紀に入って早々であったと結論づけている。いや、それよりも数十年後だとする説もある。労働者の交渉力が雇用者側をしのぐようになったからという理由だ。それまでの数十年間は、ドイツの哲学者フリードリヒ・エンゲルス（マンチェスターの紡績工場の経営者の息子）にちなんで「エンゲルスの休止」と呼ばれる。エンゲルスは工業化時代のイングランドでは資本主義のもとで労働者がみじめな境遇に置かれていると信じていた。エンゲルスは1845年に『イングランドにおける労働者階級の状態』を執筆し、1848年にはカール・マルクスとの共著『共産党宣言』〔邦訳：光文社〕を出版している。

エンゲルスの休止の実態がどうであれ、それがどれほど続いたにしろ、『共産党宣言』が出版された時にはすでに終わりを迎えていた。1867年刊行の『資本論』〔邦訳：日経ＢＰ〕においてマルクスは、「資本が蓄積するとともに、労働者の賃金が高くても低くても、労働者の状態は悪化することになる」(†13)と述べているが、これが甚だしい誤りであることは事実を見ればあきらかだ。(*)資本は蓄積し、経済は人類史上例のない成長を遂げた。そして、労働者の状態もまた、かつてないほどよくなった。悪化しなかったのである。(**)

都市の治癒力

言うまでもなく、収入がすべてではない。購買力は重要だが、それだけで人生の質が決まるわけではない。誰にとっても健康は大事だ。産業革命の初期の数十年、人々の健康が深刻な危機にさらされたことは、誰もが認めるところだ。工業化でイングランドの都市と街は人が密集し、病気と貧困が蔓延する巣窟と化したという話はたいていの人が耳にしているだろう。

当時の人々が置かれた境遇については仔細に語られるが、その原因についてはあまり踏み込んで語られない。じつは産業革命が始まるずっと前から、都市の環境は農村よりも劣悪で健康的とは到底言えなかった。蒸気機関を動力とする工場が次々に登場するずっと前から、イングランドの都市と街は人口密度が高く、衛生状態が悪く、身体にいい生活環境ではなかった。だが、工業化時代に入り、時とともに都市は多くの点で健康的になり、(†15)悪い方向に逆戻りすることはなかった。それは実際の証拠から読み取れる。確かに都市だからこそ、さまざまな病気の感染拡大が起きた。しかし他方では、都市は疫学——病気の研究——に役立ち、効果的な疫病対策にも一役買った。

ここでぜひ紹介したいのは、ロンドンにおけるコレラとの戦いの勝利である。コレラは細菌による重い病気で、患者の下痢で飲料水が汚染されると感染が広まる。ガンジス川デルタ地帯を発生源とするコレラは1832年にロンドンに到達し、[†16] 2度の爆発的な集団感染で1万5000人を超える死者が出た。[†17] 感染源が不明なため、なおいっそう「キング・コレラ」としてひどく怖れられた。当時の人々は、多くの疾病は微生物によって起きることをよく知らなかった。一般の人々だけではなく大半の科学者も、病気は腐った野菜や死骸が放つ「ミアズマ」つまり「瘴気《しょうき》」で感染すると信じていた。

1854年、3度目の大流行でソーホー地区界隈では2週間のうちに500人を超える死者が出た。ロンドンの街全体がもはやパニック寸前の状態だった。それがなんとか食い止められたのは、ジョン・スノウ医師の貢献があったからだ。ロンドン全域の地図にコレラ発生地点を書き入れたスノウ医師は、ブロード・ストリートの共用井戸の周辺で集中的に発生していることに気づいた。[†18] 井戸の水が汚染されていたのである。スノウ医師は行政に掛け合ってこの井戸を封鎖させ、コレラのさらなる蔓延が食い止められた。ロンドンでは下水道の工事がおこなわれて汚物は下水に流され、きれいな

---

*「資本主義という機械にさす油は労働者の血でできている」という言葉もマルクスのものという印象があったので調べてみたところ、ホーマー・シンプソンの言葉であった[†14]。

**マルクスは、労働者の賃金が高くなったとしても、彼らの状況は悪化すると予想した。賃金の上昇よりも、モノの値上がり幅が大きくなり、実質賃金は上昇しないとマルクスは考えていた。クラークのグラフを見ればわかるが、事実はそうはならなかった。

水が使えるようになった。コレラなどの病気は細菌によって引き起こされるというルイ・パスツールの説明も功を奏して、これっきりキング・コレラがロンドンを死の恐怖に陥れることはなかった。

コレラの大流行のように、工業化時代の始めには健康面においても「エンゲルスの休止」に相当することが起きていた。[†19]すべてがすばやく改善したわけではなかった。都市部の乳幼児死亡率は、[†20]1800年からの数十年は増加し、減少に転じたのは19世紀後半になってからだ。[*]次章で見ていくが、一因となっていたのは公害である。都市の大気汚染のせいで乳幼児の死亡率は高く、成長が妨げられた。だが時とともに状況は好転し、1970年の時点でイギリス人の身長は世界でもっとも高い部類となった。[†23]

バナナも!

産業革命はエリート層以外の、一般の人々の暮らしも変えた。食生活が改善し栄養状態がよくなったことは、[†24]とりわけ大きな変化だった。ただしこれも産業革命直後にそうなったわけではない。1852年にチャールズ・エルミー・フランカテリ（ヴィクトリア女王の元料理長）が出版した『労働者階級のための手軽な料理』で目を引くのは、平凡な食材を使った徹底した倹約レシピである。朝食は牛乳にスプーン1杯の小麦粉と塩少々を加えて沸かし、これにパンやジャガイモを合わせる。葉物野菜や豆の茹で汁は「野菜スープ」としてオートミールに混ぜる。いつか「大きく成長した雌鶏《めんどり》か雄《おん》

鶏《どり》を手に入れる」幸運が読者に訪れるように、と著者フランカテリは記している。(†25)

その日は現実のものとなった。1936年にイギリスの社会改革家B・シーボーム・ラウントリーは、ヨーク州の労働者階級の食事内容が雇用主と比べてほとんどひけをとらないレベルであるとつきとめている。(†26) 彼は同様の調査を1899年におこなっているが、食事内容はすっかり様変わりし、貧しい世帯は大恐慌のさなかでも週1回はローストビーフと魚を、加えてソーセージなど動物性タンパク質を週2回は食べることができたという。

おそらく、バナナも食べていただろう。バナナといえば、かつてはとんでもない贅沢品だった。遠く離れた土地で栽培され収穫後の傷みが早いバナナは、産業革命が始まってもイギリス国内ではあまり知られていなかった。チャールズ・ディケンズの『クリスマス・キャロル』〔邦訳：新潮社〕の出版は1843年だが、季節のごちそうとして挙がっているのはリンゴ、洋梨、オレンジ、レモンで、バナナは出てこない。やがて冷蔵設備のある蒸気船によって熱帯のプランテーションと北ヨーロッパを隔てる距離と時間はぐっと縮まった。1898年にはアフリカ大陸北西の大西洋上にあるカナリア諸島から65万房を超えるバナナがイギリスに向けて輸出された。(†27) ちなみに1房に100本ものバナナがついている。

＊19世紀、イングランドでは都市部でも農村部でも人々の健康状態は驚くほど悪かった。乳幼児死亡率について見れば、出生数1000人当たり100人から200人が死亡した(†21)。2016年、イギリスでは出生数1000人当たり生後1年未満に死亡する乳児は3・8人だった(†22)。

西洋の社会発展（紀元前2000年～西暦1900年）（†30）

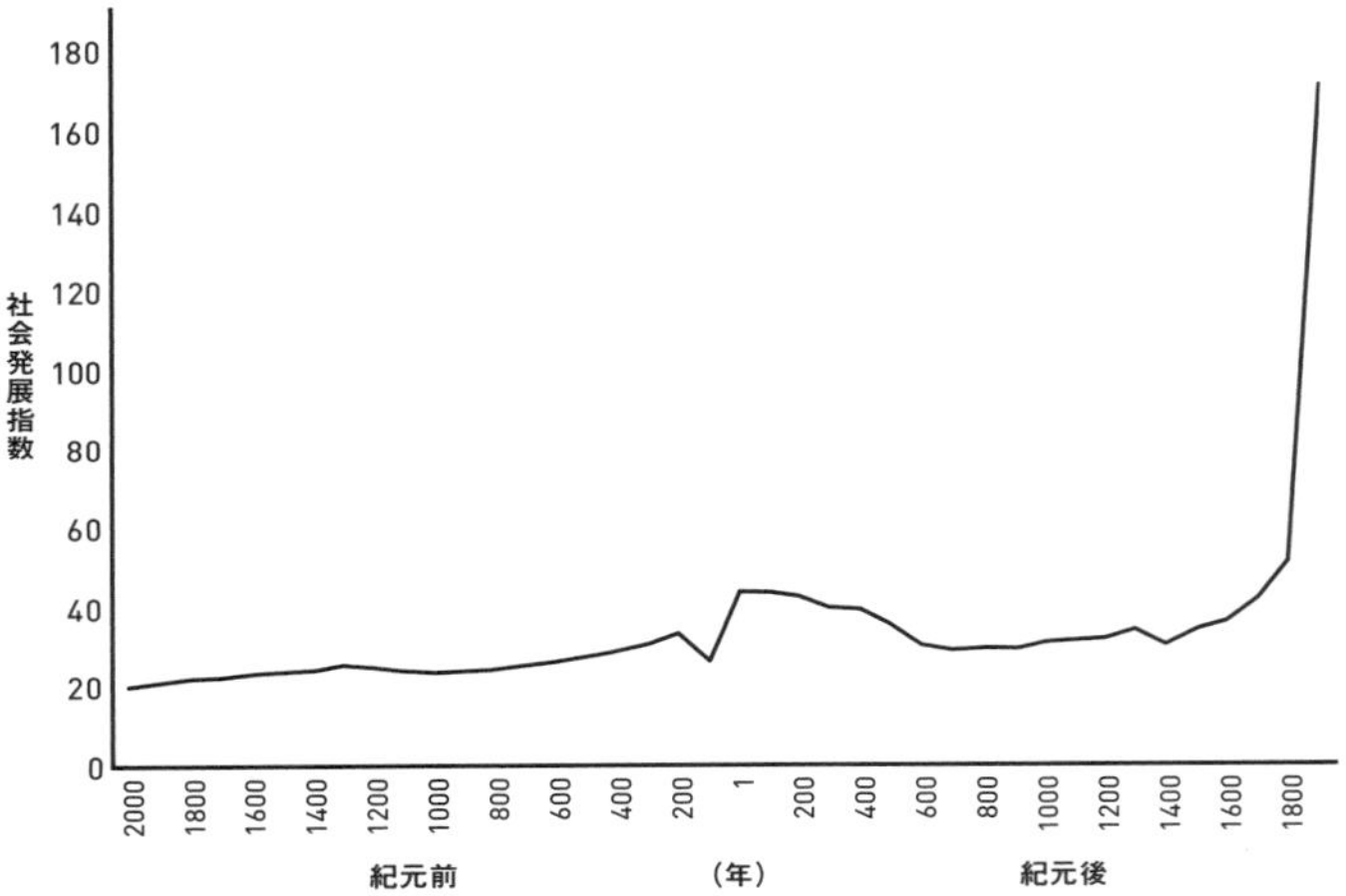

産業革命がもたらした変化の規模、社会全体への影響を客観的に知るには、歴史家イアン・モリスが編み出した指数が参考になる。[†28] これは社会の文明化の段階を定量化したものである。１人当たりのエネルギー獲得量、情報技術、戦争遂行能力、都市化の４項目を点数化した。

この指数は、すさまじい変化を示している。

「西洋[*]の社会的発展は、氷河期の狩猟採集民たちが食べ物を求めてツンドラを移動していた時から１７７６年までに、ゆっくりと45ポイント上昇したが、その後の１００年足らずで１００ポイント急上昇した。信じ難いほどの変化が起きたのである。世界は完全に変容してしまった[†29]」

電化と内燃の第２世紀

しかも、その次の１００年で西洋はさらに大きな変化を遂げた。モリスの社会発展指数は１９００年までの１世紀で１２０ポイント上昇して１７０ポイントに達した後、２０００年までにさらに７３６ポイント上昇したのである。(**)

これほどの変化をうながしたのは、新しく登場した内燃機関、電気、屋内配管など飛躍的な技術である。内燃機関と電気によって私たちは蒸気よりもさらに大量の動力をつくりだし、効果的に使いこなせるようになった。３つ目の屋内配管はロンドンのコレラ流行の拡大を封じ、人口密度の高い都市——つまり、ほぼ世界中の都市——で人々の寿命を伸ばし、より健康的な生活を可能にした。

内燃機関と電気で、より多くの動力を

蒸気船と蒸気機関車に積まれたエンジンと燃料の石炭はとにかく重かったが、水上を、そして重量に耐えられる線路上を移動した。こうした活用法をのぞけば、蒸気動力は移動にむかなかった。ドイ

*モリスは最終氷期末のユーラシア大陸において家畜化がおこなわれた最東地域で発達した社会を「東洋」、最西地域で発達した社会を「西洋」と定義した。

**同じ期間、「東洋」はもっと低い数値からスタートして２３００％あまり上昇した。

西洋と東洋の社会発展（紀元前2000年～西暦2000年）（†31）

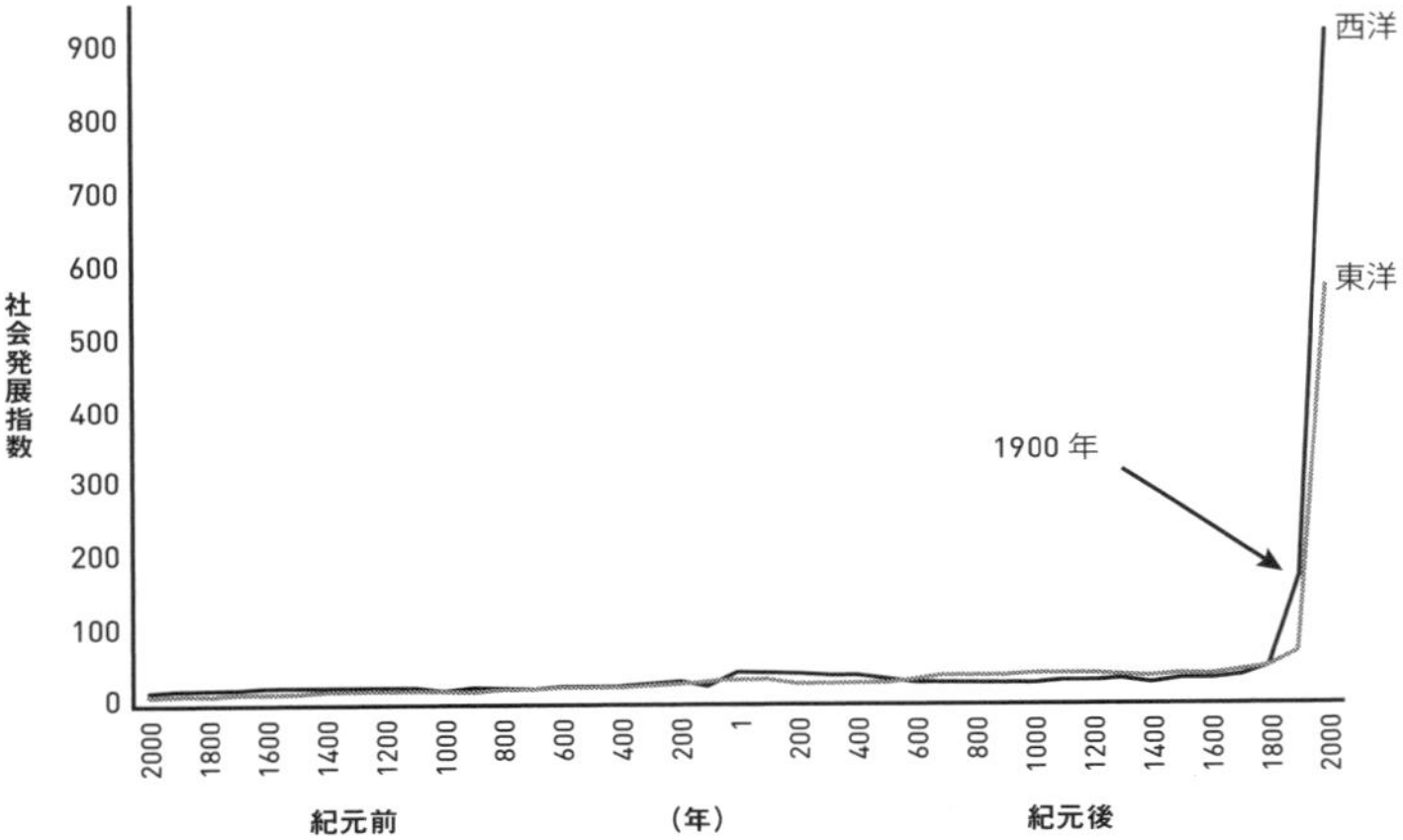

ツのエンジニア、ゴットリープ・ダイムラーは早い時期に内燃機関の開発に取り組み、この新しい装置を輸送に使えないかと考えた。エンジンそのものが比較的軽量で、ガソリンなど高エネルギー燃料を燃焼させる点が魅力的だった。1885年、ダイムラーは一緒に仕事をしていたヴィルヘルム・マイバッハとともに、世界初の内燃エンジン車両「リートワーゲン」を実演してみせた。オートバイに似た無骨な姿だ。後にメルセデスを生み出すダイムラー・ベンツの出発点がここにあった。同様の試みは当時、ほかにもいろいろあったに違いない。

電力は小さく始まって大きくなり、また小さくなった。1837年、バーモントの鍛冶屋トーマス・ダベンポートは「磁気と電磁気による推進機の改善」でアメリカの特許を取得した。(†32) このような推進装置を、現在私たちはモーターと呼ぶ。当時のバッテリーはまだ非常に素朴なつくりだったため、彼の装置に必要な電気エネルギーをまかなうことはできなかった。もちろん送電線、電力会社、電力網の類は存在していない。1851年にこの世を去った時、ダベンポートは破産していたらしい。

ダベンポートが特許を取得してから半世紀後、トマス・エジソン、ニコラ・テスラらは電気モーターで力学的エネルギー(流れ落ちる水あるいは膨張する蒸気)を電気エネルギーに変換した。これでモーターは発電機になった。この電気は電線で離れた場所のモーターに送ることができた。ひとつでも、複数のモーターでも。

非効率的に感じられるかもしれないが、実際はそうではない。1891年に工場への蒸気動力の供給と電力の供給を比較したところ、「ある地点から別の地点に動力を移す手段として電気はきわめて強力かつ便利、しかもきわめて簡単な仕組みでロスも少ない」という結論に至った。[†33] これでは産業の電化が進むのは当然である。

最初、工場では大きな蒸気エンジン1機を大きな電動モーター1機に置き換えて電化した。電動モーターは動力源としてこれまでのものと同様に、工場のすべての機械につなげられた。シャフト、滑車、ベルトを使う複雑な仕組みで故障しがちで、安全面でも問題があった。工場のベルトには革がよく使われていたため需要が増えて、1850年までに皮革製造業はアメリカで5番目に大きな産業となっていた。[†34]

過去の方式にとらわれなければ、こんな曲がりくねったネズミの巣のような装置は必要ないと気づくことができた。そういう人々はすべてを1台でまかなうのではなく、数台の機械につき1台の小型のモーターを導入するようになる。20世紀に入るとその傾向は優勢になり、やがて動力を必要とする機械にはすべて個別にモーターがついた。１９００年当時の産業界の常識からすれば、とんでもないことに思えただろう。(†35)

むろん、製造業だけが電気の恩恵を受けたわけではない。電気は家のなかを明るく照らし、歩道を照らし、道路を照らした。電気掃除機、洗濯機、食洗機、乾燥機の動力となって労働を軽減し、冷蔵庫に使われて食品の鮮度を保ち、都市では高層建造物のエレベーターの動力となり街は空に向かって伸びていった。電気はそれ以外にも無数の転換をうながした。言うまでもなく内燃機関の活用はオートバイに留まったわけではない。ガソリンやディーゼル油など石油製品を力学的エネルギーに変換するエンジンは、あれよあれよという間に自動車から飛行機、船舶、トラクター、チェーンソーなどあらゆるものに使われていった。

屋内配管で水流とともに成長

電気と内燃機関、それに加えて屋内配管を偉大なイノベーションとして私は挙げた。これは意外だったかもしれない。水洗トイレも蛇口から水が出る水道も便利であるが、20世紀の成長を語る際に欠かせないほど重要なのか？　それはもう絶対に。間違いなく、重要である。ヘルスリサーチの専門家デイビッド・カトラーとグラント・ミラーによれば、1900年から1936年までにアメリカ全体の死亡率が減少した原因の半分、そして乳幼児死亡率が減少した原因の75%はきれいな水が手に入るようになったためだという。[†36] 歴史学者ハーヴィー・グリーンは「20世紀の公衆衛生におけるもっとも重要な立役者」はきれいな水を普及させた技術だと指摘した。[†37]

屋内配管の普及は都市ばかりでなく農村にも大きな変化をもたらした。それまで農家の家事は文字通り、骨が折れるものだった。一家の生活をまかなうための水を遠い井戸から毎日運ぶのは、たいへんな重労働であり、多くは女性と子どもが担っていた。たいていの男たちは一日中、家の外で働いていたからだ。1930年代のある調査では、テキサス州の平均的な農家は1年間に約300トンの水を必要としていた。同州のヒル・カントリーでは一般的に井戸は家からとても遠かったので、水を運ぶために年間500時間の労働と1750マイル［約2800キロメートル］の徒歩移動が必要だった。[*]

電気と水道が引かれ、水汲みの重労働はなくなった。工業化時代第2世紀の技術を、1930年代にテネシー州のある農家はこんなふうに称えている。「この世でもっともすばらしいのは、心に神の

＊アメリカ合衆国リンドン・ジョンソン大統領の水道事業によって彼が育ったヒル・カントリーでも水の汲み上げが電化され水道が整備された。ジョンソン大統領の伝記を手がけたロバート・カロは取材に出かけた折のことを次のように述べている。「都会から取材に訪れてはっとさせられたのは、ヒル・カントリーの高齢女性が都会の同世代の女性に比べてひどく腰が曲がっていたことである……背中も腰も曲がっている農家の女性は繰り返しこう語った。『私の背中、とてもまるまっているでしょう？　水を運んだからよ……水を運んでこんなに曲がってしまったの。とても若いうちからね』」[†38]

愛があること、次にすばらしいのは家に電気があることだ」(†39)

工業化時代の第1世紀――1770年から1870年――で世界は完全に変容した。人類の発展を示すグラフは、経済成長、人口、社会開発のいずれにおいても18世紀後半まで何千年ものあいだ、限りなく水平に近かった(*)。それがいきなり、ロケットが発射台から打ち上げられたように上向いた。

そしてそのロケットは工業化時代第2世紀になっても、見事に上昇を続けた。蒸気機関を始めとする装置はまさにプロメテウスのような恩恵を人類にもたらし、発展を可能にしてきた。それに輪をかけて偉大な力を発揮したのが電気、内燃機関、屋内配管の技術だった。

世界を養う

とりわけ、急激に増加する人口に食糧を供給するうえでこうした技術は強い味方だった。食糧供給には、なんといっても肥料の分野における各種イノベーションが欠かせなかった。工業化時代の第1世紀には、自然界に存在するものをそのまま肥料として利用し、人口の増加に対応していた。ところが1898年、英国科学振興協会の会長を務めていた化学者ウィリアム・クルックスは次のように警告を発した。「世界でパンを食べる人々」は増えるばかりであり南米から供給されるグアノと硝酸塩はじきに使い果たされるだろう、化学と技術の力でこの難局を乗り切らなければ、いずれ世界中で小

麦が「欠乏状態」に陥るだろう。[†40]

この危機は2人のドイツ人化学者が化学と技術を駆使して回避した。これにより人類は、物理学者マックス・フォン・ラウエの表現を借りれば「空気からパンを得る」ことができるようになった。[†41] 2人のドイツ人化学者は窒素固定という方法で大問題を解決したのである。

人間は短時間でも酸素がないと困った事態になるので、どうしても酸素に注目しがちだ。しかし地球の生命にとってもっとも重要なのは、じつは窒素である。タンパク質、DNA、葉緑素など基本的なものに窒素は欠かせない。[†42] 窒素は空気にふんだんにあり、私たちが息をして吸い込む約80%が窒素である。ところが空気中の窒素は不活性の状態で、他の原子と結びつこうとしない。これではほとんどの生命にはたいして役に立たない。植物の肥料として使うには、水素などに「固定」する必要がある。

20世紀前半には化学者が空気中の窒素を固定してアンモニア（窒素原子1個と水素原子3個が結合してできる。人間には有毒だが植物にはすばらしい肥料となる）をつくることに成功した。とはいえ研究室での実演はあまりにも規模が小さく、そのまま実用化するにはとんでもない費用が必要だった。そこで大掛かりな窒素固定に挑んだのが、フリッツ・ハーバーである。

＊ただしマルサスの人口波動の時期はあった。

ハーバーは、当時世界最大の化学会社だったＢＡＳＦと契約を結び、飛躍的な研究成果を挙げた。(†43) 1909年、高さ3フィート［約90センチメートル］足らずの実験モデルは5時間ぶっ続けでアンモニアを合成した。ＢＡＳＦの依頼でカール・ボッシュがハーバーの研究に加わると、一段と開発のスピードが加速し、ふたたび飛躍を遂げた。

実験から5年もしないうちに、ＢＡＳＦの工場では肥料の大量生産がおこなわれていた。ハーバーは1918年、アンモニア合成の業績でノーベル化学賞を受賞した。ボッシュと同僚のフリードリッヒ・ベルギウスは1931年「高圧下における化学の研究」でノーベル化学賞を受賞した。肥料生産のためのハーバー・ボッシュ法は、今日、人間の活動を根本のところで支えるものであり、エネルギー・アナリストで作家のラメズ・ナムによれば、世界中の工業で消費されるエネルギーのおよそ1％がこれに使われている。(†44)

それは有効なエネルギー活用法と言えるのだろうか。答えは、断固としてイエスである。地球と人間との関係について旺盛な研究をおこなう研究者ヴァクラフ・スミルは、「世界人口の45％にあたる人々の一般的な食事」は、ハーバー・ボッシュ法の上に成り立っていると見積もる。(†45) 作家チャールズ・マンは「男性、女性、子どもたちを含めて30億人を超える人々の命、そして彼らの壮大な夢、不安、探究心までもが、20世紀前半のドイツの2人の化学者によって支えられている」と表現する。(†46)

いまやふんだんなエネルギーによって肥料がつくられ、工業化時代以前の人口の制約は取り払われた。食糧の欠乏が引き起こすマルサスの人口波動から自由になったのである。この自由を維持するには、さらなるブレイクスルーも必要だった。アメリカの農学者ノーマン・ボーローグによる「緑の革命」もそのひとつだ。ボーローグは農地での地道で過酷な作業と実験室での綿密な作業を結びつけて新種の作物を開発した。メキシコの小麦と稲で画期的な実績を挙げて可能性を示し、フィリピンの国際稲研究所（ＩＲＲＩ）における研究などブレイクスルーが続いた。１９７０年にボーローグはノーベル平和賞を受賞した。

ここを制するものたち

工業化時代には人口増加と豊かさの好循環が生まれた。これを可能にしたのは技術、科学、制度、知的ブレイクスルーの数々だ。地球上でホモ・サピエンスが10億人に達するまでに20万年以上かかった。[†47] そこから10億人増えたのは１９２８年、わずか１２５年後である。以後も間隔は縮まる一方だ。10億人増えるのにかかる時間は31年、15年、12年、11年と短くなっている。

栄養状態と健康状態がよくなり、人は長生きできるようになった。世界の平均余命は１７７０年には29歳未満だったが、２世紀後には２倍以上伸びて60歳になった。[†48] また、より豊かになった。世界中で生活水準は上がってきている。１９７０年までの１００年間の1人当たりＧＤＰを見ると、西ヨーロッパとラテンアメリカでは500％以上増加した。(†49) 中東および北アフリカでは400％、東アジアでは250％の増加である。

とはいえ、工業化時代の発展によって人間が地球を完全に征服したなどとは、到底言えない。天候、雷、ハリケーン、火山の噴火、地震、津波など、人間に操作できないことはいくらでもある。地球の地殻の重さは、人間すべてを合わせた重量の4兆7000億倍もある。(†50) プレートと呼ばれる複数の固い岩盤でできており、私たちがどうあがいてもひとつひとつのプレートは移動する。だから人間は地球のボスではない。だが、マルサスが説いたように大地からのめぐみで細々と命をつなぎ、自然界の条件に左右されるばかりではなくなった。

むしろ、あべこべだ。人間の都合を自然界に押し付けるようになった。わかりやすいのは、哺乳類のバイオマス——地球上の哺乳類の総重量——の変化である。イエス・キリストの時代には人間の総重量は、北米のバイソンの総重量の3分の2ほどだったはずだ。アフリカのゾウの総重量に比較すると8分の1にも満たなかった。

工業化時代を迎えて人口が爆発的に増え、後述する通り人間は大量消費を目的としておそろしい数のバイソンとゾウを殺した。以来、総重量のバランスが大きく変わった。現在、人間の総重量はバイソンとゾウを合わせた総重量の350倍を超えている。さらに言うと、野生の哺乳類の総重量の10倍を突破している。家畜の哺乳類——ウシ、ヒツジ、ブタ、ウマなど——の総重量を加えたら、とんでもない数字になる。現在、地球上の哺乳類のバイオマスの97％あまりを、人間と家畜が占めている。

これは、自然界の条件に制約を受けていた人間が、自分たちの目的に沿って自然界を変えてきた結果である。それも、多くの場合は賢明とは言い難い方法で変えてきた。

第3章

工業化が犯した過ち

あなたがたは創造主によってここに遣わされ、私たちをここから排除するという目的を果たそうと考えているのでしょう。創造主のみこころとあれば、それに従うことはできるかもしれない。どうか誤解しないで欲しい。私はこの土地を愛しているだけだ。自分のものであるとも言わないし、好きなようにできるとも言わない。土地を自由にできるのは、創造主だけだ。

——アメリカ政府代表者たちに対するヒンマラー・トーヤラケット(ジョセフ首長)の演説、1876年

工業化時代、すべてがよい方向に変化したわけではない。少し踏み込んで調べてみれば、人間がいかに失敗し、愚行を犯し、倫理的な過ちを犯したのか、並べ上げることができるはずだ。奴隷制度、児童就労、植民地主義、公害、一部の動物を実際に絶滅に追いやったことなどは代表的なものだろう。ふたつの理由から、この問題を避けて通るわけにはいかない。第一に、誠実であるために。工業化時代があらゆる人に、そして自然界にとってすばらしい時期であったとするのは、あきらかな間違いである。本書ではここまで工業化時代がもたらした多大な恩恵について述べてきた。それについて誤

りはないが、完全とはいえない。いままで触れてこなかった裏の面についても、人類の歴史としてあきらかにしていこう。

第二の理由は、工業化時代の過ちと失敗をもたらした考え方は、決して過去のものとはなっていないからだ。人間はたがいを尊重しない、そして自分たちが暮らす地球を大事にしない。それは、昔も今も変わっていないのである。蒸気機関、そして電気といった強力なツールを手にした人間は他者を支配し地球からひたすら奪い、汚している。

工業化時代の歴史を振り返って、そうならざるを得なかった経緯を解き明かすことはできる。さまざまな正当化ができるだろう。本章でも紹介していく。問題は、それが今後も通用するかどうかだ。この興味深い問いかけに向き合う前に、まずは工業化が引き起こした事態を取り上げていきたい。工業化を可能にした資本主義とテクノロジーの進歩が悪者扱いされるようになったいきさつをあきらかにするために。

すでに述べたように、工業化時代はものづくりの能力、つまりインプットをアウトプットに転換する技術が飛躍的に向上して、人類は大いなる飛躍を遂げた。もっとつくりたいという願望は留まるところを知らず、モラルが欠如した状況につながった。私たちの大きな過ちは、ものづくりのために他者を機械の一部として酷使し（奴隷制と児童労働）、他者の土地と資源を奪ってものづくりにインプットし（植民地主義）、種の絶滅を招くほど動物を殺してやはりインプットしたことだ。また、工業生産の副産物としてひどい公害を発生させながら、そのことにあまりにも無頓着だった。

こうしてみると、興味深いパターンに気づく。国が工業化し発展して豊かになると、まず人間の扱いがよくなっていく。奴隷を廃止する、子どもを働かせなくなる、そして他国の土地に関して権利を主張しなくなる。動物の扱いがよくなるには、もっと時間がかかる。その結果、手遅れとなって種が絶滅してしまうこととなる。そして地球を大事に、が出てくるのは最後の最後だ。産業革命が始まってからほぼ2世紀にわたって、私たちは地球を荒らし、汚してきたのである。

過ちを犯し、それを正すパターンについて、詳しく見てみよう。

人間という資産

人間の歴史において多くの社会で人は人を所有していた。とくに、相手が異なる民族、宗教、種族であれば十分に容認された。人々の意識が変わり始めたのは１７００年代後半であると、認知科学者スティーブン・ピンカーは言う。彼が挙げている要因は人道主義である。「あらゆる人間の苦しみ、幸福に生きる可能性に思いが及ぶ時……道徳観念が呼び覚まされ」、奴隷制に対する見方が変わったのだと。[十一] 著書『21世紀の啓蒙』〔邦訳：草思社〕では、「啓蒙主義運動は人道主義革命とも呼ばれる。何千年ものあいだ、さまざまな文化で当たり前とされた〔奴隷制のような〕野蛮な実践の廃止をうながしたからである」と述べている。[†2] 人道主義革命は大成功をおさめた。エイブラハム・リンカーンは1864年の書簡に「奴隷制が間違っていないというのであれば、いったい何を間違いと表現するのか」と記し、いまでは世界の大半の人がこれを強く支持している。[†3]

奴隷制への強い反感が広まり、奴隷制廃止の気運が高まった。それはまさに産業革命の進展の時期であった。労働力の需要が大いに高まっていたが、世間も各国の政府も人間を売買し所有して労働力とすることは許されることではないと判断した（後述するように、児童労働でまかなわれることはあった）。

イングランドでは1787年にロンドンの書店兼印刷会社に12人が集まり、奴隷解放運動が始まった。そしておそるべき速さで彼らは目標を達成した。1807年、奴隷貿易廃止法が成立し大英帝国において奴隷の売買は違法となった。1838年8月1日には奴隷の所有も違法となり、世界中で約80万人が自由を獲得した。ジャマイカでは奴隷制終結の記念として、ムチと鎖を納めた棺桶が埋められた。

イギリス以外のヨーロッパ諸国、ラテンアメリカ諸国の大半もほぼ同時期に奴隷制を廃止した。アメリカ合衆国はもう少し長引いた。アメリカ南部の綿花の大規模プランテーションは奴隷労働を基盤としていたため、プランテーションの所有者も彼らが選んだ政治家も、すみやかに状況を変えようとはしなかった。南北戦争――アメリカ史上最多の戦死者数を記録した[†4]――を経て、ようやく奴隷制が終結した。戦闘のさなかの1863年、リンカーンは奴隷解放宣言に署名し、アメリカ合衆国憲法修正第13条「奴隷制もしくは自発的でない隷属は、アメリカ合衆国内およびその法が及ぶ如何なる場所でも、存在してはならない」は1865年12月に批准された。

子どもたちの苦しみ

昔から人間のコミュニティでは子どもはよき働き手だった。だが工業化時代の夜明けとともに、子どもをめぐってかつてない異様な事態が生じていた。経済が急速に成長するなかで、工場や鉱山で過酷な児童労働が大規模に始まったのである。貧しい一家、とりわけ大人の主たる働き手を失った一家の子どもたちが多かった。またイギリスでは行政が後見人となる「教区徒弟」の孤児は、いやおうなしに労働に駆り出された。(十5)

多くの実業家は良心の痛みをおぼえることなく子どもの労働力を利用した。1788年のイングランドとスコットランドの調査では、約150の紡績工場の全従業員のほぼ3分の2は子どもであった。(十6) 1815年には議会の委員会で、女性たちが6歳の時から1日13時間という過酷な労働により身体が変形したことを証言した。

こうした実態は強い批判を浴び、19世紀前半に続々と法律が整備されて工業生産に従事させる子どもの年齢に制限が課された。(十7) 1833年に制定された工場法は9歳未満の子どもの雇用を禁じ、18

歳以下の子どもは1日最長12時間という労働時間を定めた［14歳以下の子どもは1日最長9時間とした］。1842年に制定された炭鉱法は、10歳未満の子どもの労働は地上に限ると定めている。規制が設けられたといっても、現代の感覚からすれば到底受け入れ難い。それでも、これを経て状況はよくなっていったのである。1901年にヴィクトリア女王が亡くなった時には、すでに工業生産の現場でかつてのように子どもを働かせなくてもすむようになっていた。義務教育法、世論、工場における自動化と標準化の改善により、これが実現した。

私がこの土地を使う

啓蒙時代後、他者を所有し酷使することは道徳的に許されないという風潮が強まった。だが、他者の土地と土地がもたらすめぐみを奪うことへの罪悪感はなかったようだ。工業化時代は貪欲に資源を求めた。多くのヨーロッパ諸国が世界各地に進出した理由のひとつが、資源の存在だ。その地にすでに人が住み、社会と政府があっても、かまわずに所有権や支配権を主張した。

アメリカ合衆国と大部分の中南米諸国が1800年代半ばまでに独立を果たす一方で、19世紀に多くの独立国が主権を失った。南アジアと東南アジアの大半、そして南太平洋の多くの島々が植民地化された。20世紀前半にはヨーロッパによる「アフリカの争奪」も始まっており、アフリカ大陸の90％

を超える地域の所有権をフランス、イギリス、スペイン、ポルトガル、ドイツ、イタリアが主張した。ベルギーの場合は政府として植民地化をおこなう手順すら踏まず、国王レオポルド2世は「コンゴ自由国」を「私領」にした。コンゴ自由国はアフリカ大陸の中央部の広大な国で、現代のコンゴ民主共和国にほぼ一致する。

ドミニカ会の修道士バルトロメ・デ・ラス・カサスは南北アメリカ大陸にいち早く入植したヨーロッパ人の1人だが、1542年に植民地主義の悲しい歴史を格調高く綴《つづ》り、未来を見通して告発の書をまとめた。カサスの『インディアスの破壊についての簡潔な報告』〔邦訳：岩波書店〕には「スペイン人がどんな根拠をもって、こうした各州を侵略し、人々を虐殺し彼らの土地を破壊したかといえば……ここはスペイン王のものである、ただそれだけだった……その土地で暮らしていた者たちがすべてを放棄せず、スペイン人の主張が不合理で非論理的であるという認識を抱けば……無法者呼ばわりされ、陛下に対する反逆であると烙印を押された……そもそも市民権を与えられていない者を権力者に対する反逆罪に問えるはずがない。法律によって政府が定めたその基本原理を、新世界の統治に関わる者は一顧だにしなかった」と記されている。(†8)

オーストリア出身の経済学者ルートヴィヒ・フォン・ミーゼスが入植者たちの世界観を詳しく記したのは、それから約400年後である。1944年にはこのように述べている。(†9)「征服して植民地化するもっとも新しい理由づけは、まさしく『原材料』である。ヒットラーとムッソリーニは、地球の天然資源は公平に配分されていないと主張して自分たちの計画を正当化しようとした。持たざる国である自分たちは過剰に与えられている国から公正な分け前を得て当然だという構えである」

第二次世界大戦が終結し、植民地時代にようやく幕が降りた。戦後の数十年のうちに、世界中で大半の国が独立を果たした。２０１８年の時点で国連が「非自治地域」と認めるのは残り16となった。[十10]紛争地域である「西サハラ」と15の諸島である。

ひたすら灰色の空

石炭を燃やすと、煙、煤、二酸化硫黄などさまざまな形で公害を引き起こす。工業化時代には、家庭で燃やす石炭に加えて蒸気機関を動力とする工場で石炭が使用されたため、空気が汚れ、人々の健康も蝕まれた。詩人で画家のウィリアム・ブレイクは１８０４年の詩で「闇のサタンの工場」を描いた。[十11]現実の工場も空を暗くする原因となっていただけに、真に迫るものがあった。

イギリスの大気汚染のレベルが測定されるようになったのは20世紀になってからであり、工業化時代の公害がどのような影響をもたらしたのかを数値として述べることは難しい。[十12]それでも現代の研究者が編み出した方法で、いかに大きな影響を与えていたのかを推定できる。経済学者ブライアン・ビーチとW・ウォーカー・ハンロンは国内の産業活動の総量を示すものとして、燃焼された石炭の量を使った。その結果、石炭消費量が1％増えるごとに、出生数100人当たりの死亡乳幼児数が1人増えていたことがわかった。ビーチとハンロンは次のように記している。「[1851年から1860年までの]都市の死亡率の原因のおよそ3分の1は、石炭の工業利用である」。[†13] 1890年生まれのイギリス人で、石炭消費量が多い地域で生まれた人々と、空気がきれいな地域で育つ人々を比べると、成人した時に前者は後者よりも平均1インチ［約2・5センチメートル］身長が低かった。[†14] この身長差は、ホワイトカラー出身と労働者階級出身の子どもたちを比べた場合の2倍に相当した。

20世紀、私たちはなおも公害を発生させた。周囲に悪影響を及ぼし、ついに見て見ぬふりをすることができないところまで来た。1948年、ペンシルベニア州の人口1万4000人の町ドノラは、製鉄所と亜鉛工場で栄え、[†15] 工場では地元産の石炭が燃やされていた。それにより大量の汚染物質が排出されつづけた。その年の10月後半、ドノラの町は何日間も重たい空気の層に覆われた。大気で「逆転層」が形成されていたのである。それが蓋をして、地表近くに汚染物質が留まり蓄積していった。

このヘイズ［煙霧］は日増しに濃くなり、真っ昼間にヘッドライトをつけても運転が危険なほど視界が悪くなった。[†16] もちろん人が吸い込むのも危険である。気候が変わって汚染物質が吹き飛ばされるまでに、死者20人、急性の症状に苦しむ患者が何千人も出た。たとえ生き延びても、多くの人々はこの時期に吸い込んだ汚染物質のせいで苦しみ、寿命を縮めたのはあきらかだ。

ドノラの例は極端ではあっても、決して特殊ではない。工業化時代が進展するにつれ、工業都市で、そして自動車が多い都市で、人々はいままでにない気象の変化を感じ取っていた。視程の悪化、目の痒み、喉の痛みが続くなどの症状があらわれた。当初は「ロンドン・フォグ〔霧〕」の一環とされていた。1900年代前半から「スモーク〔煙〕」と「フォグ〔霧〕」を掛け合わせた「スモッグ」という言葉が使われるようになる。(†17) スモッグは語彙として定着し、なおも人々の身体を蝕んだ。

猟場の悲劇

蒸気動力、電気、内燃機関の活躍で、動物の筋力が動力源として使われることは減っていった。それでも人は動物を食糧とし、ものづくりの材料として使いつづけた。その結果、工業化時代には家畜化された動物の数も種類も大幅に増え、狩りの対象となっていた動物は逆に数も種類も激減していった。数が増えて遺伝子が後の世代に受け継がれていくことが種にとってのゴールであるなら、ヒツジ、ブタ、ウシ、ヤギ、ニワトリなど、人間が家畜化した動物は大成功をおさめたわけだ。第2章でも少し述べたが、現在、地球上の哺乳類の総重量のうち97%は、人間と家畜で占められている。(*)

＊種としての成功と、種に属する個体の命の質は別問題である。歴史家ユヴァル・ノア・ハラリは次のように述べる。「絶滅の危機に瀕し生息数が極端に少ない野生のサイと、狭い囲いのなかで太らされて肉汁たっぷりのステーキになる子ウシの短い生涯を比べれば、サイのほうがはるかに満足度が高いだろう……。種としてウシをとらえれば個体数が増えて成功なのだろうが、個々のウシの苦しみは救われない」(†18)

ホモ・サピエンスは工業化時代に数を増やし、すばらしい技術を獲得した。それが多くの野生動物を追いつめ、時には絶滅に追いやった。なかでもリョコウバトの絶滅は、20世紀前半のアメリカ人にとって衝撃的だった。おびただしい数が生息していても種として生き延びられない。それをはっきりと思い知らされたのである。

かつてアメリカ合衆国の空を大量のリョコウバトが飛んでいた。1813年、ナチュラリストのジョン・ジェームズ・オーデュボンは、真昼でも太陽が見えなくなるほどのすさまじい数の群れを目撃している。それほど生息していたリョコウバトが、森林伐採と19世紀後半に始まった大規模な猟によって絶滅した。

背景にあったのは、アメリカの人口が急増し、安価なタンパク質の需要が高まったことである。リョコウバトの供給に一役買ったのは電気と蒸気動力だ。リョコウバトの大群の位置はアメリカの電報システムで伝えられ、狩猟者たちが列車にぎっしり乗り込んでそこに向かった。(†19) 彼らは家族が消費する分より多くのリョコウバトを殺し、都会の市場へと列車で送った。

こうした猟の結果、無尽蔵に湧いて出てくるように感じられたリョコウバトは消滅した。1900年にはすでに、オハイオ州で野生の1羽が見つかるだけとなった。最後の1羽となった雌のリョコウバト、マーサは、飼育されていたシンシナティ動物園で1914年に亡くなった。

食べるために、そして楽しむために私たちは動物を執拗に狙ってきた。北米西海岸のラッコは見事な毛皮目当てに(＊)、18世紀後半からおもにロシアとアメリカの船が追った。1885年までにラッコの個体数は激減し、ロンドンの毛皮市場向けに確保できる毛皮の総数も激減した(†21)。1911年、メキシコからアジアのカムチャツカ半島にかけて残存しているラッコの群れは、わずか13と推定されている。

ほかにも毛皮や肉目当ての人間によって絶滅寸前に追い込まれた生き物は多い。ジャーナリスト、ジム・スターバは著書『*Nature Wars*(自然界の戦争)』〔未邦訳〕で詳しく述べている。「ニューヨーク州のアディロンダック山地はアメリカ東部で手つかずの森の景観が楽しめる最大の広さを誇るが、そこに生息するビーバーのコロニーは1894年までにたったひとつとなり、個体数はわずか5匹となった」(†22)。スターバは、同様の事態が野生のシチメンチョウ、ガチョウ、オジロジカ、アメリカグマに起きていると記録している。いずれも工業化時代が始まった時には北米には非常に多く生息していたが、ほぼ一掃されてしまった。

大平原地帯の大虐殺

工業化時代の貪欲さを語るうえで、アメリカバイソンとクジラは欠かせない。1800年、大平原地帯には約3000万頭のバイソンがいたと思われる(＊＊)。夏の間にとても大きな群れをつくってつが

＊ラッコの身体1平方インチに生えている毛は、平均的な人間の頭髪すべてよりもはるかに多い(†20)。
＊＊しばしば「バッファロー」と総称されるが、この名称は本来、大型の草食哺乳動物の同じ科に分類されるアジアとアフリカの動物を指す。

い、その後、小さな集団に分かれて食べ物をさがしながら冬を過ごしていた。ところが100年もたたないうちに生息数が減り、合計しても1000頭ほどになった。

これにはふたつの要因があり、どちらにも蒸気動力が大きく関わっていた。まず、ネイティブアメリカンの狩りでバイソンは激減した。19世紀の始めまで、平原地帯の多くの部族が遊牧民で、馬に乗って一年中動物の群れを追った。男たちはすぐれたハンターであったのに加え、弓矢を連発銃に持ち替えてからは仕留める獲物の数が一気に増えた。

1830年代始めにミズーリ川を毛皮会社の蒸気船が行き来するようになると、彼らの狩猟の腕を生かせる新たな市場がひらけた。東部でバイソンの毛皮製の服が人気となり、その需要を満たそうとネイティブアメリカンのハンターと欧米の商人が力を合わせた。歴史家アンドリュー・アイゼンバーグは、「1840年まで毎年、西部の平原の遊牧民は10万着を超えるバイソンの服を蒸気船に持ってきた」と書いている。(†23) ネイティブアメリカンは毎年自分たちのためにおよそ50万頭を狩り、それに加えてこの分のバイソンを仕留めた。それが全生息数への強力な圧力となった。繁殖期の若い雌の皮はもっともやわらかく服の素材に最適なので、狩猟者たちに集中的に狙われたのである。

バイソンの皮は服以外にも使われるようになり、市場は広がっていった。それは19世紀後半にアメリカで蒸気動力を利用した製造部門が成長した時期に重なっている。前述したように当時の工場ではベルトが大量に使用されていたため、1850年までに皮革製造業はアメリカで5番目に大きな産業となっていた。バイソンの皮はとても丈夫で、工場のインフラとして一番人気だった。こうしてアメリカの製造業が拡大するにつれてバイソン狩りもさかんになっていく。狩りをおこなうのはネイティブアメリカンの遊牧民だけではなくなり、儲けを狙う欧米人たちも参入した。

彼らは50口径の新しいライフルを装備して大平原地帯に到着した。このライフルで何百ヤードも先の巨大な標的を確実に仕留めていった。バイソンは倒れた場所で皮を剥がされ、１８７０年代前半に大平原地帯の奥まで延長された鉄道で東部に送られた。

皮狩りはたちまち大規模におこなわれるようになり、バイソンの生息数に壊滅的な打撃を与えた。アイゼンバーグは次のように述べている。「[アーヴィング・]ドッジ大佐によれば、１８７２年にドッジシティのあたりはバイソンでいっぱいだったが、１８７３年の秋までに、『前年まで無数のバッファローがいた場所は無数の屍《しかばね》に覆われていた。むかつくような異臭で空気は汚れ、わずか12カ月前には動物であふれていた広大な平原に生命の気配はなく、腐敗臭の漂う荒涼とした砂漠と化していた』」[†24]。ドッジの見積もりでは、１８７２年から１８７４年まで約１４０万枚のバイソンの皮が３本の鉄道で東部に送られた[*]。さらに、オオカミに奪われたり皮を剥ぐのに失敗した分を勘案すれば、１枚

＊バイソンから最終的につくられる工業製品は肥料だった。１８８０年代、大平原地帯を覆い尽くす無数のバイソンの骨が収拾されて東部に送られ、「骨灰」になった。１８８６年のカンザス州ドッジシティには骨が山と積まれていた。広さは1マイル四方［約2・5平方キロメートル］、高さは建物の1階分を越えていた。

の皮は実質5頭分のバイソンの死に相当すると見積もることができるという。19世紀の後半には、アメリカバイソンの群れは完全に崩壊していた。1872年にイエローストーン国立公園がつくられ、バイソンにとっては非道な狩りから逃れられる唯一の場所であったはずだが、規則を破って公園に侵入するハンターは跡を絶たなかった。1894年の時点では、イエローストーンの群れはわずか25にまで減っていた。

「あなたはレビヤタンの頭を砕き」

銛《もり》を手にした人間があらわれるまでの5000万年、クジラは捕食者に出会うことはまずなかった。おそれを知らないまま、多くのクジラ類は巨大な姿でゆったりと泳ぐように進化していった。(*) そして世界中の海に豊富な数のクジラ類が生息するようになった。

そんなクジラに最初に銛を放ったのはバイキングとバスク人だった。(†25) さらにイギリス人、オランダ人、アメリカ人らが続いた。捕鯨の技術と実践方法には改良が加えられていった。といっても19世紀後半までは工業化されていない。もっぱら風と人間の筋肉が頼りにされ、危険と隣り合わせだった。たとえばアメリカの捕鯨船の乗組員は、航海中に少なくとも一度は命がけの場面に遭遇していた。(†26)

狩りの技術そのものは旧石器時代レベルだとしても、累積すれば個体数への影響ははかりしれない。世界中のマッコウクジラ、ホッキョククジラ、セミクジラは激減した。(†27) だが、これだけではすまなかった。大半のクジラ類にとって最大の危機は、大航海時代ではなく工業化時代に訪れた。

ノルウェーにおけるふたつの発明が、捕鯨の工業化を決定づけた。第一の発明は、捕鯨砲である。スヴェン・フォインはこれを改良して汽船とチェイスボートの船首に取り付けた。銛を手で投げるのではなく、火薬を使って銛を発射し、高い精度ですみやかにクジラを仕留めた。第二のイノベーションは捕鯨砲手ペッター・ソルリーが設計した捕鯨母船〔工船〕である。クジラを解体するための巨大なまな板のような船だ。ふたつの技術で、シロナガスクジラ、ナガスクジラ、ザトウクジラなどナガスクジラ科の猟は格段に容易になり、大きな儲けをもたらした。

ナガスクジラ科は泳ぐスピードが速く、死ぬと沈みやすいので、昔ながらの技術では狩りが難しかった。この問題を解決した捕鯨砲、スピードの出る追跡船（当初は汽船だったが、後にディーゼルエンジンが搭載された）、獲物を船上で解体できる船である。多くの国が世界中の海で大規模な捕鯨に乗り出した。その結果、クジラの生息数が壊滅的に減ったのは言うまでもない。1900年には南氷洋にシロナガスクジラが25万頭もいた。それが1989年までに、およそ500頭にまで減っていた。(十28) 同時期、ナガスクジラは約90％減ってしまった。どちらのクジラも、おもにマーガリン、石鹸、潤滑剤、爆薬（鯨油製のグリセリンからニトログリセリンを製造）の原料として使われた——他の原料でいく

＊この節見出しは旧約聖書の詩篇74篇からの引用である。クジラに対する人々の畏敬の念、そして神のみがクジラを殺す力を持っていたことが表現されている〔レビヤタンは海の怪物でクジラや巨大な魚として描かれることが多い〕。

らでも替えが利くものばかりだ。

ジェヴォンズとマーシャルが示す暗い未来

次章で詳しく取り上げるが、ほぼ2世紀にわたって工業化時代は順調に進行した後、深刻な問題に直面した。この調子で工業化が進めば、いずれ天然資源を使い果たし、標準的な暮らし（そして生命を）を維持することが危ぶまれるようになったのである。世間一般の人々が初めてこれについて意識したのは、初のアースデイが開催された1970年頃だ。だが、この問題はすでに1世紀も前から指摘されていた。発端となったのは、19世紀のイギリスの経済学者ウィリアム・ジェヴォンズとアルフレッド・マーシャルの研究である。彼らの洞察をもとにすれば、未来は限りなく暗かった。

ジェヴォンズの著書『*The Coal Question*（石炭問題）』［未邦訳］は1865年に出版された。これはマルサス主義の内容であり、マルサスの『人口論』と同じく純粋数学とともに1世紀あまりの歴史的証拠を裏付けとしていた。

ジェヴォンズは、イギリスが物質的繁栄を享受していられるのは潤沢な埋蔵量を誇る石炭と蒸気動力によるものであると指摘した。また蒸気動力はほぼ無限の活用法があることも理解していた。そして次のように記している。「［石炭は］わが国にとって欠かせないエネルギーであり、すべての活動に織り込まれている普遍的な助力者である……化学的な部分でも機械的な部分でも、このエネルギーであらゆることが達成できる」(†29)

1865年当時のイギリスで石炭不足が起きていたわけではない。『石炭問題』においても、「富の源泉に支えられて私たちは豊かになり、人口は増えている。需要は高まっても、富の源泉はいまだ豊富に産出されている」と説いている。ジェヴォンズは、経済学は「陰気な科学」と呼ばれているのだと断わり、いまの喜ばしい状態はいつまでも続かないだろうと警告している。「目覚ましい成長によって、いずれ石炭消費量と全供給量とが同じになる。この厳しい事実を指摘しないわけにはいかない」(†30)

それは、石炭が無限の資源ではない、再生可能な資源ではないという指摘であった。ジェヴォンズは石炭消費の急激な増加を示すデータをまとめ、イギリスでこの先採掘できる石炭の量を見積もり、100年以内にイギリスは石炭の枯渇に直面するだろうと結論づけたのである。

これは由々しき問題だ。石炭は経済全体に動力を提供していた。まずいことに、解決策がなかった。石炭消費量が少ない蒸気機関を開発しても、解決策とはならない。天然資源をより効率的に利用しても、消費する総量を減らせないというジェヴォンズの指摘は、その後も人、技術、環境についての議論において重視された。

ジェヴォンズはこう説明している。いくら効率化に励んでも、より少ない資源(石炭)からこれまでと同じアウトプット（蒸気動力）を得ようとする限り、結果的に全体として資源消費量が増える。蒸気機関の効率化が進めば――より少ない石炭で同量の動力をつくりだせる――活用法が増えていく。炭鉱と巨大な製造会社だけで使われていた蒸気機関が、船、機関車、小規模の工場でも使われるようになる。

使われる場面が増える分だけ、石炭の総消費量は増加する。「燃料の有効利用と消費量の抑制を同じものとしてとらえるのは、まったくの見当違いである。真実はその逆だ……石炭の効率性を高め、その活用のコストを削減するものは……蒸気機関の価値を高め、活用の領域を広げる」とジェヴォンズは考えた。

現代の経済学者はそれを、エネルギー需要の価格弾力性と表現するだろう（このケースではエネルギーは石炭の塊のなかに蓄えられている）。エネルギーなどなんらかの製品の総需要が、価格の変化によってどう変わるのかという意味である。たいていの製品は、価格が下がれば需要が高まる。これは石炭エネルギーにも当てはまるとジェヴォンズは考えていた。さらに、値下がりの割合よりも総需要の増加の割合のほうが大きくなるだろうとも指摘した。１８６５年と見通せる範囲での将来において、イギリスにおける石炭エネルギー需要の価格弾力性は1よりも大きい、とジェヴォンズは述べている。(*)

『石炭問題』の軸となる主張は、イギリスの石炭の量には限りがある、総需要を満たせば1世紀以内にそれを使い果たすだろう、より効率的な蒸気機関によって石炭の枯渇を食い止めることはできないだろう、というシンプルなものである。では、もしも石炭エネルギーも、あらゆるモノとサービスを合計した需要量も、増加の割合がゆるやかになればどうだろうか？　イギリスの人々がとても豊かになって十分に満たされ、消費への意欲が薄れ、それが何年も続いたら？　人が食べられる量には限りがある（バナナなど目新しい食べ物を含めても）。着るものも、住む家も、ある程度以上は必要ない。旅行に行くにも限度がある。ならば、消費の総量が徐々に減っていく可能性はないのだろうか？

果てしない欲望との戦い

その可能性はないとアルフレッド・マーシャルは考えていた。なぜなら、人間はそういうふうにはできないからだ。マーシャルは経済学の分野で多大な功績を残した。1890年の著作『経済学原理』は経済学の領域を広げ、より分析的かつ厳密にし、多くの重要な概念を非常に明瞭にした。『経済学原理』ではジェヴォンズが説いた需要の価格弾力性の概念が取り上げられているが、ここで紹介したいのは、需要の性質についてのマーシャルの見解である。

＊正確に言うと、価格が下がる時には需要が増えるため実際の需要の価格弾力性はマイナス値になるが、絶対値が用いられている。

同書の次の一節は有名だ。「人間の欲求［wants］と欲望［desires］は数限りなくあり、内容は多岐にわたる……未開の状態では欲求と欲望は野生動物とさして変わらないのだが、発展を遂げるにつれてさまざまな必要［needs］が生まれ、それを満たす方法も多種多様となる。同じものの消費量を増やすのではなく、もっと良質のものを求めるようになる。より多くの選択肢を望み、まったく新しい欲求を満たしてくれるものを求める（†31）」

マーシャルは経済成長率だけに着目するのではなく、人間の本性にまで深く切り込んだ。もっともっと欲しがるのが、人間の本性なのだ。どんなにたくさんあっても、たくさん消費できても、それでは満足しない。豊かさのレベルが上がっても、もっともっと欲しくなるのが人間だ。具体的に何を求めているのか、もはや自分にもわからないほど――「欲求が募っていく状態」だ。優秀なイノベーターや起業家は、欲求の具体的な中身を気づかせてくれる。そして金銭と引き換えに、それを満たしてくれる。そのために地球の有限の天然資源が消費されて、ついには使い果たされる可能性は十分に考えられる。

ジェヴォンズとマーシャルの見解をもとに考えれば、未来は決して明るくない。人間の欲求は留まるところを知らず、地球の資源は有限である。となれば、いつかは資源を使い果たしてしまう。資源をモノやサービスに変える技術を磨いて効率化をすすめても、資源の節約にはつながらないだろう。なぜなら、効率性が高い技術で、さらに多くのモノとサービスをつくり出すから――たくさんつくる、すなわち資源の全消費量は増える。

そこから脱出する方法はあるだろうか？　それとも工業化時代の驚異的な技術とともに、マルサスの法則に従って史上最大の破綻に突き進むしかないのか？

第4章

アースデイと問題提起

人間は自然界の一部であり万物の創造主ではない、自然界のすべての命と同じく人間も宇宙という大きな力のなかで生きている、その自覚が方々で芽生えている。力に逆らうのではなく調和することを学べるかどうかが、人間の未来の幸福を、そしておそらく生存そのものをも決めるのだろう。

——レイチェル・カーソン『*Essay on the Biological Sciences*（生物科学に関する小論）』［末邦訳］1958年

1970年4月22日、第1回アースデイがアメリカで開催された。国中でアースデイを祝う何千もの催しがおこなわれ、その多くが大学のキャンパスを会場としていた。大規模な行進がおこなわれた街もいくつもあった。ニューヨーク・タイムズ紙は特集記事を組み、ウォルター・クロンカイト司会の「CBSイブニングニュース」はまるまる1回分をアースデイをテーマとした特別番組とした。アースデイが与えたインパクトは大きく、「現代の環境ムーブメントの誕生」と呼ばれた。(十一)

アースデイにインスピレーションを与えたものとしては、多くの主義主張、イベント、メディアが挙がっている。そのうちもっとも美しいのは、「地球の出《アースライズ》」と呼ばれる地球の写真である。月の地平線から昇っていく青い地球には白い雲がかかり、下半分は影に覆われている。月の地平線から昇っていくところだ。この見事な写真は、1968年12月24日、アポロ8号に乗船中の宇宙飛行士ウィリアム・アンダースによって撮影された。

「地球の出」はたちまち世界中にセンセーションを巻き起こした。生命力に満ちた地球と、月の不毛な光景はあまりにも対照的だったのである。この写真をきっかけに、自分が暮らすこの地球を大事にしなければと多くの人々が考えるようになった。作家ロバート・プールは次のように記している。「地球の出が転換点となって、宇宙時代とは地球の時代であると認識があらたまった」(†2)

アポロ8号の乗組員が「地球の出」の画像を初めて地球に送った日の翌日、詩人アーチボルト・マクリーシュは「永遠の静けさのなかに浮かぶ小さく青く美しい地球、そのありのままの姿を見れば、私たちはともにこの地球に身を置く者同士、冷たい無限のなかでまばゆく輝く星で生きる兄弟なのだと感じられる」と綴った。(†3) 地球の環境が損なわれれば、そこで暮らす私たちに未来はないと実感させたのが、「地球の出」であった。

汚染は、問題でしょう？

翌年に起きた2件の出来事は、「まばゆく輝く星」を私たちが大事にしていない現状をつきつけた。1969年5月、カリフォルニア州サンタバーバラ沖で、ユニオン・オイルの海底油田の掘削装置が爆発事故を起こした。300万ガロン［約1万1000キロリットル］の原油が海洋に流出し、1カ月後には海岸沿いに漂着した。同年7月、オハイオ州クリーブランドのダウンタウンを流れるカヤホガ川で火災が発生した。長年、カヤホガ川には廃油など産業廃棄物が投棄されていた。そのため水があるはずのところから火の手が上がった(*)。

環境問題が大きくなるなかで、こうした出来事は強烈な印象を与えた。20世紀に入ってからアースデイまで、先進国の大気汚染は悪化の一途を辿った。たとえばアメリカの大気中の二酸化硫黄（硫黄を含む燃料の燃焼から生じる汚染物質）の濃度を1900年と1970年で比べると、2倍あまりに増加している(†5)。

今日では考えられないが、20世紀の半ばには大気汚染がもたらす害はあまり深刻に受け止められていなかった。それが変わるきっかけとなったのが、ペンシルベニア州ドノラの空を厚く覆い、多くの人命を奪ったスモッグである。アメリカ公衆衛生局局長は「スモッグは単なるうっとうしいもの、という考えを改めなくてはならない」と発言し(†6)、大気汚染が人間の健康に与える影響についての研究が委任された。その結果は1949年に発表され、「工業地帯における大気の汚染は、身体に障害をもたらす深刻な病気を引き起こす可能性がある」と明言されたのである。(†7)

増殖は悪

公害は確かに悪い、そして事態は悪化している。だが、最大の環境問題は別にあるのではないか。そんな懸念が広がるなかで迎えたのが、アースデイだった。公害は人間の活動の副作用だ。地球に脅威をもたらす根本的な問題とは、人間の数が多すぎること、そしてあまりにも多くの活動をおこなっていること。これは多くの識者が1960年代までに出した結論である。

なかでもよく知られているのは生物学者ポール・エーリックだ。ベストセラーとなった1968年の著書『人口爆弾』〔邦訳：河出書房新社〕でエーリックが示したシナリオはマルサスとは比べ物にならないほど悲観的なものだった。初期の版は冒頭から「すべての人間を養うための戦いはもはや終わってしまった。いまから突貫作業で策を講じても、1970年代には無数の人間が餓死するだろう。世界の死亡率の急激な上昇を食い止めようにも、もはや打つ手はない」と言い切っている。(†8)

＊火災から1カ月後にタイム誌に掲載された写真は、1952年に同じ川で起きた火災を撮ってアーカイブしていたものだったようだ(†4)。1969年には、カヤホガ川の火災は写真を撮りに行く価値がもはやなくなっていたのだろう。

ウィリアム・パドックとポール・パドック兄弟はそれぞれ農学者と外交の専門家であるが、やはり大規模な飢餓を阻止するには手遅れだという立場だった。1967年出版の著書『*Famine 1975! America's Decision: Who Will Survive*(1975年の大飢饉！[*]アメリカの決断——誰が生き延びるのか?)』[未邦訳]では、アメリカ合衆国など食糧が豊富な国はあるものの、世界中の飢えを解消することは不可能であり、まさに生か死の決断を下さざるを得ないと主張している。パドック兄弟は発展途上国を次の3つのカテゴリーに分けた。[†9]第一は「救いようのない国」(説明するまでもない)。第二は「歩行可能な負傷者」、つまり援助がなくても生き延びる可能性がある国。第三は援助によって救える、そして救うべき国。

マルサスが予測した惨事、しかも大規模な惨事に向かって世界は突き進んでいる、と危ぶむ声は環境保護活動家と環境問題専門家以外からも出た。アメリカ政府も事の深刻さを受け止めていた。1974年、国家安全保障会議（NSC）の極秘扱いの報告書のタイトルは「世界の人口増加がアメリカの国家安全保障と対外利権に及ぼす影響」(通称「キッシンジャー・レポート」)であり、「短期及び中期的に生じるもっとも深刻な事態は、世界の特定地域、とりわけもっとも貧しい領域における大規模な飢饉である」と記されている。[†10]

備蓄はない

このままいけば人間は地球の食糧生産能力――すべての土地と水を――も他のめぐみも、すべて使い果たしてしまうと危惧する声もあった。根拠となっているのは工業化時代からの、技術を駆使して地球の資源を使い、人口を増やし、豊かさを高めるという構図である。

次のグラフの通り、アースデイを迎えるまでに、肥料と金属など資源の消費は指数関数的に増加している（ジェヴォンズが石炭に関して同じ指摘をしたのは約100年前だ）。多くのケースで資源の消費のペースは、経済全体の成長のペースを上回っていた。これでは地球の有限の資源をいつか使い尽くしてしまう。そう考えても当時は少しも不思議ではなかった。あとは、それがいつのことになるのか、であった。

それがいつのことになるのか、ちょうど第1回アースデイの頃、生物物理学者ドネラ・メドウズが率いるMITのコンピュータ・モデラーのチームが取り組んでいた。彼らは世界全体の経済のシミュレーションモデルを作成した。中心となった5つの重要な変数は「人口、食糧生産、工業化、公害、再生不能な天然資源の消費」である。シミュレーションでは、それまでの実態と同じく、5つの変数

＊なぜ感嘆符をつける必要があるのか、疑問だ。

アメリカのGDPと資源消費（1900〜1970年）（†11）

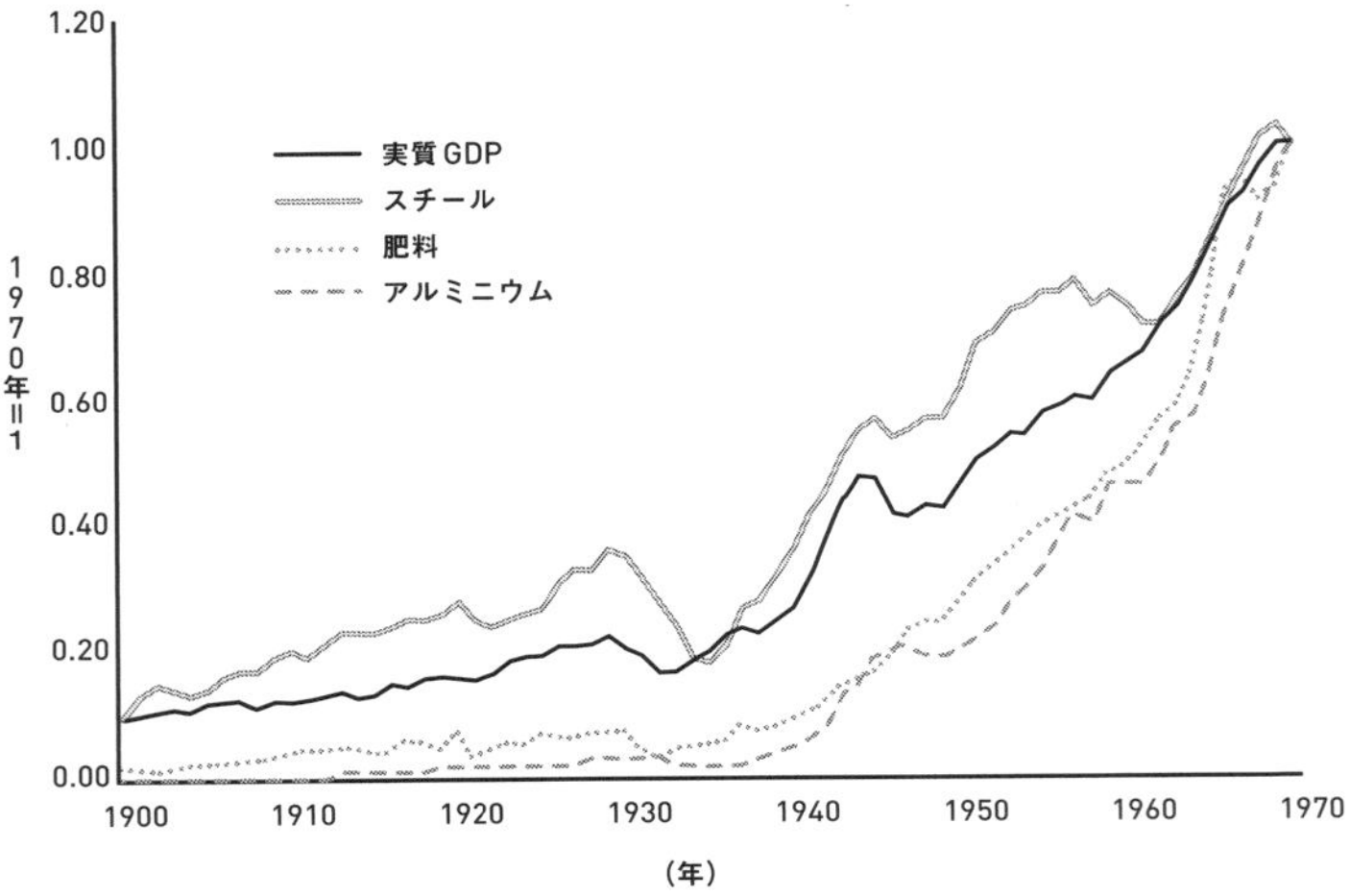

はたがいに影響し合い、時とともに指数関数的に増加した。

ＭＩＴのチームは研究の結果を本にまとめ、1972年に出版した『成長の限界』〔邦訳：ダイヤモンド社〕はベストセラーとなった。なんの手立ても講じないまま人口が増加し経済が成長すれば、アルミニウム、銅、天然ガス、石油、金の確認埋蔵量は最大限に楽観的に見積もっても55年以内に枯渇するだろう。(†12) なんらかの制約を課さなければ、資源が枯渇して世界中の経済が破綻し、21世紀が終わりを迎えるよりずっと前に人類は急激に衰退する。これがチームが出した結論である。

エネルギーが底をつく

これまで見てきたように、あらゆる経済において、エネルギー源となる資源はかけがえのないものだ。一部の識者には、『成長の限界』のエネルギー埋蔵量の見積もりは楽観的に過ぎると感じられた。1970年にエコロジストのケネス・ワットは未来をこんなふうに予測している。「いまの調子でいけば2000年までに私たちは原油を……使い尽くすだろう。ガソリンスタンドで『満タンで』と注文しても、『すみません、もうありません』と断わられるだろう」(†13)

一方で、人間にとってエネルギーがふんだんではないことは、むしろ幸運だとする考え方もあった。もしも豊富であったなら、私たちは使うだけ使って人口を増やし、地球の資源を早々に使い果たすだろう。1953年、アメリカ合衆国大統領ドワイト・アイゼンハワーはニューヨークの国連本部で「平和のための原子力」という演題で演説をおこなった。アイゼンハワーの提案は、原子力の技術を兵器だけに限るよりも、「人類の平和の追求のために利用する。原子力の専門家を動員して農業、医療、その他の平和的活動のニーズを満たそう。目指すべきは、ふんだんな電気的エネルギーを、動力を渇望する世界各地に供給することである」(†14)。

この演説は国連で拍手喝采を受けたものの、「原子力の平和利用」はとんでもない提案だという反応もあった。「きれいで、安くて、豊富なエネルギー源を見つければ、人類にとって破滅的な行為も同然だ」と、物理学者エイモリー・ロビンスは1977年に述べている。(†15)「それを人類がどう使うかが問題だからだ」。同じ考えをポール・エーリックは1975年に次のように述べている。「道徳的な

アメリカの実質GDPとエネルギー総消費量（1800〜1970年）(†17)

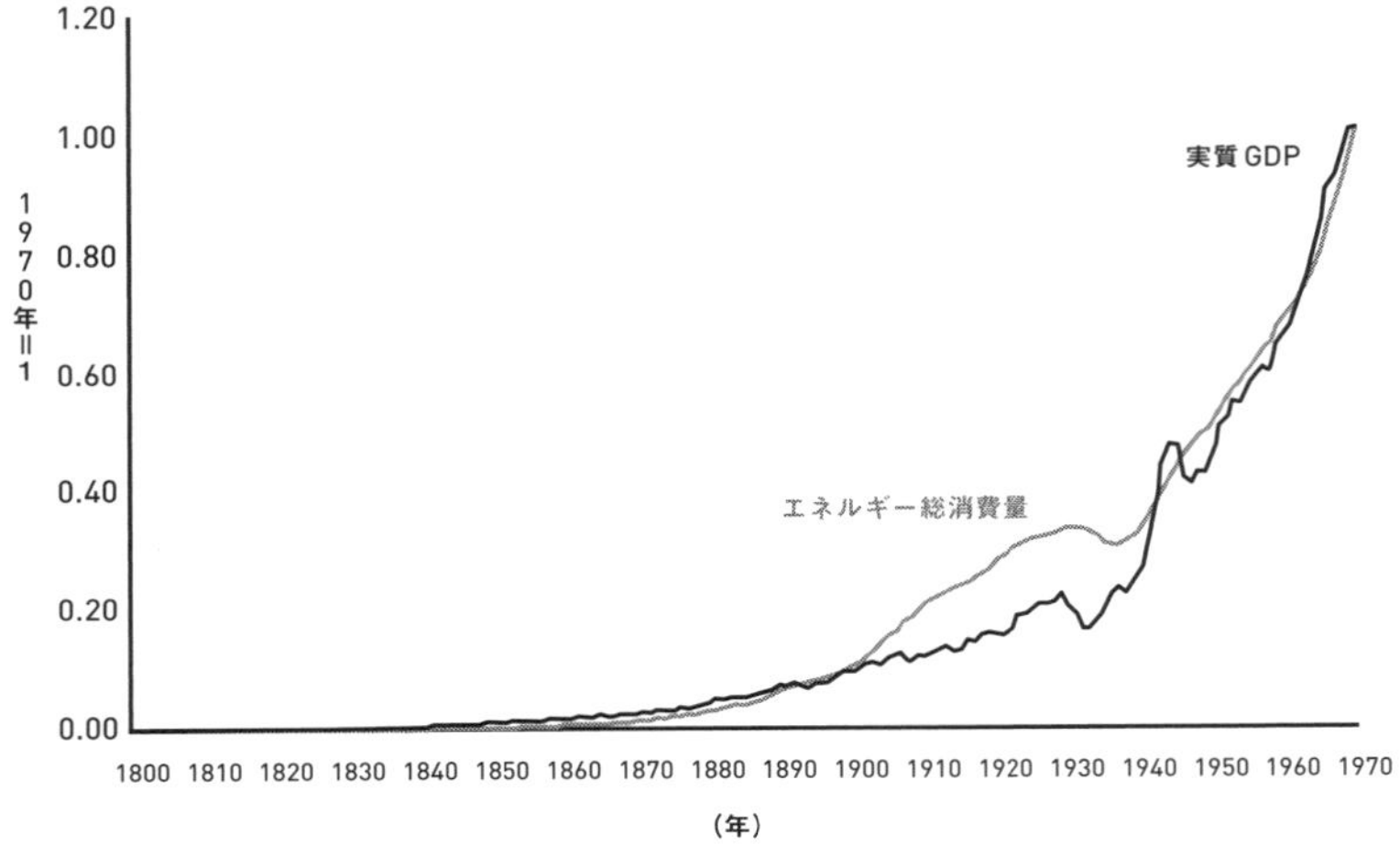

観点に立てば、この時点で安くて豊富なエネルギーを社会にもたらすのは、無知で愚かな子どもにマシンガンを与えるのと変わりないだろう。安く豊富なエネルギーがあれば、道路を切り拓き、開発、工業化にいそしんで、地球がすっからかんになるまで利用し尽くすだろう」(†16)

こうした論争が示すように、経済成長にはエネルギーは欠かせない。1800年から1970年まで——産業革命の開始からアースデイまでの期間に相当する——のアメリカのGDPとエネルギー総消費をグラフで見ると、どちらも150年あまりにわたって上昇しているのがわかる。

経済規模とエネルギー消費量がこれほどまでに足並みを揃えていることから、多くの研究者は基本的にふたつを同一視するようになった——社会で使用されるエネルギーの総量を計測できれば、その社会の規模、豊かさ、発展の度合いを正確につかめるという考えだ。最初に登場したのは、1971年のサイエンティフィック・アメリカン誌の一連の記事である。地質学者アール・クックの「工業社会におけるエネルギーの流れ」(†18)も含まれていた(*)。

1世紀以上前のジェヴォンズと同じように、クックはエネルギー消費量と経済規模の両方が指数関数的に増加していると実証した。そしてこれがいつまでも続きはしないと、これまたジェヴォンズと同じように警告を発した。「エネルギー消費量が無限に増加することも、人口が無限に増えることも、不可能である」とクックは結論づけたものの、増加を食い止めることに関して楽観的ではなかった。「変化を起こすには難しい政治的判断を要するだろう……」が、「民主的な社会は、必ずしも長期的な視点に立って決定を下せているわけではない」と述べている。

緊急事態宣言

悲観的だったのはクックだけではない。当時は各方面から深刻な懸念の声があがっていた。地球に関して心配を煽ったり、終末論的な議論がさかんにおこなわれた。第1回アースデイ後に成長した

＊第2章で取り上げたイアン・モリスの社会発展指数の場合、社会がどれだけ発展しているのかを測る4指標のひとつがエネルギー獲得量であった。

人々にこの感覚を伝えるのは難しい。現在おこなわれている気候変動についての議論に通じる論調も見られたが、当時とは時間の尺度が違う。今日、懸念されるのは21世紀の終わりまでに気候変動がどのような事態をもたらすのか、である。ところが第1回アースデイの頃には、人類が20世紀中に滅亡するかどうかという危機感があった。

第1回アースデイを迎えた頃の環境運動のムード、軸となった主張、予測を示すために、いくつか引用してみよう。いずれも1970年当時の論調をよくあらわしている。(*) これを読むと、社会全体がパニック発作に襲われているような印象を受ける。

ゲイロード・ネルソン上院議員はルック誌に次のように書いている。「スミソニアン協会会長のS・ディロン・リプレー博士は、現存する生き物のうち、全体の75%から80%の種は25年以内に確実に絶滅するだろうと確信している(†19)」

北テキサス大学のピート・ガンター教授はこう記した。「人口統計学者のほぼすべてが、飢饉が広範囲にわたって起きるだろうと考えている。そのおそろしいタイムテーブルは次の通りだ、1975年までにインドで始まり、1990年までにインド全域、パキスタン、中国、中東、アフリカに広まる。遅くとも2000年までに中南米は飢饉の状態に陥る……2000年までには、つまり今後30年で西ヨーロッパ、北米、オーストラリアを除いた世界全体に飢饉が広まる[†20]」

ライフ誌の記事を紹介しよう。「科学者たちは確固たる実験的および理論的な証拠とともに……次の予測を支持する。今後10年以内に都市住民は大気汚染から身を守るためにガスマスクを装着しなければならなくなる……1985年までに大気汚染によって地球に届く太陽光の量は半分にまで減る[†21]……」

生物学者でありノーベル生理学・医学賞受賞者であるジョージ・ワルドはこう予測した。「人類が直面している各種問題にすみやかに取り組んで行動を起こさない限り、今後15年から30年のうちに文明化には終止符が打たれるだろう[†22]」

タイム誌の『環境レポート』という特集では自然保護団体シエラクラブのディレクター、マーティン・リットンが次のように警告している。「残っている資源はないかと試掘を続ける一方で、われわれは新しい資源を見つける何倍もの速さで再生不能な資源を使い尽くしている[†23]」

＊2000年のリーズン誌の記事のために科学担当記者ロナルド・ベイリーが集めたもの、アメリカン・エンタープライズ公共政策研究所の2018年のブログにおいてエコノミストのメアリー・ペリーが集めたものである。引用元は保守的だが、アースデイのムードを伝えるという部分では問題ない。

第1回アースデイの翌日、ニューヨーク・タイムズ紙の社説は警鐘を鳴らした。「人は公害を出すのを止めて環境を保護しなければならない。単に生活の質を高めるためだけではなく、人類の状態が耐えがたいほど悪化し絶滅する危機を防ぐために」

1971年、エーリックと物理学者ジェームズ・ホルドレンはサイエンス誌で、I=P×Eという方程式を提案した。Iは社会が環境に与えるマイナスの影響の合計、Pは人口、Fは1人当たり因子をあらわす。後にFはA（1人当たりの物質的豊かさ、言い換えれば1人当たりGDP）とT（技術：多様な方法で計測）に置き換えられた。その結果、方程式はI=P×A×Tとなり、「TPATモデル」として知られるようになった。このモデルは、環境にとって人口と豊かさはつねに害となることを示す。技術には好ましいもの（太陽光発電など）と好ましくないもの（石炭を燃やす発電所の増加）があるが、好ましいものは「ゆるやかなペースで、費用がかかり、規模が十分ではない傾向がある」と当時のエーリックとホルドレンは記している。[†24]

アースデイの頃に世界の未来について主流派であった悲観的な予測を方程式であらわしたのが、このIPATである。「数学を使ったプロパガンダ[†25]」と批判もされたが、環境に与える影響を測り、対策を取るための手段として役目を果たした。

ＣＲＩＢという解決法

飢饉。致死的な汚染。資源の枯渇。人口増加と社会の崩壊。いずれも生易しい問題ではない。だからこそ行動を起こさなくてはならないというコンセンサスが、初期の環境保護運動で形成されていった。取るべき行動についても、徐々に方向性が定まった。地球の問題の解決法として第1回アースデイの時期に呼びかけられたのは、消費量を減らす［Consume Less］、リサイクル［Recycle］、制限を設ける［Impose limits］、大地へ帰れ［Back to the land］。頭文字をつなげれば「ＣＲＩＢ」だ。

前半のふたつは、マーシャルが特定した果てしなく増える消費という問題への対策であり、ＩＰＡＴの「Ａ（1人当たりの物質的豊かさ）」にあたる。後半のふたつはジェヴォンズが指摘した危機への対処法である。マーシャルとジェヴォンズは人口を抑制することも、制限を設けるひとつの案と考えた――ＩＰＡＴの「Ｐ（人口）」である。

消費量を減らす

資源の枯渇と公害はいずれも難問だが、あきらかな対処法は、生産する量を減らし、買う量も減らすことである。国の経済規模は、国民がどうお金を使うかという決断に大きく左右される。すさまじい経済成長は環境問題をともなうと国民が認識すれば、地球を守らなくてはと考えてあれもこれも買おうとはしなくなるだろう。環境保護の意識が芽生え、結果的に、マーシャルの主張は誤りとなるかもしれない。地球は無限に与えてはくれないので無限に欲しがるのは止めよう、という総意に至るかもしれない。

それは工業化時代の基本的な前提と実践の多くに背を向け、マーシャルが定義づくりに力を注いだ市場経済学とは別の道を歩むということだ。

1972年に「脱成長」という言葉を導入したのはアンドレ・ゴルツ、オーストリア出身のフランス人哲学者である。ゴルツは「地球がバランスを維持するには生産規模のゼロ成長——あるいは脱成長——が必要であるが、それは資本主義という仕組みの存続と両立できるだろうか?」と問いかけた。(†26) もちろん、彼自身は「できない」という立場だ。

1975年の著書『*Ecology as Politics*(エコロジスト宣言)』[未邦訳]でゴルツは、消費規模の成長のペースを落とすだけでは十分ではない——積極的に規模を縮小する必要があると明確に述べている。「ゼロ成長でも、乏しい資源を継続的に消費することとなり、いずれすべて使い果たすだろう。重要なのは消費の増加を抑えるのではなく、減らすことである。未来の世代が使うためにいまの資源を節約するには、これ以外に方法はない(†27)」

ゴルツの「脱成長」はムーブメントを巻き起こした。あらゆる意味で実現は困難だろうが、理屈としては単純明快、明白であった。だれもがこれまでよりも少なく消費すれば、当然ながら資源消費量が少なくなる。

もしかしたら、特定のものについてだけ消費を減らせばいいのかもしれない。1971年、生物学者バリー・コモナーの著書『なにが環境の危機を招いたか――エコロジーによる分析と解答』［邦訳：講談社］はベストセラーとなった。そのなかでコモナーは「現在の生産システムは自滅的である［そして］現在の文明化の道筋は自滅的である」と認めている。(†28) そのうえで、すべての豊かさをあきらめる必要はない、公害を出す大規模工場が化学物質だらけの製品の生産を止めるだけでいい、真の問題となるのはIPATモデルの「T（技術）」である。より小規模な生産、自然に近い生産、オーガニックな生産であるほど持続可能（コモナーが推した概念）となるだろう。「有用なものについては現在の消費量を極端に切り詰めずに、生産の改革をおこなうことが可能である」と主張した。

リサイクル

資源の枯渇問題の解決策としては、より少ない消費以外にも、モノのリサイクルという方法がある。新聞、段ボール箱、ペットボトルやガラス瓶、アルミ缶などを使ってそのまま廃棄するのではなく、生産工程に戻してふたたび材料として使う。これなら原材料を追加することなしに追加生産が可能だ。

1966年に「宇宙船地球号」という鮮やかなイメージを打ち出してリサイクルの気運を高めたのは経済学者ケネス・ボールディングである。限りある資源とともに長旅をする宇宙船だ。この旅を成功させるには「物質が循環していく生態系の一部として人間が組み込まれていかなければならない」と述べている。(†29) 過去にも道具や服を始めとしてさまざまなものの再利用はされてきた。それはおもに倹約が目的だった。しかしながら宇宙船地球号に求められるリサイクルは、それとは別物だった。利己的な動機でのリサイクルではなく、地球を大事にしたいという思いから出たものである。

「リデュース、リユース、リサイクル」の掛け声は1970年代半ばにはすでにアメリカ社会に定着していた。1980年、フィラデルフィア郊外のニュージャージー州ウッドベリーはカーブサイド・リサイクリング・プログラムを実行した。町のゴミ収集トラックがトレーラーを牽引し、家庭から出る再利用可能な物資を回収するという国内で初の試みだった。このアイデアはたちまち広まり、1995年までにはアメリカの都市ゴミすべてのうち約25%はリサイクルされるようになった。(†30)

制限を設ける

環境保護運動の呼びかけのうち、もっとも議論を呼んだのは制限を設けるという提案だった。なかでも、子どもの人数についての制限だ。エーリックは、これ以外に選択肢はないと考えていた。マルサス主義の計算がなによりの根拠である。著書『人口爆弾』でエーリックは、「私たちは世界の人口を迅速に統制し、成長率をゼロに減らし、いずれはマイナスの成長率を実現しなければならない。意識的な人口の抑制は是が非でも達成しなければならない」と主張している。[†31]

『成長の限界』ではMITのチームが作成したコンピュータ・モデルで人口をどう抑制するのか、そして産業をどう抑制するのかが議論されている。企業に関しては、消費者の需要を満たして利潤を得る目的で地球の資源を使い果たすまで生産を続けるのであれば、ストップをかける、もしくは方向転換させる必要がある。さらなる鉱山の採掘、新しい工場建設、1972年式のキャデラック・シリーズ75型セダン（車両重量約2・5トンを超える大型高級車）をつくらせないために、法律で縛る、あるいは税金と助成金で誘導すればいい。

こうした提案はアメリカはもちろん、中央集権的な計画経済とは一線を画す国では不評を買うに違いない。『成長の限界』の著者たちはそれを承知のうえで、他の選択肢はないと考え、次のように述べている。「出生率を下げる、物資の生産に投じていた資本を他に振り向ける、といった政策はどんな形を取るにしろ、不自然で現実的ではないだろう……どこまでも成長できるという現在のパターンが今後も持続可能だと感じているなら、現代社会の機能を根こそぎ変えるなどという議論はピンとこないはずだ」。[†32]だが彼らのシミュレーションは、それが持続可能ではないと明確に示していた。自由市場経済を選ぶのか、それとも地球と人間社会がこの先もずっと健全に続くことを選ぶのか、『成長の限界』の核心であるコンピュータ・モデルは厳しい選択を迫っていた。いや、もはや選択の余地などないと思われた。

制限を設ける方法としてはもうひとつ、企業が市場を拡大することに歯止めをかけるのではなく、企業活動がもたらす弊害すなわち公害を食い止める方法がある。すさまじい汚染にさらされたペンシルベニア州ドノラなどの実例から、公害は「鬱陶しい」といったレベルよりもはるかに有害であるという認識が広まった。人間の命を脅かすほどの深刻な危機であるのだと。

1970年、リチャード・ニクソン大統領はアメリカ環境保護庁（EPA）を設置し、他の連邦機関も含め一連の法律で大幅な権限を与え、さまざまな公害の規制に乗り出した。1970年には大気浄化法が改正され強化された（†33）（1977年、1990年にも）。1972年には水質浄化法、1974年には安全飲料水法、1976年には有害物質規制法などが制定された。

公害の規制措置は経済成長を鈍らせることになるだろう、という声は出た。1990年にポール・ロジャース議員は当時のことを次のように振り返っている。（†34）「［大気浄化法の］修正について下院で議論がおこなわれた際、ある議員は小さな町の町長が［環境保護と経済成長の両立は考えられないという一般的な見解を示す意味で］『この町の成長を望むなら、汚臭を放つ町になるしかない』と発言したことを紹介した」。だが、鼻を突く不快な臭いはすぐに世間から嫌がられるようになり、1980年に議会は国内でもっとも土壌汚染が深刻な地区を浄化するために「スーパーファンド法」を制定した。

「大地へ帰れ」

環境と社会が直面する破滅的な問題への第四の解決策――ＣＲＩＢの「Ｂ」――は、個人も家族もコミュニティも工業化時代に別れを告げて大地へ帰ることだった。これはあきらかにジェヴォンズの主張を受けての提言である。技術の発展とともに地球全体の資源が大規模に活用されてしまうことを防ぎ、地球に負担をかけないようにするには、発展へと突き進むのではなく、技術とメソッドの発展を求めずに資源消費量を抑えるほうが得策ではないかというものだ。

１９６０年代と１９７０年代に盛り上がりを見せた「大地へ帰れ」運動を支えたのは、多くが比較的裕福で教育水準が高い人々だった。都市や都市近郊で生まれ育ち、「大地へ帰れ」運動を実践するまでは農業経験も田舎の自給自足の暮らしも経験がないというケースがほとんどである。そんな彼らが農場暮らしで成功するには知識と道具が必要だった。

その両方を提供しようと行動を起こしたのがスチュアート・ブランドである。作家、起業家、オーガナイザーとして象徴的な存在だ。１９６８年、彼は「ホールアース・トラックストア」と名付けたダッジ・ピックアップトラックで「コミューンをまわる旅」に出た。実際に大地へ帰っている人々に、畑の種まきや井戸掘りなどさまざまな仕事に必要な選りすぐりの道具と知恵を提供してまわったのである。彼はカタログのプロデュースも始めた。初期の表紙には「地球の出」の写真が使われた。このホール・アース・カタログはたちまち大ヒットした。時に厚みが3センチメートル近くなること

もあり、1971年には全米図書賞の「時事部門」を受賞した。(†35)

同じようなセンセーションを巻き起こしたのが、『フォックスファイヤー・ブック』シリーズだ。もともとジョージアの高校のプロジェクトとして始まったもので、生徒たちは近所のお年寄りと親戚の高齢者にアパラチアの田舎の生活の伝統と職人の技術についてインタビューした。そのインタビューがフォックスファイヤー誌の記事となり、1972年に書籍となった。(*) この『フォックスファイヤー・ブック』シリーズの最初の本は900万部を超える売れ行きだった。(†36) 多くの人々が、本で紹介された暮らしを、シンプルですぐれている――自然を搾取するのではなく自然と調和している――暮らしと受け止め、魅了されたのである。

現実はそんなにもひどいのか？

環境についての大半の議論はますます緊迫の度合いを増してパニック寸前の状態であったが、一方で、そこまで切迫していない――少なくとも、一部に関しては――と主張する声もきこえてきた。こうした、どちらかといえば楽観的な立場を取っていたのは経済学者が多かった。彼らはエビデンスにもとづくふたつの主張、そして確固たる展望を述べた。

エビデンスにもとづく第一の主張は、環境保護運動が強力に主張した暗い未来についてである。慢性的な食糧不足と飢饉、生態系の不可逆的崩壊、大量の種の絶滅、天然資源の壊滅的な欠乏など、予測されたことの多くは、現実には起こっていない。それどころか、悪化すると予測されていたものの、実際にはよくなっているというケースがある。

世界中で、より多くの人が、年ごとにより多くの食糧を得ている。飢えに苦しむ人々がいまも存在しているのは事実である——耐えがたいほど多く、という言い方もできる——が、全体として見れば栄養不足は徐々に解消されている。経済学者アマルティア・センは1981年の著書『貧困と飢饉』［邦訳：岩波書店］において、工業化時代に増加した飢饉の原因は食糧生産の減少ではない、政治と社会が急激に変化して人々は正当な方法で食糧を得る「権原［エンタイトルメント］」を奪われたからだと指摘している。第1回アースデイが開催された頃の数年間、公害による魚の大量絶滅、水や資源をめぐる戦争、貧困による難民危機、その他予測された大惨事の多くについて、起きたとは証明されていない。

経済学者ジュリアン・サイモンは1981年の著書『*The Ultimate Resource*（究極の資源）』［未邦訳］で、「私たちは『窮乏時代に突入』したのだろうか？　水晶玉の占いなら、なんとでも言えるだろう。だが最高水準のデータは、ほぼ例外なく……その正反対を示している」と述べている。[†37] とはいえ、サ

＊「フォックスファイヤー」とは枯れ木に生える菌類によって引き起こされる燐光《りんこう》を指す言葉。

イモンは前々からこうした立場を取っていたわけではない。1960年代後半にはエーリック同様、歯止めのない人口増加は危険であると記している。実際には人々の生活水準は着実によくなり、環境面では大惨事が起きていなかったことで、考えを改めた。

しかも圧倒的な楽観主義者となった。神への信心からそうなったのではなく、人間が発揮する創意工夫を信じるようになったからである。人口増加と経済成長は困難をもたらすが、それを非常に巧みに克服する力を人間は備えているとサイモンは主張した。人間は科学を介して世界について学び、新しい道具と科学技術を開発し、民主主義や法の支配といった制度をつくり、その他多くのことを実行して問題を解決し、よりよい未来を実現する。

ジェヴォンズとマーシャルが指摘した事態を承知したうえで、サイモンを始め楽観主義の立場を取る人々は大惨事にはつながらないと判断した。人口増加と経済成長が試練をもたらしても、人間は必ずなんらかの方法で乗り越えると確信していた。アースデイの頃に目立った論調は、人類が成長し技術革新を続けていけば悲惨な状況をつくりだすだけ、というものだった。楽観主義者はそれとは対照的に、人類は成長し技術革新を続けて悲惨な状況から抜け出すと考えた。

そう信じるだけの根拠があった。工業化時代を通じて人類は着実に繁栄し健康状態がよくなったことを示す証拠をサイモン自身、そして他の人々が収集していたのである。さらにもうひとつ、説得力のある証拠にもとづいて、サイモンは自説の正しさを証明しようと公開の賭けに打って出た。

サイモンは一連の証拠にもとづいて、近い将来、天然資源の供給が枯渇するおそれはないと判断した。その根拠のひとつは、まず、稀少であれば価値があがるという経済の基本的な事実。肥料、金属、石炭、その他の資源は稀少になるほど高価になる。

ここからが肝心だ。価格の急騰は人間の貪欲さと創意工夫の意欲をかきたてる。私欲を満たしたい、だから知恵を絞る、となれば選択肢はふたつ。もっと資源はないかと範囲を広げて必死に探す、あるいは代わりになるものをやはり必死に探す。このどちらか、あるいは両方がうまくいけば、稀少性が緩和されて資源価格はふたたび下がる。サイモンはこう論じた。

さらに言えば、代わりになる資源そのものが不要になるという興味深いケースが想定できる。建築家で発明家のR・バックミンスター・フラーは1968年の著書『*Utopia or Oblivion*(ユートピアもしくは忘却)』[未邦訳]で次のように述べている。「多くの計算を重ねた末に、私は確信を抱くようになった。ごくごく少量で非常に多くの目的を果たせるようになり、すべての人のニーズを満たせる可能性がある。1921年、私はこれを『エフェメラリゼーション』と名づけた」[†38]。つまり、より少ない物的資源を――より少ない分子を――取り出して、人類の欲求を満たせるという意味である。

地球を賭ける

たとえば、フラーが命名し有名になったジオデシック・ドームはエフェメラリゼーションの好例だ。建物としては同じ大きさでも、使う材料は少なく、重量もはるかに少ない。そして、より大きな重みに耐えられる。「エフェメラリゼーション……は、最大のエコノミック・サプライズである」とフラーは表現した。[†39] イノベーション、テクノロジーの進歩、資源消費の議論では、エフェメラリゼーションに代わって脱物質化という表現が使われるようになった。

資源が稀少な状態はいつまでも続かないという例をサイモンは数多く確認した。たとえば、19世紀半ばまでにイギリスでは膨大な量の石炭が新たに見つかっている。また、家庭の灯火用には鯨油に代わってケロシンが使われるようになった。それならば、アースデイ以降も資源の価格は全般的に下がっていくだろう。地球全体の人口が急速に増えたとしても、急激に人々が豊かになったとしても、その傾向は変わらないだろう。サイモンはそう確信した。

そのまったく逆のことを確信していたのが、ポール・エーリックである。彼は『成長の限界』の執筆者を始め多くの人々と同じ立場を取り、地球の人口が急速に増えれば資源は減るばかりで枯渇をまぬがれることはできないと固く信じていた。

第1回アースデイから10年間、対立する両者はますます論点を明確にし、ついに主張するだけではすまなくなった。１９８０年、ジュリアン・サイモンとポール・エーリックは歴史に残る賭けを始めたのである。

サイモンがエーリックに提案した賭けの内容は、エーリックが任意の資源を選び、賭けのための期限を1年以上で自由に設定し、期限終了時に資源価格が上昇していたら、サイモンはエーリックに値上がり分を支払う。値下がりしていたらエーリックがサイモンに支払うというものだった。

エーリックは賭けに応じた。10年後を期限として設定し、選んだ資源は銅、クロム、ニッケル、錫《すず》、タングステンの5種類。しかも1980年9月29日に実際に200ドルずつ「購入」し、値上がりを待った。

結果的に価格は上がらなかった。5種類の金属価格（実質値）は1990年9月後半までにすべて値下がりした。(†40) クロムは1ポンド当たり3・9ドルから3・7ドルとわずかな値下がりだったが、他の金属の値下がり幅はもっと大きく、錫は1ポンド当たり8・72ドルから3・88ドルと値崩れした。エーリックが1000ドル分購入した5種類の資源は、半分以下の価値になった。1990年10月、彼はサイモンに576・06ドルの小切手を郵送した。(*)

＊送られたのは小切手のみで、メモのたぐいは同封されていなかった。

見通しは依然として暗い

サイモンとエーリックの賭けの決着はついたものの、楽観主義者側の決定的な勝利という結果にはならなかった。彼らの賭けはさまざまな角度から分析され、投資家で作家のポール・ケドロスキーの言葉を借りれば、サイモンは「賢明だが、幸運にめぐまれた」と結論づけられたのである。[†41] サイモンが賢明だったのは、資源の高騰がいずれ値下がりを招くと見抜いていたことだ。また、エーリックが選んだ期間中に、彼が選んだ資源の価格が急落したという幸運にめぐまれた。

異なる期限を設定していればサイモンにとってはあれほど有利な結果にはならなかったと、ケドロスキーは次のように記している。「賭けを1980年代の10年のどこかでスタートさせれば、8回はサイモンが勝っただろう。だが1990年代は状況が変わり、サイモンが勝てるのは4回、エーリックは6回……ここ10年まで範囲を広げれば……2000年代のいずれの年でスタートしても勝つのはエーリックだ」。人口が急増し経済が急速に成長する世界では、必ずしも値下がりするとは限らないと思われた。

脱物質化についても同様で、決定的ではなかった。確かにアースデイ後の数年で、一部の製品はより少ない材料でつくられるようになった。たとえばアメリカ製の自動車は1973年の石油危機の後、概して軽くなっている。しかしジェヴォンズが石炭問題として指摘したパターンも繰り返した。

効率化がアップしても資源の総消費量の減少にはつながらず、むしろ大幅に増加するというパターンだ。これはリバウンド効果と呼ばれるようになった。

調査の結果、リバウンド効果はあらゆるところで見られた。２０１７年にテクノロジーの研究者クリストファー・マギーとテッサレーノ・デヴェーザスがおこなった調査は、「個別の57のケースで、科学技術の進歩が『自動的』に脱物質化をもたらしていない」ことを突き止めた。[†42] マギーとデヴェーザスは「この状況が今後くつがえされる可能性はきわめて少ないだろう」と予測している。

ジェヴォンズとマーシャルが自説を述べてから1世紀経ってもなお、その主張は通用するように思われた。人間の限りない欲望、そして目をみはるような科学技術によって、地球の豊かなめぐみはむしり取られていくばかりだったのである。

第5章

脱物質化というサプライズ

ものごとが変わる時には、私は考えを変える。あなたは？

――NBCの報道番組「ミート・ザ・プレス」におけるポール・サミュエルソンの発言、1970年(*)

環境科学の専門家ジェシー・オースベルはジュリアン・サイモンとポール・エーリックとは違い、当初は資源の価格には注目していなかった。だが、サイモンとエーリックの賭けが期限の年を迎えると、オースベルは資源の量に深い関心を抱くようになったのである――人間が経済と暮らしを築くにはどれだけの種類の材料をどれだけ使っているのかについて。

オースベルの回想によれば、1987年のある晩、ともに夕食をとっていた友人で仕事仲間のロバート・ハーマンがこうたずねたそうだ。(†2)「建物は軽くなっているだろうか？」ハーマンは幅広い領域に関心を保つ物理学者である。その単純な問いかけがきっかけとなって、数多くの調査へとつながった。建物の重量はもちろん、多くのものの「物質集約度」が調査の対象となった。土木工学を専門とするシアマク・アルデカニとともに、彼らは数々の発見と今後の検討課題を発表した。1989年の論文は「脱物質化」というシンプルなタイトルだった。「全体として……社会は物質化に向かっているのか脱物質化に向かっているのか」については、さらなる調査が必要であると締めくくられている。(†3)

明るさに気づいていない

オースベルはその後も「物質化しているのか、脱物質化しているのか」について追究を続けた。2015年の論文「自然の復活――テクノロジーはいかに環境を解放するか」ではその成果を示した。彼は十分な証拠を挙げてアメリカ人は1人当たり、より少ない資源を消費し、スチール〔鋼鉄〕、アルミニウム、銅、肥料、錫、紙など経済の重要な構成要素の消費量の合計も減少しているとあきらかにした。それ以外のすべてをひっくるめたアメリカの年間総消費量は、1970年の第1回アース

＊この言葉は、多くの人々のものとされ、なかでも経済学者ジョン・メイナード・ケインズの言葉とされることが多い。しかしウェブサイトQuote Investigatorによれば、サミュエルソンより前にこの引用が参照されている例はない(†1)。

デイ以前は年々急増していたが、それ以後はいったんピークに達し、それから減少に転じていた。控えめに言っても、予想外のことであった。オースベルは次のように記している。「一部の素材の使用が増加から減少に転じている事実に、私はたいへん驚いた。そこでイド・ワーニック、ポール・ワゴナーとともに詳細な調査をおこない、1900年から2010年までのアメリカにおけるコモディティ100品目の使用量を調べたところ……36品目は絶対的使用量がすでにピークに達していることがわかった……それ以外に53品目は経済規模に対する相対的使用量がピークに達していたものの、まだ絶対的使用量は減っていない。大部分は、まさにいま減少に転じていると思われる」(†4)

その数年前、イギリスで同様のことが起きていると気づいたのが、環境およびエネルギーについての研究者クリス・グッドールだった。彼はイギリスの物質フロー会計に興味深いパターンを見出した。ガーディアン紙に(†5)「国家統計局が毎年発表するものの、ほぼ無視されている一連の無味乾燥のデータ」と称されるものから得たパターンについての要約を、グッドールは「『モノのピーク』――イギリスは2000年代前半に資源消費量のピークを迎えたのか?」というタイトルで2011年に発表している。(†6)

グッドールが提示した答えは、本質的には「イエス」であった。

「本紙で示す証拠から、過去10年の前半にイギリスの資源消費量は減りはじめたと判断できる。

これは景気減速が始まった2008年よりもずっと前である。水、建材、紙など多岐にわたる物品についても、輸入品の影響を含めても同様のことがあてはまる。経済活動で使われるものの重量と最終的に廃棄される重量はどちらも、2001年から2003年にかけて、どこかの時点で減少に転じた」

アメリカあるいはイギリスで起きている脱物質化意義を、グッドールは力強く語る。「これが事実であれば、重大な発見だ。成熟経済の経済がさらに成長しても、これ以上地球の天然資源の蓄えにも、地球の物理的環境にも、負荷をかけずにすむかもしれない。先進国の経済成長と、物理的なモノの消費量の伸びを切り離せるかもしれない。持続可能な経済をゼロ成長の経済と決めつけるのは間違っている」

脱物質化は間違いなく経済全般に重要な意味を持つ。グッドールの考えに私は賛成だ。イギリスとアメリカは工業化時代の経済を牽引していた——その時期、天然資源の消費量はすさまじい勢いで増え、環境に与える負荷も増えていた。イギリスとアメリカで方向転換が起きて大規模な脱物質化が実現すれば、確実に明るい展望がひらける。

また、成長の仕組みについてこれまで主流だった考え方を根本から見直す契機となるだろう。成長とはこういうもの、と多くの人々が意識的あるいは無意識のうちに決めつけている。それはアルフレッド・マーシャルとウィリアム・ジェヴォンズの主張をひとつにまとめたようなもので、人類はつねに、より多く消費したがる、それを実現するために使う資源の量は毎年増加する、というパターンだ。資源を効率的に使うためのテクノロジーを開発しても、私たちはさらに消費を増やし、資源の保護は実現しない。資源の総消費量はますます増加していく。マーシャルとジェヴォンズの時代から第1回アースデイを迎えるまで、この明確なパターンが続いていた。何が原因となって、変化が起きたのだろう？

これは非常に重大な問いかけである。オースベル、グッドールらが取り組んでいる脱物質化について、自分の手でも解き明かしてみようと私は決心した。あきらかな脱物質化が実際に起きて継続しているのであれば、その理由をつきとめ、何をもたらすのか、将来はどうなるのかを予測し、脱物質化をさらに推し進めるために個人、コミュニティ、政府が実行できる提案をしたい。

大逆転

アメリカの資源の消費が長年どのように推移してきたのかを示す資料は、質・量ともにめぐまれているので、脱物質化に取り組む者にとってはありがたい。資料の多くはアメリカ地質調査所のものだ。1879年に設立された連邦政府機関であり、連邦議会はその任務を「公有地の分類、地質構

アメリカの金属消費量（1900〜2015年）(†7)

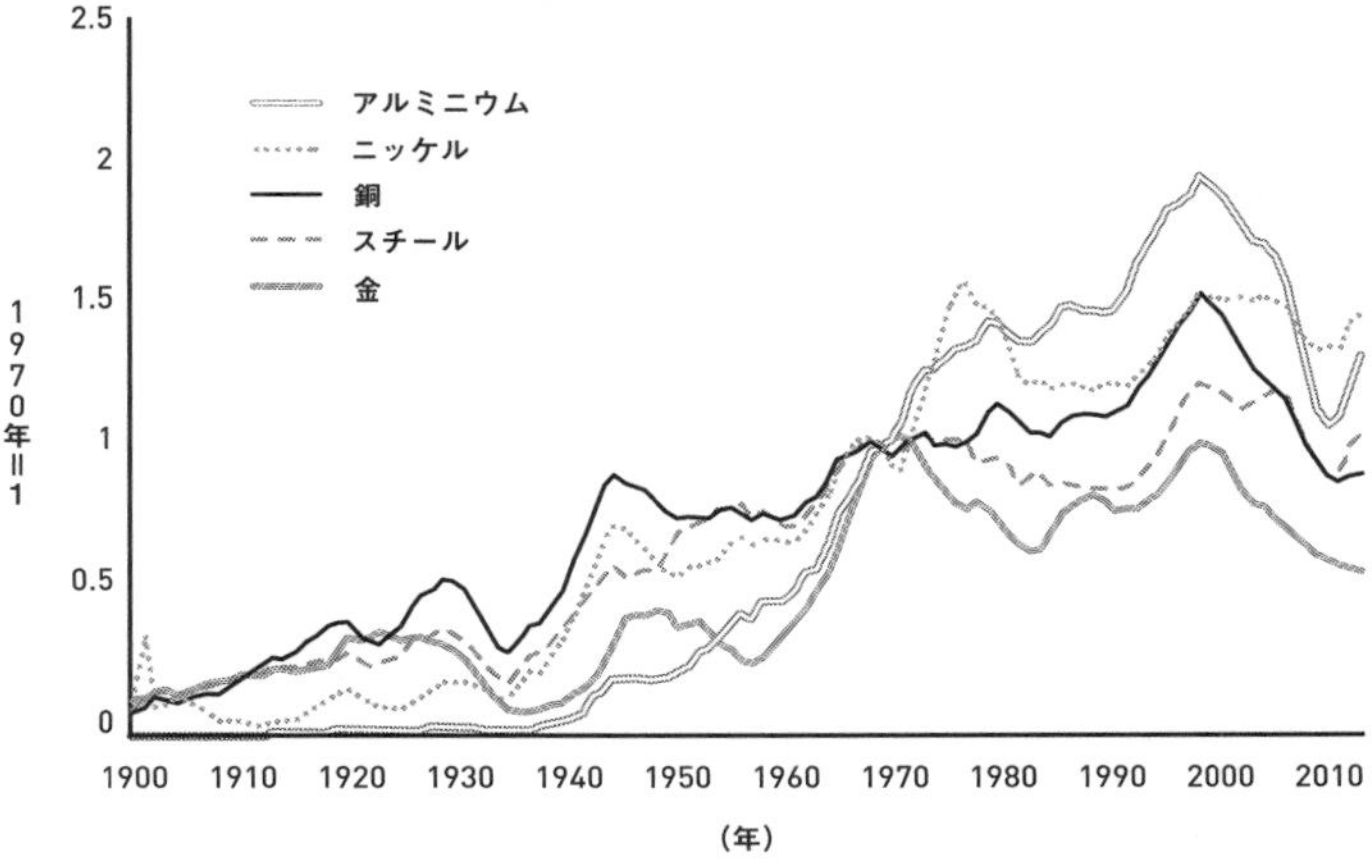

造、鉱物資源、公有地の産物の調査」としている。

ここでは、「鉱物資源の調査」の部分が肝心だ。アメリカの経済でもっとも重要な鉱物の使用量について、アメリカ地質調査所は20世紀の始めからデータを収集してきた。とくに興味深いのは、各々の鉱物についての毎年の「見掛消費量」である。

これは資源の国内生産量に輸出入量を加味した数字だ。たとえば、アメリカの２０１５年の銅の見掛消費量は、国内産の銅の総量に輸入された銅の合計を加え、輸出された総量を引いた数字となっている。(*)

アメリカ地質調査所のデータからはすばらしく魅力

＊アメリカ地質調査所は最終製品に含まれる資源の輸出入は追跡していないので、２０１５年にアメリカに輸入されたコンピュータとスマホに使われる銅は、この年の見掛消費量の合計には含まれていない。このように資源すべての追跡はできないが、脱物質化についての総合的な結論には影響しないだろう。資源を多く使う最終製品の正味の輸入量に関しても、アメリカ経済全体に占める割合はほんのわずかだ——４％に満たない。

アメリカのGDPおよび金属消費量（1900〜2015年）（†8）

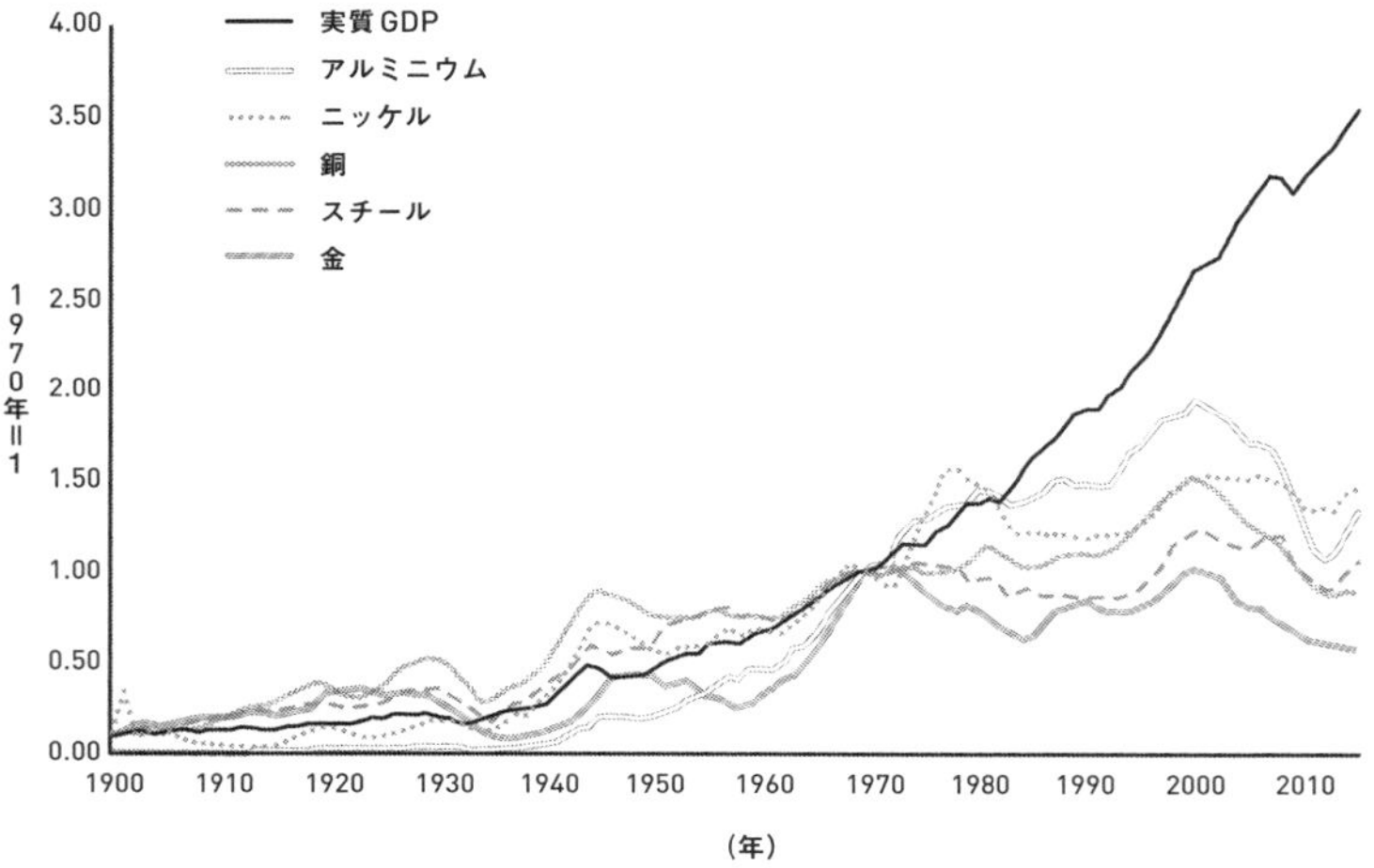

的な物語が読み取れる。まずはあらゆる経済で重要な役割を担う原材料の金属について取り上げてみよう。アメリカで重要金属(*)5種の1900年から2015年までの年間消費量を合計すると次のようになる。ひとつ断わっておくと、これはアメリカ人1人当たりの年間消費量ではない。アメリカ人すべての年間消費量である——年間に使用される重量の合計だ。

いずれも、アメリカでは「ピークを過ぎて」いる。つまり消費量が頂点に達した後、おおむね減少している。大きな規模で脱物質化が起きている。2015年（アメリカ地質調査所のデータとして得られる最新年）、アメリカで使用されたスチールの総量は、最高を記録した2000年に比べて15%あまり減っている。アルミニウムの消費量はピーク時に比べて32%あまり、銅は40%あまり減った。

アメリカの資源消費量と経済成長とを比較すると、脱物質化が際立つ。先ほどのグラフに1本だけ線を加えてみよう――アメリカの実質GDPを。

まったく別方向に分かれていることがよくわかる。20世紀の始めから1970年の第1回アースデイまで、アメリカの金属の消費量は一貫して経済成長と足並みが揃っていた。アースデイ後の数年間、経済は引き続き順調に成長したが、金属の消費量は逆転し、いまや下降している。年ごとに、より少ない金属でより大きな「経済」を実現しているということだ。同様の大逆転は、他の多くの資源においても起きている。

アメリカは農業大国である――大豆とトウモロコシの生産では世界最大、小麦は世界第4位。先述した通り、作物を育てるには肥料が欠かせない。その肥料、そして水と農地について、アメリカの使用量の合計を追ってみよう。ここではそしてGDPではなく、アメリカの収穫量の合計を加えた。

このグラフでもアウトプット（農作物収穫量）とインプット（水と肥料）は長年、足並みが揃っていた。だが両者の関係が変わり、いまではより少量からより多くを得ている。肥料の使用量は1999年にピークに達した後、約25%減った。灌漑に使われた水の総量は1984年に最大となり、2014年までに22%あまり減っている。作付面積の合計も減少し、前世紀のもっとも低い数値

＊重要金属とは、アメリカにおいて2000年から2015年までにもっとも支出額が多いものを指す。

アメリカの農作物収穫量と農業投入材消費量（1955〜2015年）（†9）

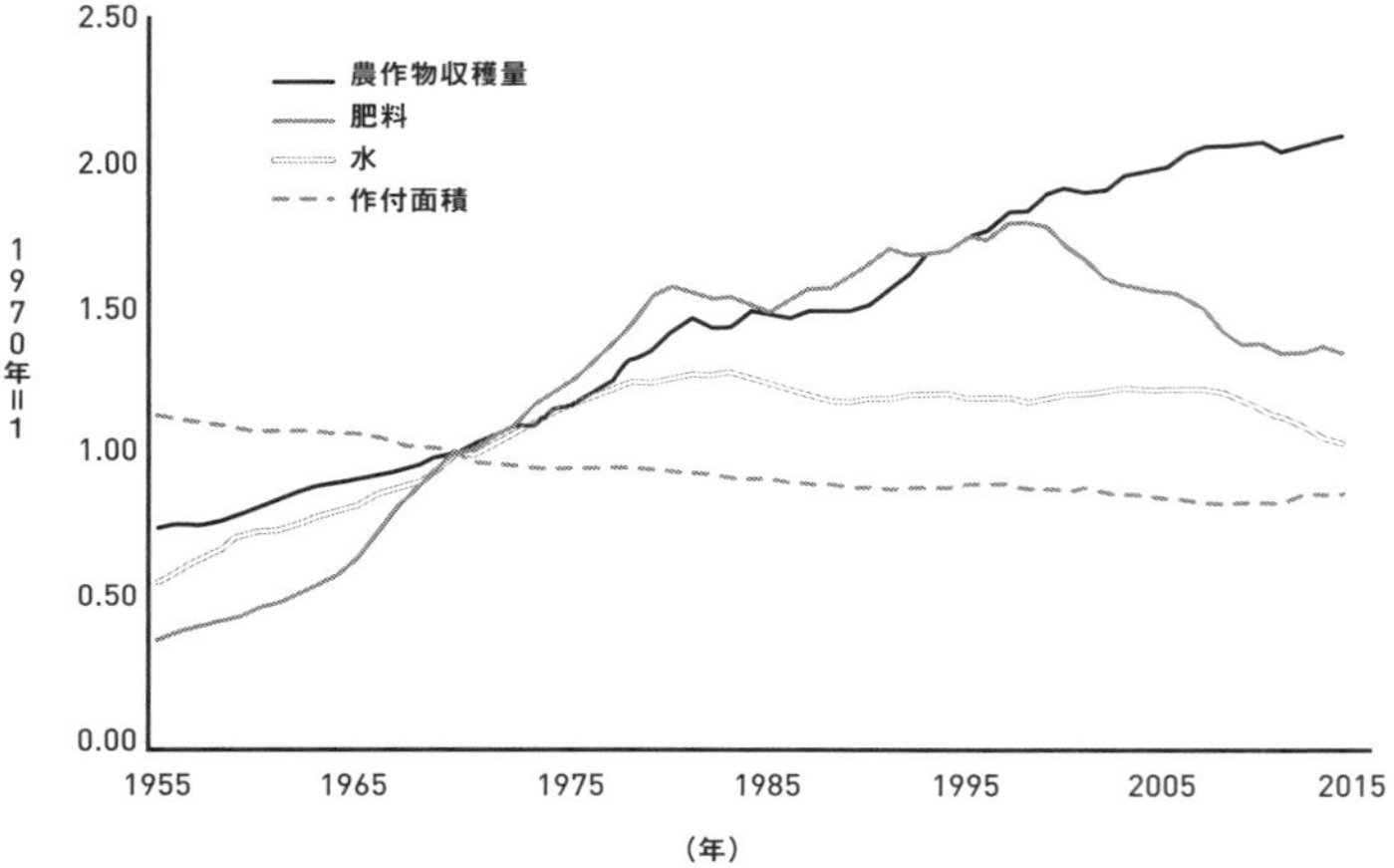

とほぼ同じ水準になった。

建造物をつくるにも、インフラを整えるにも、多くの資源が必要だ。アメリカ地質調査所のデータから建築資材のうちとくに重要なものの総消費量を、アメリカ農務省のデータからは林産物の木材の使用量をグラフにした。

このグラフで資源消費量は2通りに分かれている。まず建設用資材――セメント、砂、砂利、石材――はいずれも2007年に使用量がピークに達し、その後急激に落ち込んだ。これはあきらかに世界金融危機後の大不況の影響だ。建設業界はとくに打撃を受けた。建設業界の復調とともに、建設用資材の使用量はさらに増加を続けていくかもしれない。次に木材と紙の使用量はピークを過ぎて、今後は減るばかりだろうと私は見ている。木材と紙の総消費量は1990年にそれぞれピークに達し、その

アメリカのGDPと建築資材および木材製品の消費量（1900〜2015年）（†10）

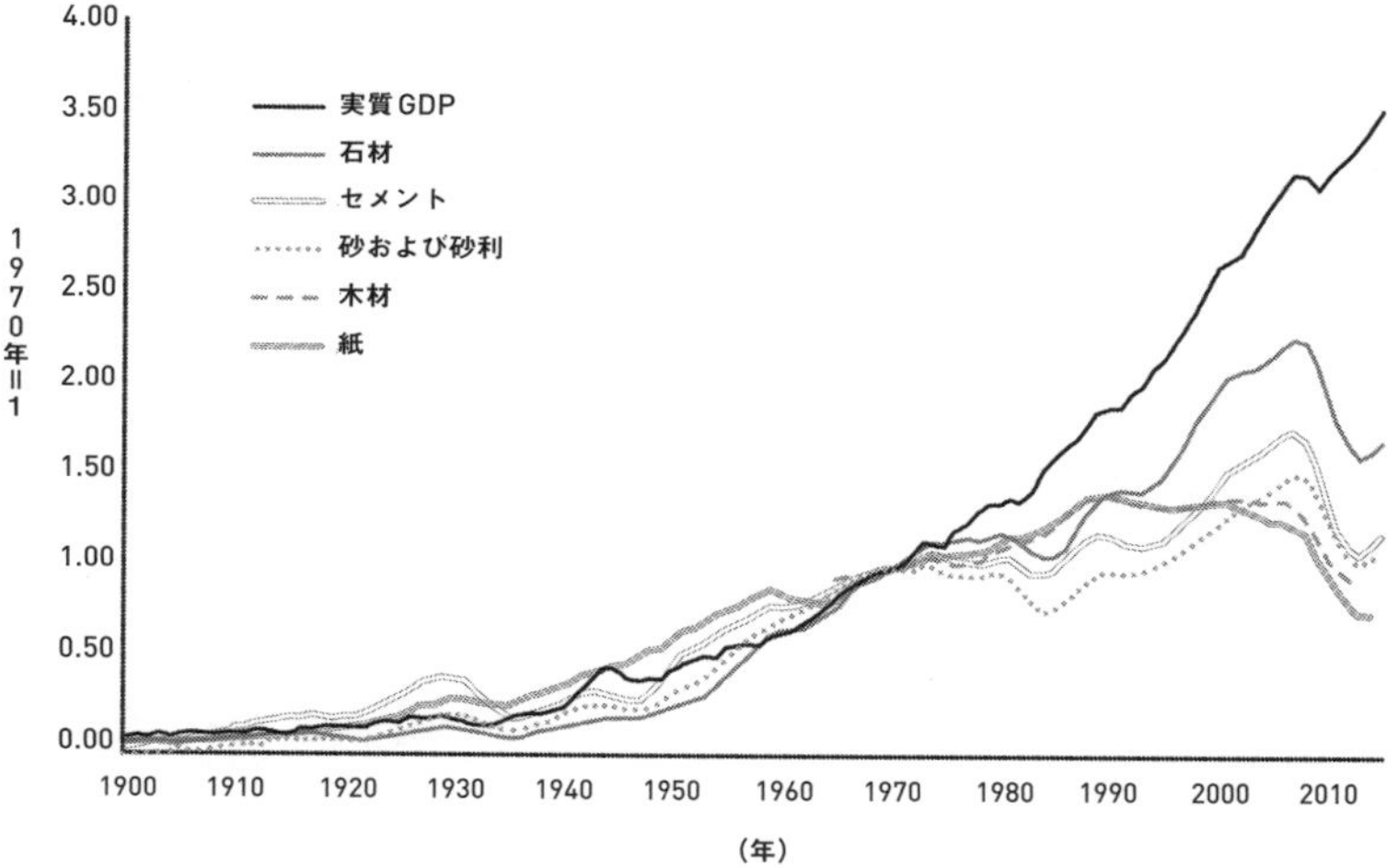

時点に比べて木材は3分の1減り、紙はほぼ半減している。

　こうしたグラフは、間違いなくアメリカの経済全般の動きを映し出している。アルミニウム、アンチモンからバーミキュライト、亜鉛までアメリカ地質調査所が追跡した72の資源のうち、ピークを過ぎていないのは、わずか6種のみ(*)。そのなかで、アメリカ人がもっとも多く消費しているのはジェムストーン［宝石の原石］だ。われわれアメリカ人は、キラキラ光るものとなると底なしに貪欲になるらしい。まばゆく輝く装飾用の石のデータを分析から除けば、2015年にアメリカで使われた資源の総量の90%あまりを、使用量のピー

＊アメリカで毎年消費量が増えているのは、珪藻岩（藻の殻の化石）、工業用ガーネット（研磨剤およびフィルターの両方の用途）、ジェムストーン［宝石の原石］、塩、銀、バナジウム（スチールに加え、切削工具から原子炉まであらゆるものに使用される）。

クを過ぎた資源が占めていたことになる。

アメリカにおけるプラスチックの消費についてアメリカ地質調査所は追跡していない。じつは資源全体の脱物質化の傾向にあてはまらないのが、プラスチックだ。不況の時をのぞき、毎年アメリカ合衆国ではプラスチックの使用量が増加している。ゴミ袋、ペットボトル、おもちゃ、屋外用の家具など無数の商品に使われているが、近年、増加のペースがぐっと落ちた。

プラスチック産業協会［Plastics Industry Trade Association］によると、1970年から2007年に世界金融危機が起きるまで、アメリカにおけるプラスチックの使用は1年ごとに約5・2％の割合で増加した。同時期のアメリカのGDPの伸びに比べて60％あまり高い数字である。だが不況が終わって以来、まったく異なったパターンが生じた。2009年から2015年まで、年間の増加率は2％を切ったのだ。同時期のGDPの伸びに比べて約14％緩やかな伸びである。アメリカにおけるプラスチックの使用はまだピークに達してはいないものの、そこに至るまでは時間の問題だろう。

最後に、エネルギーの消費の合計と温室効果ガス排出の関係を見てみよう。温室効果ガスは化石燃料からエネルギーをつくる際に出るもっとも有害な副産物だ。(*)

アメリカのエネルギーの総消費量は2008年のピーク時と比較して2017年には約2％減っている。これは驚きだ。同時期、アメリカ経済は15％を超える成長を実現していたのだ。経済が成長すれば消費するエネルギーも年々増えるもの、という思い込みが私にはあった。だが、すでに現実はそ

アメリカのGDPおよびエネルギーの総消費量（1800〜2017年）（†12）

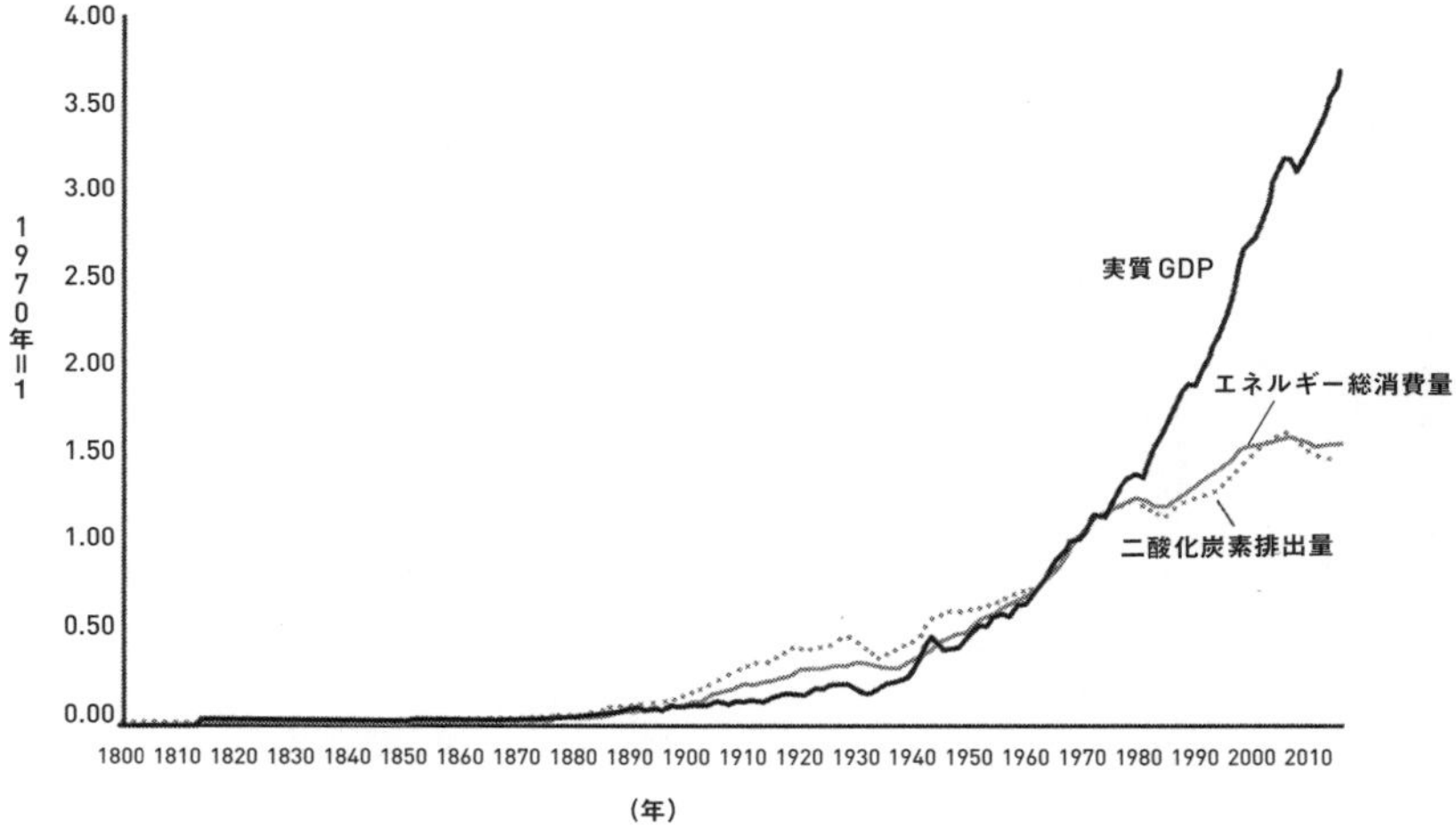

うではなくなっている。根本的な変化が起きているのだ。前章で見たように、アメリカではエネルギー総消費量と経済成長が足並みを揃えて増加する時期が１８００年から１９７０年まで1世紀半あまり続いた。その後、エネルギー消費量の増加のペースが落ちて、やがてマイナスに転じた——一方で経済そのものは成長を続けていた。過去10年間、アメリカではより少ないエネルギーから、より多くの経済的アウトプットを得たのである。

温室効果ガスの排出量も急速に減っている。そのペースはエネルギー総消費量の減少よりも速い。おもな理由は、近年、発電には石炭よりも天然ガスが多く使われ（この切り替えについては第7

＊このグラフの「二酸化炭素排出量」は、グローバル・カーボン・プロジェクトの計算によるものである（†11）。これにはアメリカ以外（中国など他の国々）で生産されてアメリカで消費される製品からのカーボンを含む。

章で取り上げる）、天然ガスのキロワット時当たりの二酸化炭素排出量は石炭に比べて50〜60％少ないためだ。(†13)

一連のグラフからは明確な結論が読み取れる。つまり、工業化時代に見られた傾向はがらりと変わって大逆転が起きている。現在、アメリカ経済は大々的な脱物質化が進行している。これは世界全体で起きていることなのか？　正確に答えるのは難しい。アメリカ地質調査所のように詳細で包括的なデータは他の国々にはないからだ。それでも、アメリカ以外の先進工業国も、より少量からより多くを得ていると示す証拠はある。本章で述べた通りクリス・グッドールは、イギリスが「モノのピーク」を越えたことをあきらかにした。ＥＣ統計局［ユーロスタット］のデータは、ドイツ、フランス、イタリアなどにおいて、近年、金属、化学品、肥料の総消費量がおおむね横ばい状態または減っていることを示している。

途上国、とりわけ成長著しいインドや中国などは、おそらく脱物質化の段階には至っていないだろう。けれども、そういう国々でも近い将来、少なくとも資源の一部については、より少量からより多くを得るようになると私は予想する。その理由についてこれからの各章で説明をしよう。アメリカなど豊かな国でなぜ大規模な脱物質化が起きているのかについても、述べていこう。その前に、1970年の第1回アースデイの頃、地球を守るための方法として提案されたものが果たしてどれだけの成果を残しているのかを見てみよう。

第6章

なぜリサイクルや消費抑制は失敗するか

どんな問題につきあたっても、誰もが知る解決策が必ずある——それは整然として、まことしやかで、しかも間違っている。

——H・L・メンケン「The Divine Afflatus（天啓）」1917年

アメリカ経済で起きている大々的な脱物質化の背景には何があるのだろうか？　アメリカでは多種多様な資源の消費量がピークに達し、いまや減少に転じているのはなぜか？　次章からは脱物質化の理由の説明に入ろう。その前に、脱物質化の理由としてふさわしくないものをざっと挙げてみたい。とくに明確にしておきたいのは、第1回アースデイの頃に提案されたＣＲＩＢ戦略である。地球環境への負荷を減らそうと提唱された解決策——消費を抑える、リサイクル、制限を設ける、大地へ帰れ——は、脱物質化を起こす原動力にはなっていない。

第1回アースデイを機に人々が消費欲を抑えたり、続々と大地へ帰ったりした事実はない。リサイクルの気運は大いに高まったが、リサイクルは脱物質化とまったく関係がない。一方、制限を設ける戦略は脱物質化に大きく関係している。どの領域に制限を設けるのかについては、試行錯誤の歴史だった。公害と動物の狩猟に対する制限といったすばらしいものもあれば、産児制限などおろかなものもある。

消費はどうなったか

CRIB戦略のC——地球のために、消費欲を抑えようという呼びかけ——は、ほとんど見向きもされなかった。それを示しているのが、アメリカの実質GDPの変化だ。(十一)第二次世界大戦終了から第1回アースデイまで、平均年率3・2%増加している。1971年から2017年までは平均年率2・8%増加した。人口の伸びは戦後のベビーブーム後にいったんペースが落ちたが、ふたたびペースがあがった。(十二)アメリカの人口は1946年から1970年まで平均年率1・5%、1971年から2016年までは平均年率1%増加した。このように、これまで消費と人口の増加はスローペースになった時期はあっても、脱成長とは到底言い難い。

第1回アースデイの後、アメリカ経済は大きく変わり、ものづくり、建設の比重が小さくなった。現在と1970年を比べると、ヘアカットから保険証券やコンサートに至るまでサービスが占める割合が大きくなっている。アメリカのサービスに対する個人消費は、1970年にはGDPの30%だったのが、2017年には47%に増加した。(十3) では、モノをたくさんつくらない、あるいは、モノを買わない、だから資源消費量が減ったのだろうか?

答えは「ノー」である。相対的に(GDPに占める割合で)見れば、モノよりサービスが大きな割合を占めるようになったが、モノの消費の絶対量は増えている。アメリカの鉱工業生産指数——アメリカでつくられるモノの合計量——も同じく伸びている。そもそもアメリカが近年、「重」工業からの転換を果たしたという事実はない。(十4) いままで通り、多くの自動車、機械、その他の高価な大型商品を製造している。

ただし、すべてがいままで通りというわけではない。より少ない資源で製造するようになった。前章のGDPと金属消費量のグラフにアメリカの鉱工業生産指数の推移を加えてみよう。アメリカのものづくりがさかんであると、はっきりわかる。アメリカの製造業者は、より少ない金属からより多くをつくり出せるようになったのである。

整理してみよう。近年、一部の消費の伸びは減速している。一方、資源消費量は増加のペースが落ちるのではなく、増加とは逆方向に転じるという大きな変化を示した。現在では資源消費量はおおむね減少傾向にある。社会全体が脱成長したわけではない。それよりもはるかに奇妙な、そして非常に根本的なことを私たちは成し遂げた。つまり消費、繁栄、経済の成長と資源消費量を切り離したので

アメリカのGDP、鉱工業生産指数、金属消費量（1900～2015年）（†5）

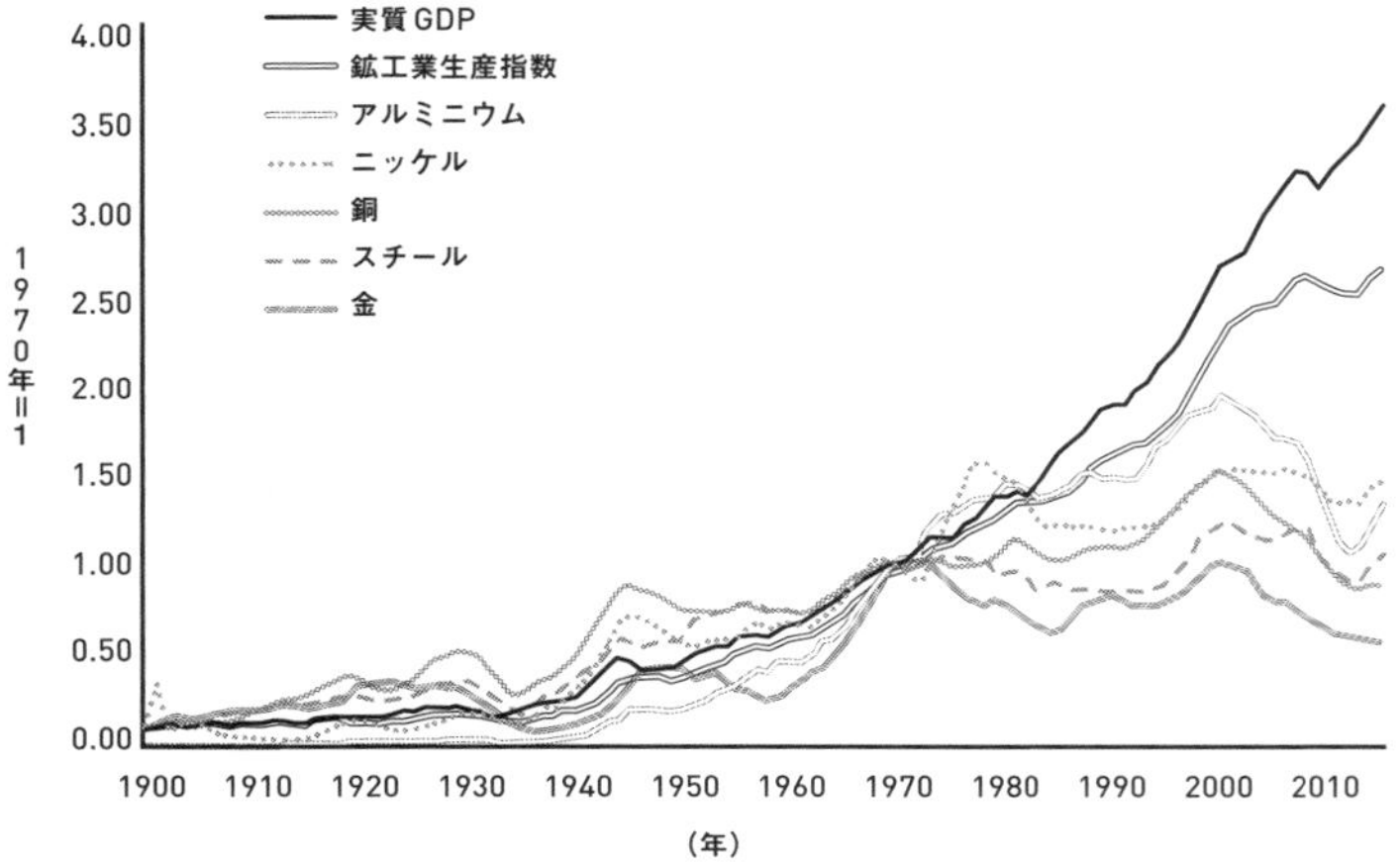

ある。

フランスの外交官であったアレクシス・ド・トクヴィルが著書『アメリカのデモクラシー』〔邦訳：岩波書店〕を出版したのは1835年、工業化時代の幕開けの頃である。アメリカという若い国家の特徴について幅広い見地から論じた書物の先駆けであり、いまも非常に高く評価されている[*]。アメリカ人は自分でつくるものが大好きだと、トクヴィルは、ほぼ2世紀前に言い当てている。「アメリカでは、物質的に豊かであろうとする情熱は一般的である……欲しいものを次々に手に入れて暮らしを快適にしようと知恵を絞る」[†6]。そのためにより多くの材料を必要とするのではなく、より少ない材料で実現できるようになったのが、当時と現在との違いである。

大規模リサイクルの効果

リサイクルは巨大な事業だ。２０１５年、アメリカで消費されたアルミニウムの47％、銅の33％、鉛の68％、鉄とスチールの49％がリサイクル原料によるもので、原鉱から精錬されたものではない。[†7]同様に、紙製品の約65％は新たに切り倒した木ではなくリサイクルされた新聞紙、ピザの箱などを原料としている。[†8]

しかし、リサイクルは脱物質化とは関係がない。なぜか？　リサイクルとは生産工場で使う原材料つまりインプットを供給するものであり、脱物質化は工場からのアウトプットつまり生産物への需要に関することだからだ。

たとえば製紙工場の原材料の供給源はおもにふたつ。リサイクルセンターと森だ。アメリカのすべての製紙工場からのアウトプットの消費は１９９０年にピークに達した後、減少に転じた。紙の需要の合計が減ったのであり、紙のリサイクル量とは直接には関係しない。

では間接的には関係あるだろうか？　紙やスチールなどのリサイクルをおこなわなければ、総消費量にどれほど変わりがあるだろうか。あくまでも私の考えだが、私たちが使うアルミニウム、銅、

＊アメリカについての「真面目な」本にはトクヴィルの引用が欠かせないという不文律がある。私はふたつ引用している。

鉄、スチールといった資源の総量は、より急速なペースで減少するだろう。

意外かもしれないが、理詰めで考えていくとこの結論になる。金属のリサイクルは経済的だ。掘り出した鉱石を加工するよりも、スクラップを溶かして再利用するほうが安くつく。他の条件が同じとして、スクラップを使わなければ1トンの金属の価格はもっと高くなるだろう。高くつくものは、使用量を減らそうとする。これが私たちの行動の原則だ。

リサイクルが存在しない架空の経済を想定すると、いま現実に熱心にリサイクルする経済よりも、金属すべての使用量は少ない可能性は大いにありそうだ。だからといって金属のリサイクルを悪者扱いするつもりはない。より安価な金属製品が手に入り、温室効果ガス排出量の総量を抑えられる（鉱石よりもスクラップから金属を得るほうが、エネルギーの使用量ははるかに少ない）のだから、すばらしい。とはいえ、いくらリサイクルにメリットがあっても、それは脱物質化とは無関係の話なのである。

「大地へ帰れ」は大地に負担

「大地へ帰れ」運動は、アメリカの環境保護主義の活動として、ある時期ブームを巻き起こしたが、結局ブームで終わっている。発達したテクノロジーに支えられた現代の暮らしを棄て、田舎で自給自足といった生活を実践する人々の数は限られており、社会を変えるには至らなかったのだ。結果的に、それで環境は守られた。

ジェフリー・ジェイコブの著書『*New Pioneers*(新しい開拓者たち)』［未邦訳］には、アメリカにおける「大地へ帰れ」運動は1960年代半ばに始まり、70年代まで続いたことが記録されている。70年代の終わりまでに、最大で100万人の北米の人々が「大地へ帰れ」運動を実践し、小さな農場で暮らしていたと推計されている。(†9) その一方で都市は猛烈な勢いで成長していたので、それに比べれば細々とした流れに過ぎない。アメリカの都市住人は70年から80年までに1700万人あまり増えた。(†10)「大地へ帰れ」運動は活発な議論を巻き起こしながらも、実践者は少数派だったのだろう。

このことに、私たちは感謝しなくてはならない。なぜなら入植者として農業を営む暮らしは、ふたつの理由から環境に負荷をかけてしまうからだ。第一に、大規模で産業化し機械化した農業に比べ、小規模農業は資源を効率的に使えない。大規模農業並みの収穫量を得るには、土地も水も肥料もたくさん必要だ。たとえば1エーカー当たりのトウモロコシの収穫量は、100エーカー［約0・4平方キロメートル］未満の農場では1000エーカー［約4平方キロメートル］以上の農場よりも15％少ない。(†11) 農場の規模が大きいほど、短時間のうちに生産性があがる。1982年から2012年までを見ると、100エーカー未満の農場は、全要素生産性が15％増加しているのに対し、1000エーカー超の農場は51％伸びた。(†12) 入植者の小規模農場が多ければ多いほど、十分に土地が利用されず、水と肥料はより多く使われるという状況になる。

第二の理由は、田舎暮らしそのものが環境にやさしくない。都市や都市近郊での暮らしのほうが、環境に与える負荷は少ない。都市は人口密度が高く、人々はエネルギー効率が高い集合住宅で暮らし、仕事や用事は短距離の移動ですみ、公共交通機関を便利に使える。田舎暮らしでは、こうはいかない。そのことを経済学者エドワード・グレイザーはこんなふうに表現した。「もしも環境にやさしくしたいのなら、そこから離れて暮らすことだ。多量のコンクリートに囲まれた高層の集合住宅に移ることだ……田舎暮らしは地球を大事にする方法としては間違っている。私たちが地球のために最善を尽くしたいのであれば、どんどん高層ビルを建設すればいい」(†13)

田舎に移り住んで農業を営む人々がグレイザーの言葉を無視し、そのうえ昔ながらの方法で石炭や薪を家の暖房に使うなら、さらに環境に害を及ぼすことになる。家庭用のかまどで石炭を使えば、他の燃料よりもはるかに多くの大気汚染物質が出る。今日、ヨーロッパで石炭を燃料として使う家庭の80%を占めているのがポーランドである。(†14)ヨーロッパ大陸の大気汚染がひどい都市50のうちの33がポーランドだ。燃料に木材を使うためには木を大量に伐採する必要がある。16世紀半ばのイングランドで家庭用の暖房が石炭に切り替わったのは、自国の木を切り過ぎて木材価格が急騰したからだ。(†15)

環境を大事にする観点に立てば、「大地へ帰れ」運動の失速と、大規模かつ高収穫の農業の普及は喜ばしいことだ。2018年にオンラインジャーナルのネイチャー・サステナビリティ誌に掲載された論文は、次のように総括した。「[収穫量の大きい]農業システムは、より大きな環境コストをともなう傾向があるというデータはない……むしろ、土地を効率的に活用し高い収穫量を実現するシステムは、さまざまな点で低コストという好ましい傾向を示している」[†16]

制限を設ける――最悪かつ最良の提案

ＣＲＩＢ戦略の４つの解決策のうち、制限を設ける方法はこれまでのところもっとも明暗が分かれている。戦略としては最悪にも最高にもなると実証されてきた。

人口爆縮

1979年、中華人民共和国の政府は新たな家族計画の政策を発表した。いわゆる一人っ子政策である。1970年代を通じて同国の出生率は着実に減少していたが、立案者となったミサイル科学者の宋健は『成長の限界』などの書籍を通じて、歯止めがきかない人口増加の危険性を痛感し、出生率減少のペースをさらに加速させようとした。[†17] 漢民族の家族の子どもを1人に制限することが政策の柱となり、例外として、第一子が女児だったカップルの一部には第二子を儲ける権利が認められた。まもなく中国全体の家庭が一人っ子政策のもとで営まれるようになった。

この政策をプラスに評価するのは難しい。2015年後半に正式に廃止されると、ジャーナリストのバーバラ・デミックは手厳しい「追悼文」を書いた。[†18]「家族計画は官僚が親たちに強権を振るい威嚇する制度となった。家族計画の制限を破った人々は役人たちに殴打され家を焼き払われた。割当を超えて生まれたまだ赤ん坊の女児を母親の腕からひったくり、児童養護施設に入れた。施設は子どもたちを養子に出し、赤ん坊1人につき3000ドルの『寄付』を得た」。中国政府は一人っ子政策で約4億人の出生を防ぐ効果があったという主張を崩さなかったが、かなり過剰な推定値と見ていいだろう。経済学者アマルティア・センは次のように指摘する。「中国における出産の強制的な制限は、すでに出生率が減少傾向にある社会へのさらなる抑制策であるため、その効果は計り難い」[†19]

中国の人口統計学者の王丰［Wang Feng］、蔡泳［Yong Cai］、顧宝昌［Baochang Gu］が2013年に発表した論文「中国の一人っ子政策に歴史はどんな審判を下すのか?」は、一人っ子政策を文化大革命と大躍進という20世紀の中国におけるふたつの大激変と比較した。[†20]「いずれも深刻な過ちであり、無数の命が失われ犠牲を払ったが、影響は比較的短期間に限られ、その後すみやかに回復した。それに対し一人っ子政策の影響は甚大である。家族と血族の結びつきで形づくられる社会構造の弱体化を招き、この先、深刻な高齢化を招いて子どもたちの福祉を脅かすことになるだろう」。政府が家族の人数に制約を設けるという政策には、今後、歴史の審判が下されるということだ。[*]

合理的な制限

家族の人数に制限を設けるという発想は、現実的にも倫理的にも論外である。それに対し、汚染物質の排出、特定の動物の狩猟およびそれを材料にした製品の販売に制限を設けることは、高く評価すべき発想だ。アメリカを始めとする国々では、動物と環境の保護活動でこうした制約がすばらしい成果をおさめた。

1970年は第1回アースデイがおこなわれた年である。同年、アメリカ環境保護庁が設立され、1963年に制定された大気浄化法が大幅に改正がされた。これを皮切りに、公害の抑制と環境保護を目的とした一連の法令が整備されていく。その効果は抜群だった。たとえばアメリカの大気中の二酸化硫黄濃度のレベルは20世紀始めの水準に、それ以外の大気汚染物質も急激に減少した。大気汚染の主要原因物質6種の総排出量は1980年から2015年のあいだに65％減少した。(†22)

塗料とガソリンに鉛を添加することは禁じられ、幼い子どもたちの血中鉛濃度は1976年と1999年を比較すると80％あまり減った。鉛は子どもの脳の早期の発達と知能に悪影響を及ぼすので、この意義はとても大きい。ある調査によると、1970年水準の血中鉛濃度が持続していたら、

＊国の強制による無数の堕胎、避妊手術、それ以外にも女性に対する残虐行為をともなうこの大規模かつ効果の定かではない政策を支持する声が欧米諸国側にないわけではない。中国が2015年に一人っ子政策を正式に終了すると発表した際、ポール・エーリックは次のようにツイートしている(†21)。「中国が一人っ子政策を終了し、家族は2人の子どもを持つことが可能に……正気の沙汰ではない——彼らは無限に増殖する」

アメリカの1999年の子どもたちのIQは平均2・2〜4・7ポイント低いという[†23]。さらに多くの取り組みが必要なのは間違いないが、汚染物質に制限を設けたことによりアメリカの土、空気、水は第1回アースデイの頃よりもはるかにきれいになっている。

狩猟が野生生物の個体数に与える影響については、20世紀前半から懸念の声があがっていた。アースデイの先駆けともいうべき保護活動が始まったきっかけは、リョコウバトの絶滅だった。あれほどたくさんいた鳥が絶滅することもあるのだと、多くの人々が衝撃を受け、動物製品の取引に制限をかける動きが広まった。第一号の法律は1900年に議会で可決され、アイオワ州選出の共和党議員ジョン・レイシーの名にちなんでレイシー法と名づけられた。法案の審議の際にレイシーは次のように発言している。「かつては無数の群れをなしていた野生のハトが地上から消滅してしまった。私たちは大量虐殺と絶滅という忌まわしい前例をつくってしまったのである。すべての人類にとってこれは警告となるかもしれない。自然界からの贈り物をいかに大切に守っていくのか、いまこそ手本を示そうではないか[†24]」

レイシー法とそれに続く一連の法律は、動物をとらえることと消費することに3種の制限を課した。第一に、一部の動物について捕獲の全面的禁止である。たとえばラッコは1911年の国際モラトリアムによって守られた。豪華な飾り羽根を目当てに乱獲されていたユキコサギは1913年に可決されたウィークス＝マクリーン法で保護された[†25]。イルカとマナティーは、1972年の海洋哺乳類保護法によって保護対象となった。

第二に、動物をいつ、どこで捕獲するのかについて多くの制限が設けられた。たいていの国立公園で、娯楽としての狩猟、食用にする目的での狩猟は違法となった。カモ、シカ、その他多くの動物の狩猟シーズンは明確に定められた。第三の制限は、多くの動物製品の商業取引の禁止だ。とくに食肉目的で捕獲した動物の肉の販売は全米では徹底して禁じられた。たとえ肉屋やレストランのメニューでシカやバイソンの肉を見かけたとしても、間違いなく牧場で飼育されていたものである。

このような制限を設けることで、アメリカを代表する動物が数多く絶滅をまぬがれた。現在、バイソンは北米に50万頭あまり、[†26] ラッコは北カリフォルニア沖に3000頭あまり生息している。[†27] 一時は絶滅の危機に立たされた後、個体数が増え過ぎて問題となっているケースもある。住宅地付近でオジロジカ、カナダガン、ビーバーが多くなり過ぎて、住民は困惑している。

CRIB戦略の実行と脱物質化とは、まったく別の話である。汚染物質と動物の捕獲に制限を設ける取り組みはすばらしいが、それ以外に提案された解決策は、無視（私たちは脱成長を受け入れず、消費を止めなかった）、放棄（大地へ帰るのを止めた）、見当はずれ（リサイクルと脱物質化は無関係）、深刻な過ち（中国で子どもの数に制限が設けられたことは、その最たるものだ）というありさまだ。では、より少量からより多くを得るための道のりはどこから始まったのだろうか。この重要な問いかけを、これからの3章で取り上げていこう。

第7章

何が脱物質化を引き起こすのか
——市場と驚異

工業技術の勝利は文明化を一気に推し進めるだろう。文明化を旗印に掲げる熱い人々の思いを上回る勢いで。

——チャールズ・バベッジ『*The Exposition of 1851: Or, Views of the Industry, the Science, and the Government, of England*（1851年の万国博覧会——あるいは、イングランドの工業、科学、政府についての考察）』［未邦訳］1851年

第1回アースデイ以降、アメリカ経済に起きている大規模な脱物質化とCRIB戦略が無関係であるのなら、何が関係しているのか？　なぜ、より少量からより多くを得ることができたのだろうか。そこには4つの大きな要素が関係していると私は考えている。それをふたつずつに分けて検証していこう。本章では、ふたつの要素を、第9章で残りのふたつを取り上げることにする。

脱物質化を推し進める4つの要素のうち、本章で検証するふたつとは、資本主義とテクノロジーの進歩である。はてと首をひねる人も多いかもしれない。このふたつこそ、工業化時代に資源消費量を

大幅に増やした張本人とも言えるからだ。第3章で紹介したようにウィリアム・ジェヴォンズとアルフレッド・マーシャルは、資本主義とテクノロジーの進歩はつねに私たちがより多く求める方向へと向かわせると結論づけた。さらなる経済成長、さらなる資源の消費を求める悲惨な未来を予測していた。

いったい何が変わったのか。資本主義とテクノロジーの進歩が「モア・フロム・レス」を実現しているとは、どういうことなのか。まずは、最近の脱物質化の例をいくつか見ていこう。

肥沃な農地

アメリカは圧倒的な農業大国である。1982年には全米の農地の合計は約3億8000万エーカー[約154万平方キロメートル]に達した(十一)。それまでの10年で着実に拡大してきたのに加え、穀物の価格上昇もひとつの要因となった。ところが、それからの10年で農地は減少の一途を辿った。広大な農地が耕作放棄されて自然に戻っていったのだ。1992年、農地の合計は25年前の水準にほぼ並んだ。確かに、穀物価格の下落、深刻な不況、農家の過剰債務、諸外国との競争の激化といった要因もあった。

しかし農地が減った決定的な理由は、同じ広さの土地、同じ量の肥料と殺虫剤、同じ量の水から、より多くのトウモロコシ、小麦、大豆、その他の作物が得られるようになったからである。第5章で見た通り、アメリカの農業の生産性はこの数十年で劇的に向上した。1982年から2015年までに自然に戻った農地は、4500万エーカー〔約18万平方キロメートル〕――ワシントン州に匹敵する広さだ。(十2) 同じ時期、三大肥料のカリウム〔カリ〕、リン酸、窒素はいずれも、絶対的な使用量が減少した。その一方で、国内で生産される作物の総重量は、35％あまり増えた。

それだけでも驚きだが、さらにスケールが大きいのが乳牛の生産性の向上である。1950年、アメリカでは2200万頭の牛から1170億ポンド〔約5307万トン〕の牛乳が生産されていた。2015年には、わずか900万頭から2090億ポンド〔約9480万トン〕が生産された。この期間に乳牛の平均的な生産性は330％あまり向上したことになる。(十3)

缶は薄く

スチール缶は、缶内面に薄く錫をメッキして耐食性を高めている。19世紀から食品保存に使われてきた。ビールやジュースの容器として使われるようになったのは、1930年代からだ。(*)

1959年、クアーズが初めてアルミ缶入りビールを世に出した、スチール缶に比べてずっと軽く、耐食性に優れていた。5年後にはロイヤルクラウン・コーラが缶入りソーダを出した。バーツラフ・スミルは次のように述べている。「10年たってスチール缶は消滅の一途を辿っている。1994

年以降、ビールにはスチール缶はいっさい使われず、1996年からはソフトドリンク類にも使われていない……最初のアルミ缶は85グラムと驚くほど重かった。1972年までに2ピース缶は21グラム足らずに、1988年までには16グラムを切り、その10年後には平均13・6グラム、2011年には12・75グラムとさらに軽くなった[†4]」

缶の製造業者はアルミ缶の胴部分を薄くし、胴と底を1枚の金属でつくって軽量化した。蓋の接合部だけは比較的重い。スミルの指摘をもとに計算すると、もしも2010年に使用された飲料缶すべてが1980年当時の重さなら、アルミニウムが58万トン余分に必要となっていた。アルミ缶はその後もさらに軽くなっている。2012年にアメリカの包装材メーカー、ボール社がヨーロッパ市場に導入した330ミリリットル缶は、容量がアメリカの基準よりも7・5%少ないのに対し、重さは25%も軽く9・5グラムだ。

消えた機器

スティーブ・シチョンは「ライター、歴史学者、ニューヨーク州バッファロー在住の元放送記者」

＊当初は手で開けられない仕組みだったので、缶切りが必須だった。

である。彼は２０１４年に、分厚い束になったバッファロー・ニュース紙（１９９1年上半期発行分）を３ドルで購入した。そのうちの2月16日土曜日発行の最終ページには、家電量販店ラジオシャックの広告が掲載されていた。それを見てシチョンは驚くべきことに気づいた。「この広告には15種類の携帯端末型の電子機器が並んでいる……いまではそのうちの13種類が、つねに自分のポケットにおさまっている」[†5]

計算機、ビデオカメラ、クロックラジオ、携帯電話、テープレコーダーなど13種類の「携帯端末型」機器が、シチョンのポケットのｉＰｈｏｎｅの一部になっていた。コンパス、カメラ、気圧計、高度計、加速度計、ＧＰＳ機器などは広告には出ていなかったが、やはりｉＰｈｏｎｅなどのスマホに入っている。大量の地図帳やＣＤも。

ｉＰｈｏｎｅの成功を予想できた者はほとんどいなかった。２００７年11月、フォーブス誌が組んだ特集記事は、フィンランドの携帯電話メーカー、ノキアが世界中で10億人のユーザを獲得していると褒めちぎり、こんな問いかけをしている。[†6]「この携帯電話の王者に勝てる者がいるだろうか？」

それが、いたのだ。アップルは２００７年6月にｉＰｈｏｎｅを発売し、10年経たないうちに10億台を売り上げて時価総額世界一の企業となった。そしてノキアは携帯電話事業を２０１３年にマイクロソフトに72億ドルで売却した。当時のＣＥＯスティーブン・エロップは「より多角的な力をつけて消費者の支持をつかむ」ためだと語っている。[†7]

しかし結果はついてこなかった。マイクロソフトはノキアのブランドと携帯電話事業を台湾の電子機器メーカー、フォックスコンの子会社に3億5000万ドルで2016年5月に売却した。[†8] 家電量販店ラジオシャックは2015年に破産申請し、2017年に再度申請した。[†9]

ピークオイルから……ピークオイルへ

アメリカの石炭消費量は2007年に11億2800万米トン［約10億2300トン］に達して、最高記録を塗り替えた。[†10] そのうちの90％あまりは発電に使われた。1990年と比較すると石炭の総消費量は35％あまり増え、[†11] アメリカエネルギー情報局（政府のエネルギー統計学者たち）の予測では2030年までにさらに65％増えるという。[†12]

2007年には「議会付属の行政監視機関」、アメリカ会計検査院（GAO）が、「原油――未来の石油供給の不確定性を踏まえ、石油生産のピークと減少についての戦略を開発する重要性」という説明的なタイトルの報告書を発表した。[†13]「ピークオイル」について深刻に検討した報告書である。ピークオイルとは、ロイヤル・ダッチ・シェル所属の地質学者M・キング・ハバートが1956年に使った造語だ。もともとは年間石油生産の最大生産量を指していた。

地表に近かったり、あるいは地の利がよかったりする油井から開発しているので、それが枯渇すると、陸上でも海でも深く掘らなくてはならない。世界経済が成長するとともに石油需要も増えたが、供給はますます困難になる。最善を尽くし、十分なインセンティブがあっても、ある時期を境に地球から取り出せる石油は年ごとに減っていくだろう。それをピークオイルという言葉であらわしていた。アメリカ会計検査院の報告書の概算の大部分が、遅くとも２０４０年にはピークオイルを迎えると示していた。

その報告には重大な見落としがあった。「水圧破砕法《フラッキング》」についての記載がなかったのである。水圧破砕法とは地下深くの岩石層から油と天然ガスを得るための手法で、高圧の液体で岩に亀裂をつくり、石油とガスを採取する。

アメリカ合衆国を始めとする国々の深い岩石層に膨大な量の炭化水素が蓄積していることは、ずっと前から知られていた。いわゆる頁岩《けつがん》である。20世紀半ばから複数の企業が水圧破砕法に取り組んだが、はかばかしい成果は得られなかった。２０００年のアメリカの石油生産のうち水圧破砕法はわずか２％だ。(十14)

その数字が急速に上昇しはじめたのは、アメリカ会計検査院の報告が出た頃からだ。特筆すべきブレイクスルーがあったわけではない。水圧破砕法に必要な一連の道具と技術が十分に発達し、採算が取れるようになった。そして豊富なシェールガスと天然ガスが得られるようになった。

水圧破砕法によりアメリカの原油生産は２００７年から２０１７年でほぼ倍増した。２０１７年には日量1000万バレルに到達した。2018年9月までにサウジアラビアを追い抜いてアメリカは世界最大の産油国となった。[†15] アメリカの天然ガスの生産は1970年代半ばから横ばいであったが、2007年から2017年の間に約43%と急増した。[†16]

水圧破砕法のブームに沸くアメリカでは石油のピークではなく石炭のピークを迎えた。年間の総供給量ではなく需要のピークだ。水圧破砕法のおかげで天然ガスが安くなり、発電には石炭よりも天然ガスが多く選ばれるようになったのである。アメリカの石炭総消費量は2007年に頂点に達し、以後2017年までに36%減った。[†17]

ピークオイルという言葉は消えてしまったわけではないが、石炭と同じく総供給量を指すことはなくなった。2017年にブルームバーグには次のような見出しが登場した。「ピークオイル論は過去のもの？　供給より先に需要がピークアウトする可能性」[†18]。水圧破砕法によって供給量が増え、石油とガスの価格を押し下げる効果があったのは確かだが、他のエネルギー源——太陽、風、ウランの原子核——がより速く安く幅広く入手できるようになっていると多くの識者が見ている。それを反映しているのが、2018年にフォーチュン誌が示した石油の未来についての仮説だ。「この先はいままでのような石油価格の変動パターンは続かないだろう。下落したかと思えば上昇するというめまぐるしい変化のサイクルが長年続いて、私たちはそれに慣れ切っていた。しかし、ここからは、石油時代そのものが衰退していくことになる。何十年にもわたる衰退期の始まりだ——まったく未知の状況であり……石油価格は『永遠に下がりつづける』可能性がある」(†19)。ピークオイルという言葉を生んだロイヤル・ダッチ・シェルの現在のアナリストたちは、早ければ2028年に世界の石油需要はピークを迎えるかもしれないと予想している。

迷子の車両をさがす

私の友人ボウ・カッターは1968年にノースウエスト・インダストリーズに就職してキャリアをスタートさせた(†20)。シカゴ・アンド・ノースウエスタン鉄道会社［CNW］を所有するコングロマリット企業である。早々に与えられた任務のひとつが、CNWの車両さがしであった。いまのわれわれには奇異に感じられるが、車両の居どころをつきとめるためのチームが結成されていたのである。

大量の金属を組み立ててつくった車両は、1輛30トン以上の重さになった。1960年代後半、CNWは何千輛もの車両を所有しており、当然ながらそこには材料も費用も莫大な量が投じられていた。当時の鉄道業界では、日々稼働しているのは車両全体の約5%という暗黙の了解があった。残りの95%は動かしてはならない、というわけではなく、車両がどこにいるのか不明だったからである。

CNWはシカゴばかりでなくノースダコタ、ワイオミングなど遠隔地にも何千マイルもの線路を所有していた。ローリングストック（機関車と車両はそう呼ばれた）は自前の線路網を外れて他社の線路に入ることがあり、資産である車両が国中に散らばる状況となった。

稼働していない車両は貨車置き場に置かれていた。カッターが仕事を始めた当時、そうした車両についての正確な記録はなかった。当時はまだコンピュータ、センサー、ネットワークが普及していなかったので、低コストで各車両の位置を追ったり連絡を取り合ったりする手段がなかった。CNWを始め鉄道各社にとって車両はなにより重要な棚卸資産であり、系統立てて追跡できれば間違いなく純利益に反映されるはずだったが、それがかなわなかった。カッターのチームは、日々の車両の稼働率を5％から10％に引き上げれば半数の車両で足りるとわかっていた。わずか1％の増加でも財務面では大きなプラスとなる。

カッターが仕事を始めた時期、CNWなど鉄道各社はスポッターを雇っていた。スポッターは操車場に行き、列車の行き来を見て得た情報を本社に電報で知らせる役割を担っていた。各社がそうして情報を収集し、自社の線路と貨車置き場内のCNWの車両のデマレージ［超過保管料］の回収に役立てた。この方式をカッターのチームはさらに組織的で効率的にした。車両の位置の把握についての基準を改善し、スポッターを増やし、CNWの車両を見つけやすくするために他社と異なる色を塗り、事業のための新しいツールとしてコンピュータの活用法を模索した。

こうした方法は現在の鉄道業界に広く普及している。たとえば1990年代前半、鉄道各社はRFIDタグを各車両につけるようになった。(十21) 線路脇のセンサーでタグを読み取る仕組みとなって、車両を見つけるスポッターの仕事は自動化された。現在、アメリカの鉄道システムを通じて、日々、車両の位置情報など500万を超えるメッセージが送られ、国内の450を超える鉄道会社はほぼリアルタイムで自社の車両を確認できる。(†22)

レアアース・パニック

2010年9月、日中双方が領有権を主張する東シナ海の尖閣諸島付近で中国漁船が日本の巡視船に衝突し、日本政府は船長の身柄を拘束した。中国政府は報復措置として、日本へのレアアースの輸出を差し止めた。(†23)

日本はほぼ同時に態度をやわらげて船長を釈放したものの、世界中にパニックが広がっていった。何しろレアアースといえば、アメリカ地質調査所の科学者ダニエル・コーディエが述べたように「すべての機能を高める効果があり、磁性、耐熱性、耐食性といった特徴を備える」、まさに「化学のビタミン」なのである。(†24)

中国は2010年の時点で世界のレアアースの90%あまりを生産していた。その供給が同国の一存で決まってしまいかねないという事実が、船の衝突事件であらわになった。すぐにパニック買いが起きた（また、同じような物質への投機が横行した）。レアアース1塊の売値は2010年前半にはおそらく1万ドル未満だったが、2011年4月の時点で4万2000ドルまで急上昇した[†25]。同年9月、「中国によるレアアースの独占――アメリカの外交および安全保障政策への影響」に関する公聴会が下院で開催された。

中国がレアアース市場をほぼ独占しているのは、埋蔵量の90％近くを保有しているからではない。じつはレアアースそのものは稀少ではない（たとえばセリウムは銅と同様に地殻にいくらでも見つかる）[†26]。ただ、鉱石から取り出すことが難しい。大量の酸を必要とし、副産物として大量の塩と砕石が出る。環境への負荷は大きく、たいていの国はその責任を負いたがらないため、結果的に中国が市場を独占することとなった。

中国がおこなった禁輸措置をきっかけに、現状の見直しを迫られた。議会の公聴会で下院議員ブラッド・シャーマンは次のように表現している。「レアアースを中国にコントロールされる以上、中国にこびへつらうのもやむを得ないというのか[†27]」。だが、こびへつらう必要はさしてなくなっていた。公聴会の時点でレアアースの価格はすでに大暴落していたのだ。

何が起きたのか？　中国はあきらかにレアアースの供給を絞っていたはずだ。それでも、複数の要因が重なって通用しなかったのである。他からレアアースが供給された、中国の制限が徹底されていなかった、といった要因もあるが、なにより、レアアースのユーザの多くは新たな方法で切り抜けた。公共政策の教授ユージン・ゴルツは2014年にこの「危機」について次のように述べている。

「磁石生産にレアアースを使用する日立金属［とノースカロライナ州にある同社子会社］などの企業は、合金に使うレアアースの分量を減らして同レベルの磁石を生産する方法を編み出した……また、特殊なレアアースを使った高性能な磁石の使用を見直すケースもあった。2010年の事件までは、比較的安価で便利という理由で使用していたというケースだ(十28)」

全体としてみれば、多くの企業はレアアースに代わる安価で便利なものを見つけて使うようになった。2011年に4万2000ドルとなったレアアース価格は、2017年末の時点では約1000ドルとなっていた。

何が起きているのか？

脱物質化の例はいくらでも挙げることができる。そのなかから基本原則に忠実なケースを本節で紹介する。いずれもビジネス、経済、イノベーション、地球に与える影響と密接に関わっている。

〈私たちは常により多くを求めるが、より多くの資源は求めない〉アルフレッド・マーシャルの説は正しかった。そしてウィリアム・ジェヴォンズは誤っていた。人間の欲望も経済も、果てしなくふくらむばかりだ。しかし、人間が使う地球の資源の量は果てしなく増えてはいかない。もっとたくさんの選択肢のなかから飲み物を選びたいが、缶のために果てしなくアルミを使いたいわけではない。もっとコミュニケーションを、計算をしたい、音楽を聴きたい。でもたくさんの機器が欲しいのではなく、スマホひとつでハッピーだ。人口増加とともに食糧もたくさんつくらなくては。だが肥料や土地をもっと使いたいわけではない。

イギリスにおいて蒸気機関の性能が向上し、それとともに石炭需要の合計が増加していた時期には、ジェヴォンズの指摘が当てはまる。石炭を使った動力の需要の価格弾力性は、確かに1860年代よりも大きくなっていた。ジェヴォンズは、先々もこの傾向が続くと結論づけた。これが誤りだった。需要の価格弾力性は時とともに変わっていく可能性がある。理由はいくつかあるが、いちばん大きいのはテクノロジーがもたらす変化だ。石炭は典型的な例である。水圧破砕法によって、天然ガスがはるかに安価になった結果、アメリカでは石炭価格が下がっても総需要量が減少した(*)。

近年、アメリカを始めとする豊かな国々では、経済成長――お金を出して買うことのできるあらゆるニーズの増大――と資源消費量は足並みを揃えて増大するものではなくなった。この進歩にはイノベーションと新しいテクノロジーが貢献しており、いままでの常識は根底からくつがえされた。

＊2018年までの10年を見ると、アパラチア中央部の石炭価格は半値以下になった(†29)。

〈原料はコストがかかるので、企業各社は激しいコスト削減競争にしのぎを削る〉ジェヴォンズの誤りのもとを辿れば、非常に単純な事実に行き当たる。つまり、資源には費用がかかる。もちろんジェヴォンズはそれを十分に承知していた。しかし、市場の厳しい競争にさらされる企業が資源（や他のもの）を徹底的に切り詰めて少しでも利益を出そうとする意欲がこれほどまでにすさまじいとは思っていなかった。1ペニーの節約は1ペニーの儲けと同じだ。

独占的な事業であれば、売値にコストを上乗せして消費者に負担させる方法もあるだろうが、多くのライバル企業がいればその選択肢はない。アメリカの農業は非常に競争が激しい（国内だけでなく、他国の同業者が手強いライバルになってきた）ので、土地、水、肥料への支出を少しでも切り詰めたい。ビールやソーダを製造する企業は缶のアルミ代をできるだけ抑えたい。磁石とハイテク機器のメーカーは高騰したレアアースには手を出さなくなった。アメリカでは１９８０年にスタガーズ鉄道法が成立し、鉄道による貨物輸送への政府の補助金が廃止された。[†30] 鉄道会社は競争とコストカットに駆り立てられるようになり、高価な車両をあそばせておくわけにはいかなくなった。このように競争によって脱物質化に拍車がかかる例は多い。

〈脱物質化に至る道はひとつではない〉企業は少しでも利益を挙げるために、より少ない資源でまかなう方法を模索する。それは、おもに4種のアプローチに分けられる。第一は、これまで使ってきた原料の使用量をできる限り減らす。飲料メーカーと缶の製造元が組んでアルミの使用量を減らす取り組みはこれにあたる。アメリカの農家も土地、水、肥料の使用量を減らして収穫量を増加させている。磁石のメーカーは、中国からのレアアースの供給が断たれる危機に瀕して、使用量を抑える方法を編み出した。

第二は、別の資源に置き換える方法だ。アメリカで石炭の総消費量が2007年を境に減り出したのは、水圧破砕法で天然ガスのほうが発電機の燃料として魅力的になったからである。もしもアメリカで原子力がもっと一般的になれば（第15章で詳しく取り上げる）、石炭ばかりかガスも使用量が減り、ごく少量の物質から電気をつくれるようになる。1キログラムのウラン235を燃料にした場合、1キログラムの石炭または石油の約200万～300万倍のエネルギーを得られる。[†31] 毎年人類が消費する全エネルギーをわずか7000トンのウランで供給できるという概算もある。[†32]

第三は、企業各社が自社の資材をもっと効率的に活用し、全体としてのボリュームを抑える。先述のCNWが車両の稼働率を5％から10％にアップさせれば、1輛当たり30トンもの車両の在庫は半分ですむ。高価な有形資産を保有する企業は、効率化するほど財務上のメリットが大きいので、力を注ぐ。世界全体の民間航空会社の座席利用率――基本的に、1便当たりの座席が埋まる割合――は、1971年には56％だったが、[†33] 2018年には81％あまりにアップした。[†34]

最後は、別の何かに置き換えるのではなく、使う必要がなくなるケースだ。電話、ビデオカメラ、テープレコーダーを使うと、合わせて3つのマイクが必要となる。スマホが登場して、マイクはひとつで足りるようになった。録音テープもビデオテープもCDもカメラ用のフィルムも必要ない。iPhoneを始めとするスマホは脱物質化に関して世界チャンピオン級の貢献をしている。はるかに少ない量の金属、プラスチック、ガラス、シリコンで同じ機能が提供できるうえ、紙、ディスク、テープ、フィルムなどの媒体は不要である。

再生可能なエネルギーの利用が進めば、石炭、ガス、石油、ウランから、太陽の光子（ソーラー・パワー）と空気の動き（風力）と水（水力）に切り替わっていくだろう。この3種の再生可能エネルギーも脱物質化におけるチャンピオンだ。これなら、基本的にいっさい資源が不要となる。

脱物質化への4種のアプローチは、スリム化、置換、最適化、消滅と言い換えることができる。同時に4種のアプローチを実行しても問題はない。いずれも、目に見える形で、そして目に見えないところでも継続して効果を発揮する。

〈イノベーションを予測することは難しい〉 水圧破砕法が大変革をもたらし、iPhoneが世界を一変させるほどの影響力を発揮すると、どれだけの人が予見できただろう。実際に変化が起きても、過小評価は続いた。アップルとスティーブ・ジョブズが自信作であるiPhoneを世に送り出したのは2007年6月。ところがその数カ月後のフォーブス誌の表紙には依然として「ノキアに敵なし」といった文言が躍っていた。

イノベーションは月の軌道や預金口座の利息と違って、予測がつかない。唐突で、でこぼこでふぞろいだ。また組み合わせがものを言う。エリック・ブリニョルフソンと私は前著『ザ・セカンド・マシン・エイジ』［邦訳：日経BP］で述べているが、新しいテクノロジーも、たいていのイノベーションも、すでにあるものを組み合わせたり組み替えたりしたものだ。

iPhoneは、携帯電話にたくさんのセンサーとタッチスクリーン、OS、さまざまなプログラム、アプリを加えた「だけ」のものである。そのひとつひとつは2007年より前から存在していた。組み合わせたらどうなるかを見通したのがスティーブ・ジョブズだった。水圧破砕法も複数の技術の組み合わせだ。地下深くの岩層に存在する炭化水素を「見る」技術、高圧の液体を大量に投入して岩を破砕させる技術、破砕によって解放された油とガスを汲み上げる技術など、個々の技術は新しいものではない。それを効果的に組み合わせ、世界のエネルギー状況を変えてしまった。

すでに存在している一連のイノベーションとテクノロジーを独創的に組み合わせて斬新かつ有益なものを生み出す。これについては前著で詳しく論じているが、こうして得た成果をさらに他のものと組み合わせて新たなイノベーションを生み出す。組み合わせ型のイノベーションからは予想外のものが生まれ、じつにエキサイティングだ。強力な新しい組み合わせがいつ、どこからあらわれるのか、それを誰が思いつくのかは、予測が難しい。確かなのは、組み合わせに使えるテクノロジーやイノベーションが増すにつれて水圧破砕法やスマホなどのブレイクスルーがこれからも起きるということだ。イノベーションは系統だったものでも、調和のなかから生まれるものでもない。社会、テクノロジー、経済のシステムが複雑に絡み合い連動するなかから生じる。そしてそのたびに、私たちはあっと驚かされる。

〈セカンド・マシン・エイジの進行とともに脱物質化は加速する〉工業化時代と一線を画すために、エリック・ブリニョルフソンと私は現代を「第二機械時代《セカンド・マシン・エイジ》」と名づけた。工業化時代には人間は筋力の限界を克服し、地球を変えた。そしてすさまじい発展を遂げている現在、あらゆることはコンピュータに関係し、人間は新しい発想ができるようになり、新たな方向転換を図っている。工業化時代には年々多くの資源を地球から取り出すことが当たり前となっていたが、それを正すことが可能になった。

包装資材会社のエンジニアはコンピュータを活用した設計ツールを使って、アルミ缶の軽量化を推し進めた。石油と天然ガスの探査会社はコンピュータ・モデルを作成して地下深くにある岩層を正確にとらえ、炭化水素のありかを予測した。これが水圧破砕法の活躍につながっている。

スマホは、複数の機械装置の機能をたったひとつでこなす。ＧＰＳは地図を印刷する手間を省き、紙の消費量削減に貢献している。〈セカンド・マシン・エイジ〉は膨大な量のコンピュータ用紙を消費した――1960年代にはパンチカードを、1980年代にはA2ノビのロール紙などを。そのために多くの木を伐採することになるのは、容易に想像がつく。ところがアメリカでは1990年に紙の消費がピークに達した。デバイスが進化して高性能になり、相互に接続され、つねにオンの状態、つねに手元にある、という状況で、紙の消費量はがくんと落ちた。人類全体としての紙の消費量のピークは、おそらく2013年だ。[†35]

このようにコンピュータなどの機器は、先に挙げた脱物質化への4種のアプローチすべてに当てはまる。ハードウェア、ソフトウェア、ネットワークはスリム化、置換、最適化、消滅を可能にしてくれる。人類は数々のツールを発明してきたが、地球に負担をかけずに繁栄していくための、まさしく最強のツールだ。

テクノロジーは、人間と物質界との接点

哲学者エマニュエル・メッサニーはテクノロジーを「実体的な目的を達成するために、知識を組織化したもの」と表現した。[†36]私はこの定義が気に入っている。組織化された知識がハンマーやiPhoneなど形あるものとなったり、水圧破砕法や精密農業のための技術になったりする。

知識は累積し、テクノロジーも累積する。〈セカンド・マシン・エイジ〉に入って梃子《てこ》、犂《すき》、蒸気機関が忘れ去られたわけではない。クラウドコンピューティングやドローンの登場と引き換えに手放す必要もない。イノベーションと同じくテクノロジーも組み合わせ可能だ。実際、その大部分は組み合わせ、組み換えされたものである。必然的に組み合わせの選択肢は増えていき、強力なテクノロジーが登場する可能性が高くなる。

脱物質化が始まるまでに時間がかかった理由は、このあたりにありそうだ。適切なテクノロジー、それを構成するテクノロジーが登場していなかった、だから大規模な脱物質化が実現できなかった。そんな単純な理由なのかもしれない。地球からより多くを——より多くの金属、燃料、水、肥料などを——取り出して成長する以外に方法はなく、それで採算が取れていた。より少量で成長し、採算も取れるというテクノロジーはなかった。〈セカンド・マシン・エイジ〉になって、それが変わった。

テクノロジーの定義として、偉大なSF作家アーシュラ・K・ル＝グウィンの言葉も大いに参考になる。「テクノロジーは、人間と物質界とのアクティブな接点である。食糧を手に入れ、保存し、調理する、衣服をまとう。動力を得る（動物、人間、水、風、電気、それ以外の方法で）何かを建てる。建設に何かを使う。医療。何もかもテクノロジーだ。風雅な人々はこんな巷《ちまた》のあれこれには心惹かれないかもしれないが、私は強く惹かれる」(十37)。まったく同感だ。こうした「巷のあれこれ」こそが、世界を二度も大きく変えた。一度目は工業化時代、テクノロジーの進歩によって人類は地球からより多くの資源を取り出して繁栄した。二度目はいまの〈セカンド・マシン・エイジ〉だ。私たちはついに、より少量で繁栄する方法を見つけた。

資本主義は、生産の手段

資本主義と宗教の話題は、各々の持論がぶつかり合い、生半可なことでは自説を変えない領域だ。この頑さは歴史を見てもあきらかなのだが、それでも多くの思想家と作家は資本主義と宗教について人々の意識を変えようと試み、たいていは失敗している。

それを承知のうえで、私は資本主義を擁護する立場で語ろうと思う。その前に、そもそも資本主義とは何かをはっきりさせておこう。テクノロジーと同じく資本主義という言葉の受け取り方は、人それぞれなのだ。資本主義を解放と重ね合わせる人もいれば、搾取と同義語に考える人もいると指摘したのは、心理学者ジョナサン・ハイトだ。(†38)

もっと具体的に定義するなら、資本主義とは、私たちの目的に沿ったモノとサービスをつくりだし供給するためのひとつの方法だ。モノとサービスが供給されなければ、人々は野ざらしのまま飢えたり亡くなったりすることになる。したがって、あらゆる社会はその手段を講じなくてはならない。そのひとつのやり方が資本主義である。おもな特徴は次の通りだ。

〈利潤追求の企業〉 モノとサービスの大半をつくりだすのは利潤を追求する企業であり、非営利の団体、政府、個人ではない。企業は少数の人々(法律事務所のパートナーなど)、あるいは膨大な数の人々(株式公開会社は世界中に株主がいる)に所有され、長期にわたって存続することが前提とされる。あらかじめ企業活動の終了の時期は設定されない。

〈市場への自由参入と競争〉 企業各社はたがいの市場に参入し顧客を獲得できる。そのような競争から保護されている専売企業は例外的で少数だ。ライバル企業が特許を取得している製品と同一のものをつくれば法律に触れるおそれがあるが、よりよいものを考案してつくるのは完全に合法だ。市場は競争の場、と経済学者は表現する。誰もがたったひとつの場、あるいは仕事に縛り付けられることなく、自分のスキルを生かせる市場から市場へと移っていくことができる。

〈強力な財産権と契約履行の義務〉 特許は知的財産の一形態であり、他の財産——土地や家、車など——と同様に売買できる。たとえ億万長者や巨大企業、政府であっても、こうした財産を盗んだり破壊したりしないよう、法律と裁判所によって守られる。また、企業同士が契約をかわしてともに仕事をする際、たがいの規模の違いにかかわらず、どちらかが一方的に契約を破棄すれば告訴されるおそれがある。

〈中央集権的な仕組みで計画立案、管理、価格設定がおこなわれることはない〉人々にどんなモノとサービスが必要であるのか、どの企業が何をつくるのかを政府が決定して割り振ることはない。スマホ、カフェイン入り飲料、鋼桁などに関して中央の組織が「十分な」量と種類を決定することもない。大部分のモノとサービスの価格は需要と共有のバランスに応じて変化し、中央当局があらかじめ決定したり調整したりすることはない。

〈大部分のモノは私的に所有される〉スマホもコーヒーカップも鋼桁も、それ以外も、たいていは購入者もしくは購入した企業に所有権がある。製造元である企業も人々が所有する。アップル、スターバックス、USスチール、その他の株式公開会社の株式はミューチュアルファンド、年金基金、ヘッジファンドなどが保有しているが、こうしたファンドを所有しているのは、結局のところ一般の人々だ。たいていの家、車、土地、金、ビットコイン、それ以外の資産の所有権も、政府ではなく一般の人々にある。

〈自発的な交換〉資本主義の非常に大きな特徴である。人の意志に反して何かを買わせる、特定の仕事に就かせる、国の端から端まで移動させることは許されない。企業の売却は、あくまでも当事者の意志でおこなわれる。何を生産するのか、生産しないのか、どの市場に参入するのか、撤退するのかは、自発的な意志で決定できる。チェーン展開するワッフル・ハウスの朝食レストランは私が暮らすマサチューセッツ州にはない。それは州の議員たちが店のオープンを阻止しているからではない。ボストンの議会には、その権限はない。

資本主義の定義を挙げてきたが、強調しておきたい点がいくつかある。第一に、資本主義はいっさい管理されていない、ということではない。政府は明確な役割をにない、法律を定め、紛争を解決する（当然ながら税率を定め、マネーサプライをコントロールし、その他、経済にとって決定的に重要なことを政府は実行する）。次の2章で見ていくが、資本主義を擁護する識者は自発的な交換と市場への自由な参入を高く評価するが、それをユートピアと同一視するのは間違っているという認識で一致している。深刻な「市場の失敗」が生じた場合は、政府主導で適切に是正される。

第二に、この定義に従えば、今日の豊かな国はすべて資本主義である。とはいえ、資本主義の国がすべてそっくりというわけではない。デンマーク、韓国、アメリカを一緒くたには扱えない。貿易政策、税制、社会福祉制度、産業構造を始め、それぞれに大きく異なる。それでもひとつ共通しているのは、いま挙げた資本主義の定義がすべて当てはまることだ。どの国も、まさに資本主義である。デンマークの経済が首都コペンハーゲンで計画されたりコントロールされたりするわけではない。韓国の国民は自分の家と家具の所有権を持ち、(*)アメリカではおおむね契約が尊重され実行されている。

対照的に、貧しい国々ではこうした定義にまったく当てはまらない現実がある。たとえば航空会社や電話回線網は豊かな国では民間企業の事業だが、貧しい国では政府が運営する傾向が高い。裕福ではない国での起業は非常に困難なので、自由に市場に参入し競争することにも歯止めがかかる。世界銀行の報告によれば、起業して事業をスタートさせる手続きにかかる日数は、2017年にアメリカ、デンマーク、シンガポール、オーストラリア、カナダでは6日未満、ソマリア、ブラジル、カンボジアでは70日以上だった。[†39] もっとも手こずる国はベネズエラ（次章でこの国について詳しく取り上げる）で、230日である。貧しい国では、何を誰が所有しているのか、あまりはっきりしていないことが多々ある。土地の登記や家を始めとする財産の所有権など、豊かな国では明確である部分が、多くの途上国ではうまくいっていない。

法律がきちんと執行されているかどうかが、豊かな国と貧しい国の最大の違いといえるかもしれない。国が貧しくても法律は整備されているし、広範囲を網羅する法典もしばしば見受けられる。ただ、何においても正義が欠如している。役所には腐敗が蔓延し、エリートには特別待遇が用意されて

*レンタル家具や賃貸住宅は別として。

裁判でもほとんど有罪判決にならない。警察など取り締まる側は賄賂に弱い。市場での活発な競争、財産権、自発的な交換は、さまざまな事情からうまくいかない。豊かな国ではこうした事態がまったくない、というわけではないが、貧しい国に比べればずっと少ない。

資本主義については次章でもさらに取り上げるが、この項のまとめとして、テクノロジーの進歩と資本主義が絶妙の組み合わせであることをあらためて指摘しておこう。

限界を克服する

資本主義とテクノロジーの進歩という組み合わせは何をもたらすのか。それを確かめるために、第4章で紹介した『成長の限界』をもう一度振り返ってみよう。1972年に出たこの本は、ふたつの理由から非常に貴重である。第一に、マルサス以来もっともマルサス主義的な内容で、ジェヴォンズの説よりもはるかに暗い。『成長の限界』では指数関数的に成長する世界経済の未来をモデル化し、次のような結論を導き出している。「現在のシステムに大きな変化がなければ、人口増加と産業の成長は、遅くとも21世紀のうちに止まる公算が大きい。システムは……資源の危機によって崩壊する」(†40)

第二に、『成長の限界』には、重要な資源について1972年当時の世界の確認埋蔵量が記録されている。これはすばらしく価値がある。「確認埋蔵量」とは、その時点における知識とテクノロジーで経済的に見合う採掘が可能な埋蔵量を指す。『成長の限界』では、生産物と資源消費量が指数関数的に増えるのに対し、入手できる資源が足りなくなる状況を示すため、多くの資源の確認埋蔵量が載っている。どちらの増加も自然に止まるなどとは、1970年代前半の時点で著者たちは思いもよらなかっただろう。第4章で見た通り、第1回アースデイを迎えるまで20世紀の資源消費量は、経済的産出量と足並みを揃えて増えていった。それががらりと変わることになるとは、ほぼ誰もが予想できなかった。『成長の限界』のシミュレーションモデルを作成したチームも例外ではなかった。

同書では、未来の資源の入手可能性について、消費の急激な増加は続くが資源の埋蔵量は推定される量の5倍あるだろう、という前向きの見方もしている。それでもチームのシミュレーションモデルは、1972年から29年以内に地球から金はなくなる、銀は42年以内に、銅と石油は50年以内に、アルミニウムは55年以内に使い果たすという予測を示した。(十41)

現実にはそうはならなかった。

まだ金も銀もある。埋蔵量もたっぷりある、それどころか、ほぼ半世紀のあいだ消費されつづけても、埋蔵量の数字は増えている。世界の金の確認埋蔵量を1972年と今日で比較すると、約400%増加した。銀は200%あまり増えた。銅もアルミニウムも石油も、『成長の限界』の予測とは裏腹に、急速に使い果たすことはないと判断しても差し支えないだろう。出版当時に比べ、いずれの確認埋蔵量も多くなっている。アルミニウムは1970年代前半の数字のほぼ25倍である。

資源の入手可能性についての『成長の限界』の予測は、当時は説得力があった。だが、なぜこうも大きく外れてしまったのだろうか。脱物質化、そして飽くなき資源探査がもたらす成果について『成長の限界』チームはあきらかに過小評価していた。資本主義とテクノロジーの進歩が結びついて、資源消費量の減少と新たな資源の探査が進んだ。資本主義もテクノロジーの進歩も、勢いが衰える気配はない。この先も、革新的な技術で脱物質化は続くだろう。新たな資源も発見されるだろう。

こうして論理を積み重ねていくと、資源が足りなくなる心配はないという意外な結論に行き着く。地球は有限で、金や石油などの資源の総量には限りがある。しかし、地球は大きい。とてつもなく大きいので、いま挙げた資源もそれ以外も、私たちのニーズをすべて満たせるほど十分にある。わずかな備蓄とともに人類を乗せた宇宙船地球号が宇宙を高速で進むイメージは強烈だが、事実とはかけはなれたイメージである。地球には、私たちの旅に必要な備えは十分に搭載されている。そう断言できるのは、急速なスリム化、置換、最適化、消滅によって脱物質化が進んでいるからだ。

〈第二啓蒙時代〉

エイブラハム・リンカーンは歴代のアメリカ合衆国大統領のなかでただひとり特許権を持っており(*)、資本主義への深い洞察をおこなっている。特許制度は「斬新で有益なものを見出し、つくり上げる天才の火に利益という油を注いだ」という言葉はリンカーンのものだ。(†43)まるでテクノロジーの進歩と資本主義の関係を言い表しているみたいだ。たがいを強化しながら拡大するという好循環を形成し、テクノロジーの進歩資本主義はいま、世界の脱物質化を実現している。

イノベーターが斬新で有益なテクノロジーを考案する。イノベーターと起業家が組んだり、ジェームズ・ワットのように自ら起業家になったりして新しい会社が設立される。当初の資金を投資家が提供する。蒸気機関を支持したマシュー・ボールトンもその1人だ。スタートアップは市場に参加し、その業界ですでに地位を築いている会社に挑戦する。ワットがニューコメンの蒸気機関に挑戦したように。顧客が新しいテクノロジーを気に入れば、自発的にそちらを選べる。新しいテクノロジーは特許権で保護され、そっくり同じものをライバルがつくることは許されない。使用許可をもとめたり、さらにイノベーションを起こしたりする必要がある。スタートアップは成長し、繁栄し、やがて自ら既存の企業となっていく。このような企業の成功は、次世代のイノベーター、起業家、投資家を鼓舞し、顧客によりよいものを提供して既存企業を超える挑戦が続く。

市場には自由に参入できるので、次のイノベーターとスタートアップはどこからでもあらわれる。イノベーションはいつ、どこで、どのように発生するか予測がつかないので、計画通りにいくもので

＊砂州にひっかかった川船を持ち上げる浮遊システムについての特許権であった(†42)。

はない。そもそも計画を立てようという発想が愚かである。誰かが指揮をとって計画を立てれば、真のイノベーターの多くを発掘できないだろう。指揮する者が立場を守ろうとして現状維持に固執し、イノベーターたちの芽をつぶしてしまうだろう。

資本主義とテクノロジーの進歩がつくりだす循環は、20世紀半ばにオーストリアの経済学者ジョセフ・シュンペーターが「創造的破壊」として見事に表現している。だが、この循環によって人類は地球の資源を徹底的に使い尽くしてしまうと考えられるようになった。その傾向は19世紀後半に始まり、アルフレッド・マーシャルとウィリアム・ジェヴォンズの研究も拍車をかけた。確かに工業化時代を通じて、この考えは現実味を帯びていた。とくに第1回アースデイを迎える頃、そしていまにつながる環境保護運動が始まった頃にも。環境保護運動家たちはテクノロジーの進歩と資本主義の強力な相互作用に注目し、このまま資源を使いつづければ地球の資源は枯渇すると緊急警告を発した。

ところが、本章で紹介したように数々の理由から、その相互作用に変化が起きた。いまもなおテクノロジーの進歩と資本主義はたがいを強化し、経済規模はさらに拡大して人々は豊かになっている。一方で天然資源の消費量には歯止めがかかり、脱物質化というまったく新しい現象が起きた。コンピュータ革命という火に、コスト削減の熱意という油が注がれ、世界の脱物質化が始まった。

工業化時代は啓蒙主義の価値観によって実現したと、経済史家ジョエル・モキルは主張する。啓蒙主義は18世紀後半の西洋に興り広まった知的な運動であり、そこで受容された価値観をスティーブン・ピンカーは理性、科学、人道主義、進歩の4つにまとめている。モキルは啓蒙主義について、「成長の文化」をつくりだし資本主義とテクノロジーの進歩の両方の繁栄につながったと述べている。[十44]

現在、それとはまったく逆の現象が起きているのを、私は興味深く感じている。つまり啓蒙主義は工業化時代をもたらし、〈セカンド・マシン・エイジ〉は〈第二啓蒙時代《セカンド・エンライトンメント》〉をもたらしているのではないか——しかも前回に比べて、啓蒙という言葉によりふさわしいものを。私たちは資源の総消費量を減らして地球への負荷を軽くして繁栄を続けている。アメリカ、イギリスを始めとする豊かな国々は「モノのピーク」を過ぎ、資源の総消費量は年ごとに減っている。テクノロジーの進歩と資本主義が結びついて、より少量からより多くを得られるようになったためだ。

だが〈第二啓蒙時代〉が目指すところは、その先である。資源の総消費量を減らすだけではなく、公害を減らし、人をもっと大事にすること。テクノロジーの進歩と資本主義は強力だが、それだけでは実現できないだろう。目標を達成するには、さらにふたつの要素が必要となる。それについて検証する前に、資本主義についてもう少し述べておきたい。重要でありながら、これほど広く誤解されているものはないからだ。

第8章

アダム・スミスによれば
——資本主義についての考察

できるかぎりたくさんお金を手に入れたい、利潤を追求したいという強烈な衝動は、資本主義がもたらしたものではない。こうした衝動はいつの時代にも存在し、給仕係、医師、御者、芸術家、売春婦、悪徳役人、兵士、貴族、社会運動家、ギャンブラー、物乞いを問わず何者であっても持ち得る。それを叶えることが客観的に可能であれば、どんな時代でも、どんな人でも、どんな状態に置かれていても、地上のあらゆる国に存在しつづけてきたと言えるだろう。それが資本主義だなどとする無知な考えはさっさと棄てるように、幼稚園レベルの文化史で教えるべきである。

——マックス・ウェーバー『プロテスタンティズムの倫理と資本主義の精神』［邦訳：日経ＢＰ］１９０５年

このところ、資本主義は不評である。２０１６年の調査では、アメリカの19歳から28歳までの人々の大部分が資本主義を支持しないと答えた。追跡調査の結果、資本主義を支持する人が過半数を超えていたのは50歳以上の層だけであったと判明した。[十一] つまり大多数のアメリカ人は、モノとサービスをつくりだすこのシステムがうまく機能していない、あるいは、以前からの複数の欠陥が目に余るようになったと感じているのだ。

私は、次のように考えている。これまで述べてきた通り、アメリカ経済の脱物質化を推進する大きな力のひとつが資本主義である。人類は世界全体で未曾有の繁栄を実現し、健康面など人生の質を向上させてきた。これには資本主義が重要な役割を果たしている。

資本主義について語る際に欠かせないのが、18世紀のスコットランドの経済学者にして政治理論学者アダム・スミスである。私がアダム・スミスにこだわる理由は、ノーベル経済学賞受賞者ジョージ・スティグラーと同じだ。

1977年、堅苦しいことで知られるジャーナル・オブ・ポリティカル・エコノミー誌にスティグラーが「会議の手引き」という論文を発表した。[†2] 経済学の会議で同じことが何度も議論されることに業を煮やし、会話の繰り返しを短縮する方法を提案したのである。決まり文句を番号で言い換え、参加者全員の時間を節約しようという提案だ。「会議の手引き」には、経済学においてもっとも多用されるフレーズが並んだ。リストの先頭は、「アダム・スミスによれば」だ。

スティグラーは何を言いたかったのか。第一に、多くのことがすでに2世紀前にアダム・スミスによって論じられていた。第二に、その内容に新しいことをほとんど（あるいは、まったく）つけ加えることなく、私たちはただなぞっている。私も同感だ。スミスは資本主義という言葉こそ一度も使っていないが、最初に資本主義を分析した。これまでの章の定義にも、彼の洞察が欠かせない。資本主義の偉大な力と、弱さの両方をスミスは認識し、詳しく論じている。

資本主義に対するいまどきの批評——その評価は

資本主義に対する批評を数多く目にして気づいたのは、2世紀前にスミスが論じたことも、それを発端として続いてきた濃密な論争、改良も研究も、まったく反映されていないものが非常に多い。これはとても残念だ。経済活動を構造化するこのシステムがいかにうまく機能し、繁栄をもたらすのか、スミスの洞察をまじえながら見てみよう。それはまた、資本主義が万能ではないことへの理解をうながし、評価を客観的に判断する助けとなる。

さっそくアダム・スミスの洞察とともに資本主義への妥当な批評、妥当ではない批評を3つずつ取り上げていこう。

まずは妥当な批評から。

〈資本主義は利己的である〉 これは正しい指摘だ。そしてスミスが指摘するように、よいことである。1776年に出版されたスミスの名著『国富論』(*)〔邦訳：日本経済新聞出版〕からの引用は多いが、なかでもトップを争うのは「われわれの夕食は肉屋、醸造業者、あるいはパン屋からの好意によってではなく、彼らが自身の利益を追求することによってもたらされる」という一節だ。(十-3) 自分の、あるいは会社の儲けになるから、売れる商品とサービスを提供したい。それは非常に強力な動機だ。利己的であることは資本主義の欠点ではなく、核心となる特徴である。

利己的であることを悪徳とみなす社会は多い。これは古くから宗教と結びついた価値観として根づいており、利潤の追求という概念はそれに真っ向から対立する。新約聖書には「金銭の欲は、すべての悪の根です」(**)とある。この考えは容易には変わらない。利潤追求という動機に関してアメリカ人を対象に7つの調査をおこなった研究者アミット・バッタチャルジー、ジェイソン・デイナ、ジョナサン・バロンは、2017年に次のように結論をまとめた。「史上まれに見る市場志向型社会であっても、利潤を追求する産業が果たして社会に貢献しているかどうか、人々は懐疑的である」(†4)。だが、それ以上にうまく機能するものはない。「物乞いをのぞけば、同胞の慈悲にすがってばかりという選択をする者はいない」とスミスは指摘している。(†5)

〈資本主義に道徳は通用しない〉 これは真実である。そして利己的という批評にも増して、厳しく批判される部分だ。生産者が避けて通れない問いかけとは、「誰かがこれを買ってくれるだろうか?」(身も蓋もない言い方をすれば、「誰かにこれを買わせることができるか?」)である。もしも、これ以外に何も考慮されなければ、社会にとっては不幸である。児童ポルノ、絶滅寸前の鳥の羽根、燃えやすいパ

＊この本の正式なタイトルは『諸国民の富の性質と諸原因についての研究』である。
＊＊「テモテへの手紙1」6章10節[訳文は新共同訳より]。

ジャマ、盗品、それ以外にも反社会的かつ反道徳的なものでもなんでも、売れるだろう。人気があるけれど倫理的にはグレーゾーンというモノやサービスはいくらでもある。砂糖や脂肪や塩にまみれた食べ物、タバコ、安全な飲料水が手に入らない地域で母親たちに売りつけられる乳児用粉ミルク、アサルトライフルなども、買い手はつくだろう。

こうしたモノやサービスの規制についての議論を、資本主義はおこなわない。議論は重要であり必要であるが、それは社会の別の場でおこなわれる。大原則は、スミスが明確に述べた通り、「生産者は、消費者の関心をかきたてられそうなことだけに関心を注ぐべきである」[†6]。また、意志にそむいて生産に従事させられる人々（奴隷や子ども）と動物の利益にも関心を払わなくてはならない。

〈資本主義は不平等である〉 まさしくその通りである。スミスは「大いなる繁栄には、大いなる不平等がつきものである」と表現した[†7]。資本主義では土地、採掘権、企業の株式といった形態で財産を所有できるのだが、たいていの社会で、その大部分は偏在している。資本主義国家における不平等は、国が豊かになるにつれて解消されるだろうという見方がある。アメリカの経済学者の間では、第二次世界大戦が終結してから数十年、それが主流となっていた。だが、その流れに変化が起きている。現在の動向と、新たに判明した過去のデータを見る限り、すさまじい格差が常態化する可能性がある。格差の増大と、その深刻な影響については第12章と第13章で詳しく取り上げる。ここでは不平等がもたらす深刻な事態について、スミスの鋭い指摘を紹介しておきたい。コミュニティの一員であるという帰属感の喪失と疎外感だ。スミスはこれを深く憂慮し、もうひとつの名著『道徳感情論』［邦訳：日経ＢＰ］で次のように述べている。「貧乏人はいてもいなくても気づかれず、群衆のなかにいる時であっても、粗末な自分の小屋に閉じこもっているかのように、目につかない」（十8）。分断された状態にある心境がどれほど深刻な害をもたらすのか、第13章で詳しく取り上げる。

次に、資本主義の批評として妥当ではないものを3つ挙げていこう。どれも過去にスミスによって否定されている。

〈資本主義は縁故主義である〉 資本主義がうまく機能するには競争が不可欠であるとスミスは理解していた。競争は利潤を押し下げるので、企業はほんとうは競争をしたくない。彼はそれも見抜いていた。「同業者が集まると、それが娯楽や楽しみのための集まりでも、たいていの場合、話題は世間一般を欺くためのもくろみ、つまり、いかに巧みに価格を上げるかといったことに行き着く」（十9）。競争が馴れ合いになる――親しい仲間同士が結託して値上げして皆で儲けようとする――のを防ぐために、政府はしかるべき役割を果たす必要があるとスミスは考えていた。

現在の経済のシステムに関して不満の声はいろいろ聞くが、多くは資本主義そのものへの不満ではない。資本主義が悪用されていることについての不満だ。談合と縁故資本主義の危険性はスミスが指摘した通りである。また、政府が既存の大企業を優遇するコーポラティズムも危険だ。さらに、規制当局、あるいは公選された役人が公衆の最大の利益を二の次にして、既存の企業の便宜を図る——いわゆる規制の虜——危険性もスミスは理解していた。「独占を強化する法案をすべて支持する議員は、商業をよく理解しているという評価を得るばかりか、人数と富によって重要な位置を占めている層からの絶大な人気を得て密な関係になる[†10]」

〈資本主義はアナーキーである〉 スミスが『国富論』を出版する20年以上前に、こんなふうに述べていたことは、よく知られている。「これ以上ないほど野蛮な状態の国であっても、平和、明快な税、寛大な精神にもとづく司法行政が整えば、ほぼそれだけで、限りなく豊かな状態にこぎつけられる[†11]」。資本主義は繁栄という花を見事に咲かせることができる。ただし、花を咲かせるには庭の手入れを怠ってはならない。社会の弱者の権利、財産、契約を守るための法律と裁判所の整備。暴力あるいは暴力的な支配の排除。そして徴税は歓迎されなくても、必要不可欠である。

徴税は労働意欲をくじいてしまう可能性があるので、慎重におこなわなくてはならない（あくまでも「明快」に）。アメリカの連邦最高裁判所の判事オリバー・ウェンデル・ホームズ・ジュニアの「税とは、文明社会に対してわれわれが払うものである[†12]」という言葉の通り、払うべき重要なものだ。軍隊と裁判所のためだけに必要なのではなく、日々の暮らしと経済をより良くするのに必要なインフラのために払うものであり、政府の義務は「特定の公共事業と公共機関を設立し維持することであり、個人または少数の人々の利益のためにそれを設立したり維持したりすることがあってはならない」とスミスは述べている。

〈資本主義は抑圧的である〉 資本主義に対するもっとも不当かつ不正確で無知な批評は、労働者の貢献なしには誕生しなかった資本主義が労働者を苦しめているというものだ。カール・マルクスは資本主義における労働者は、がんじがらめの状態を脱出して共産主義を受容しない限り、踏みつけにされ貧困のままでいると考えていたが、第2章で見た通り、現実はマルクスの予想とは異なった展開となっている。工業化時代は問題も多かったものの、かつてないペースでの繁栄を実現して平均的な人々の暮らしは向上した。世界中に資本主義とテクノロジーの進歩が広まるにつれて、ここ数十年は重要な分野で目覚ましく発展している。これについてはあらためて取り上げる。

資本主義のすばらしいところは、エリート層だけではなく貧しい環境に生まれついた人々の暮らしもよくなることだ。資本主義が適切に機能すればどんな未来が待っているのか、スミスはマルクスやマルサスよりもはるかに明確に見通していた。スミスが一貫して関心を注ぎ、書きつづけたことがある。いまで言う社会正義だ。労働者こそめぐまれた暮らしを、よりよい暮らしを、というのがスミスの持論だった。『国富論』では次のように記している。「社会の人々に食糧、衣服、住居を提供する人々は、その労働の成果で自分たちの衣食住を十分にまかなえるだけの報酬を得られなくてはおかしい」。資本主義ならそれを見事に成し遂げられるとアダム・スミスは信じていた。私もまったく同じ思いだ。

資本主義のスペクトル

資本主義への批判としては、すべての人にセーフティネットを提供していないという声をよく聞く。それは事実であるが、船が空を飛ばないと批判するようなものだ。交通機関は船か飛行機かの二者択一ではない。同様に、社会が資本主義のすべての要素を満たしていることと、社会的セーフティネットの存在は矛盾しない。現に、私が定義する資本主義の条件を備えた国はすべて、福祉制度がある。貧しく職もない人々への援助、一定の人々を対象とした補助金つきの医療制度、子どもと高齢者のための福祉などが。先進的な資本主義国家の社会的セーフティネットは、国ごとに驚くほど違いがある――たとえばノルウェーはアメリカとは非常に異なる――が、それが存在しないという国はない。

極端な主張は極端な反応を招きやすい。市場原理主義は、社会を構成するすべての人々が健やかな暮らしを営むには、資本主義だけで十分、社会的セーフティネットは無駄遣いで無用と主張する。さらに極端になると、社会的セーフティネットは人々の労働意欲を削ぐから逆効果、と言い切ってしまう。20世紀半ばに活躍した小説家で政治思想家のアイン・ランドの著作を連想させる主張である。投資家で慈善家のジョージ・ソロスを始めとする人々は、1980年頃に始まったロナルド・レーガンとマーガレット・サッチャーの政策にからめて市場原理主義という言葉を用いた。

確かにレーガンとサッチャーはそれぞれアメリカとイギリスで社会保障制度を見直して縮小したが、撤廃を検討することはなかった。市場原理主義はあくまでも理論——社会保障制度の存在しない資本主義社会——であり、現実には存在しない。実現すべきと考える人は、アメリカの一部の右派評論家以外、ほとんどいない（反税運動家のグローバー・ノーキストは2001年に、「政府を廃止したいと望んでいるわけではない。ただ、サイズを縮めてバスルームに引っ張っていってバスタブで溺れさせることができるくらいにしたい」と述べた[†13]）。

それでも市場原理主義の概念は役に立つ。政府が自国民に健やかな暮らしをもたらすために、どれだけ資本主義に頼るのかをスペクトル上であらわす際、片方の端に来るのが市場原理主義、つまり資本主義だけで実現できるという立ち位置だ。その隣は社会民主主義である。資本主義によって一時的あるいはずっと置き去りにされる人々を政府が救い、格差を減らすために政府が積極的な役割を果たすべきという立ち位置。高い税率、多くの法令、大規模な福祉制度を好む傾向があり、自らを社会民主主義者と認める。具体的な例としては北欧諸国がよく挙がる。スウェーデンやデンマークに比べるとアメリカの社会保障制度は規模が小さく綿密なものではないため、例として挙がることはまずない。それでもスウェーデン、デンマーク、アメリカは、まぎれもなく資本主義国家である。

決定的な違いはスペクトルのその先、「社会民主主義」と「社会主義」の間に生じる。国家の運営についての考え方はまったく異なっているのに、名称が似ているのは皮肉なものだ。社会主義では資本主義の重要な要素がことごとく拒絶される。社会主義のもとでは、たいていの企業と産業が政府の所有、あるいは政府がコントロールし、経済活動の多く——誰が何をつくる、誰が何を得る、誰がどこで働く、価格——を中央で計画する。個人の財産が少ないので財産権は制限されている。重要なものはたいてい国の所有である。社会主義政権が革命ではなく選挙で樹立されている場合は、「民主社会主義」であり、ますます混乱しやすい名称となる。

スペクトルのその先の端のほうには社会主義、さらに共産主義がある。マルクスが想定した共産主義の社会とは、労働者が自律的につくる、ある種の組織で実現される平等で地球規模のユートピアだ。そこに格差はない。お金も、私有財産も、企業も、上司も、政府も、国境もない。地球規模のそのような共産主義では経済がどのように機能するのかについて、マルクスは詳細——モノとサービスがどのようにつくりだされ、人々に配分されるのか——をほとんど語っていないが、必ず実現すると信じていた。共産主義は歴史的必然、社会主義はそこに至るまでの足がかり、というのがマルクスの考えである。

市場原理主義と共産主義は、およそ似ても似つかないものだが、ひとつだけ重要な共通点がある。どちらも、一度も実現していない。マルクスの考えを採用した国はあるが、いずれも完全な共産主義には到達しておらず、社会主義に留まった（ソ連の正式名称——ソビエト社会主義共和国連邦——がそれを示している）。北朝鮮にはお金がまだ存在している。キューバでは民間企業の経営が許されている。そして中国では経済の多くの領域で激しい競争がある。

社会主義の実験が残したもの

同じ資本主義といっても、いま述べてきたスペクトル上の少しずつ異なる位置にあるのだろう。決定的な違いはスペクトル半ばの社会民主主義と民主社会主義の間にある。同一の言葉が形容詞として使われるか、名詞として使われるかでこれほどの違いが出るとは、驚きだ。社会的はよいのだが、社会主義となると悲惨だ。

モスクワ、北京、ハバナにおける悲惨な状況は歴史的記録をひもとけばあきらかだ。社会主義にはあまりにも欠点が多すぎることを示す、なによりの証拠である。社会主義経済の理論は機能するのかという議論（現実に機能していないにもかかわらず）は、実質的にオーストリア系イギリス人の経済学者フリードリヒ・ハイエクによって打ち切られた。

ハイエクは、価格の変動とはアルミニウムや小麦などモノが不足している、あるいは豊富にあることを示すシグナルだと考えた。人々はこうしたシグナルを見て、モノを買ったり売ったりするなど必要な措置をとる（それがスリム化、置換、最適化、消滅などにつながる）。このように資本主義経済において価格が自在に変わることは、人々にとって重要な情報であり、重要なインセンティブでもある。社会主義政府によって固定された価格は情報にもインセンティブにもならない。この洞察をもとにハイエクは1977年に社会主義を次のように強く批判している。「社会主義者はきちんと立証できるのだろうかと、私はつねづね思っていた……価格はコミュニケーションおよび指針の機能を果たすものであり、私たちが直接得る情報よりも多くを伝えているのだと理解できれば……たったひとつの指示によって……同じ秩序をもたらすことができるという考えは……取るに足らないものとなる……知的な観点から、社会主義には見るべきものは何もないと私は考える」[†14]

それでも、社会主義の人気はところどころで盛り返している。幸い、テクノロジーに支えられたいまどきのメディアを通じて、社会主義の試みがどう展開し、破綻するのかを私たちはつぶさに観察することができる。しかし当事者であるベネズエラ国民の苦しみは、想像を絶する。

つい最近まで、実際2001年までベネズエラは南米でもっとも豊かな国だった。[†15] 1998年に熱心な社会主義者ウゴ・チャベスが選挙で大統領に就任し、2013年に亡くなると、副大統領ニコラス・マドゥロが後継者となった。チャベス政権もマドゥロ政権も、軍事クーデターでもなく大衆革命でもなく選挙を経て樹立された。こうしてベネズエラでは20年間、民主社会主義が実践されてきたのである。

チャベスとマドゥロは社会主義の基本に忠実だった。石油会社、肥料メーカー、銀行、ガラスメーカーに至るまで企業を国有化した。[†16]貧しい人々に市場を通じてモノとサービスを提供するのではなく、社会政策「ミシオネス計画」を通じて食べ物と生活必需品を配給した。[†17]また、食糧を輸入して補助金付きの価格（つまり損をして）国内で販売した。[†18]たいていの事業は外貨規制を受け、米ドルなどが使える自由市場は消滅した。[†19]一連の「正当な価格法」で物価はもとより、利益率や製品について制限を課した。[†20]数え上げればきりがない。

こうして資本主義の基本概念はチャベスとマドゥロによって排除されていった。社会主義の影響を研究する経済学者のチームがどう逆立ちしても、これほどの実験をおこなうことはできないはずだ。むろん、倫理的な見地からも実験には踏み出せないだろう。悲惨な結果が予測できるからだ。熱心なマルクス主義者をのぞけば、経済学者も歴史家も、ベネズエラの社会主義化がどのような結果を招くのか、多少は予測できていただろう。しかしながら、現実に経済がここまで壊滅的な状態となり、それにより国民がこれほどの苦しみを味わうと誰が予測できただろう。

社会主義を毒にたとえれば、じわじわと効いてくる毒のようなものかもしれない。「チャビズム（チャベス主義）」の最初の10年は、比較的ましだった（あくまでも、後の惨状に比べれば）。２００９年、世界各国は景気後退に陥り、ベネズエラも例外ではなかった。その後、2011年までには回復したが、これを支えたのはおもにベネズエラの石油産業だ。同国の輸出総額の95%を石油が占めている。(†21)ベネズエラは世界一の原油の確認埋蔵量を誇り、(†22)原油価格が1バレル当たり100ドルを超えていたため、大いに恩恵を被った。(†23)原油の高値が続く限り政府からの各種の補助金は支出され、社会主義の実験は続いた。

ところが2014年に原油価格が暴落し、みるみるうちにすべてが崩れていった。政府は食糧を輸入する資金に事欠き、食糧品は乏しくなった。政府が無料で食糧を配給していたため、多くの民間企業は食糧品の生産をしなくなっていた。それ以外の生産者には通貨管理制度と価格の制限が重くのしかかり、また、国有化後にまともな経営がなされていなかった。

食糧政策の行き詰まりは、たちまち容赦ない形としてあらわれた。2017年半ばまでに、おとなのベネズエラ人の平均体重は1年で20ポンド［約9キログラム］近く軽くなった。(†24)いやおうなしに「マドゥロ・ダイエット」を強いられたのである。また子どもたちの栄養不良はすでに2016年に蔓延していた。ある医師の言葉を紹介しよう。「2017年には栄養不良の患者数はすさまじく増加した。担ぎ込まれてくる子どもたちは、体重も身長も新生児並みだった」(†25)

2016年前半、原油価格が上昇し、低迷していた時の2倍になった。ベネズエラは持ち直すことができるのでは、と多くの人々が期待したが、虚しい期待に終わった。ベネズエラの原油生産能力は失われてしまっていたのだ。2017年、総生産量は29％落ち込んだ。2003年のアメリカのイラク侵攻でイラクの原油生産量は打撃を受けたが、それよりもはるかに大幅な減少だ。[†26] 国有石油会社でかつて役員を務めていた人物は次のように語る。「ベネズエラでは戦争もストライキも起きていない。石油産業はただ自滅していくだけだ」。それほどまでに能力を失い、腐敗にまみれていた。

他の業界も似たような状態だった。IMFの推計によれば、ベネズエラのGDPは2013年から2017年にかけて35％下落した。[†27] 中南米はもちろん西欧諸国や北米と比べても、史上最大の経済崩壊であると経済学者リカルド・ハウスマンは指摘する。[†28] これに比べれば大恐慌すらスケールが小さく感じられる。ベネズエラ政府は生産量の激しい落ち込みを補うために大量の紙幣を刷った。当然ながら、物価が跳ね上がる。IMFは、ベネズエラのインフレは2018年に1万3000％に達する可能性があると予測した。結果的に、あまりにも控えめな予測となった。2018年の11月までにベネズエラの年間インフレ率は129万％に達していたのである。[†29] 3カ月後にIMFが発表した推定値は1000万％であった。

経済政策がことごとく失敗し、国民はいよいよ追いつめられていった。犯罪が急増し、ベネズエラの殺人発生率は2016年の時点でエルサルバドルに次いで世界第2位になった。[†30] 犯罪を取り締まるため、そしてチャビズムの基盤であった貧しい地域での支持を増やすために、政府はますます残忍な手段をとるようになる。ある調査結果によれば、ベネズエラの警察と兵士による超法規的殺害は3年足らずで８０００件を超えていた。

中性子爆弾は、できるだけ大勢の人間を殺すが建物など物理的なインフラへの被害は最小限にとどめるために設計された核兵器である。それとちょうど逆に働いたのがベネズエラにおける社会主義だった、と言えるのではないか。人々を直接殺したわけではないが、社会インフラをずたずたにした。医療制度、通貨、モノとサービスの供給、社会保障制度など、あらゆることが壊れた。

社会主義という爆弾は容赦なく降り注ぎ、他国に逃げ出すベネズエラ人の数は日を追って増えていった。２０１８年始めの時点で1日当たり少なくとも５０００人がコロンビアなど近隣諸国に流出していた。[†31] 仕事が見つからず家族を養うためにと売春婦になった女たちが大勢いる。「ここには教師がたくさん、医師も少し、キャリアウーマンも何人も、石油技術者が1人います。全員が学位記を持参しましたよ」[†32]。コロンビアとの国境に近い町の売春宿経営者の言葉だ。

状況が悪化するばかりのベネズエラは、戦闘地域にたとえられるようになった。しかし、それすら生易しい表現といっていい。国内の公衆衛生の実態を政府は取り繕うのに必死だったが、公式の統計ですら２０１６年の乳幼児死亡率はシリアよりも高い。[†33]

２０１８年5月におこなわれた大統領選は野党第一党がボイコットし、自由で公正な選挙とはほど遠いと言われたが、マドゥロは68%の得票率で再選された。しかし、その地位も２０１９年始めには危うくなっていた。経済政策の大失敗をおもな理由として不支持率が80%を超えた。[†34] ハイパーインフレを始め、自ら失敗を重ねたあげく、人口のほぼ90%を貧困状態に追いやったのである。2019年1月23日、野党党首ファン・グアイドはベネズエラの暫定大統領であると宣言した。2月半ばまでに50カ国を超える国々が、ベネズエラの正当な大統領としてグアイドを承認した。

イギリスの首相マーガレット・サッチャーが1976年に述べた考察は有名だ。「社会主義の何が問題かといえば、結局皆のお金が尽きてしまうという点だ」(†35)。マドゥロが直面した危機は、こういうことだった。ベネズエラの通貨も、社会主義経済に関する何もかもが信頼を失い、食糧から何からすべてが尽きた。

資本主義が不足している、それが問題だ

では資本主義はどうなのか。中南米でも世界の途上国でも、人々を失望させてきたのではないか？　ベネズエラをあれほど急速かつ無惨に壊した社会主義に比べれば少しはましでも、資本主義も失敗したのではないのか？　それは違うとリカルド・ハウスマンは説く。いったん根づくと、資本主義は非常にうまく機能するが、広く拡大することができない。それが問題だとハウスマンは指摘する。「発展途上国では資本主義的な生産の再編が進まず、賃金労働者として組み込まれていない人々が多くいる。仰天するほどの人数だ。アメリカでは自営業者は9人のうちわずか1人であるのに対し、イ

ンドでは20人のうち19人である。ペルーの労働者のうち民間企業に雇用されているのは5分の1未満……メキシコではおよそ3人に1人である」[†36]。豊かな国で自営業者といえば、フリーランサー、コンサルタントなど自ら選択してプロフェッショナルとして企業と仕事をする場合が少なくない。一方、途上国では自営業の圧倒的多数が企業との仕事を望んでいるがかなわず、単独で農民、商人、職人として生計を立てようとする。

途上国では地域が違えば経済が違うとハウスマンは考察し、資本主義が根づいているところでは、より豊かになっているというすばらしいパターンに注目した。たとえばメキシコのヌエボ・レオン州では労働者の3分の2は企業に雇用されている。一方チアパス州では、その割合は15%に満たない。平均所得を比べると、ヌエボ・レオン州のほうが9倍多い。これは偶然ではないとハウスマンは考える。「発展途上国全体の根本的な問題は、もっとも貧しい国および地域において資本主義的な生産と雇用の再編が起こらず、大部分の労働力が生産活動に活用されずにいるということだ」

次章では、なぜ、場所によって資本主義化が不調であるのかについて見ていこう。また、この先さらに人口が増えても地球に負担をかけずに繁栄を続けるには、資本主義とテクノロジーの進歩に加えて何が必要なのかを考えていきたい。本章では資本主義とは何か、なぜ非常にうまく機能するのかを明確にした。アダム・スミスとともに。

第9章

さらに必要なのは——人々、そして政策

共同体の人々にとって必要なことを、個人および個人の能力ではできない、あるいは満足にできない場合、彼らに代わっておこなうことが政府の正当な目的である。

——エイブラハム・リンカーン「Fragment on Government（政府についての断章）」1854年

これまで見てきたように、絶え間ないイノベーションと原材料費を少しでも抑えたい市場参加者の熾烈な競争が、「モノのピーク」を、次いでより少量からより多くを得ることを可能にした。このプロセスは、〈セカンド・マシン・エイジ〉が進展するにつれて加速する。脱物質化の最強のツールはコンピュータ類だ。マーシャルとジェヴォンズの主張で悲観的なマルサス主義に染め上げられた世界から、私たちはコンピュータ類とともに〈第二啓蒙時代〉に入ったのである。

テクノロジーの進歩と資本主義がつくりだす好循環だけで、果たして私たちは地球に負担をかけずに繁栄していけるだろうか？　ふたつの明快な理由から、それだけでは実現できない。第一の理由は

経済学の初級講座で必ず学ぶ、公害という負の外部性だ。第二の理由は倫理の講座で扱われる内容領域、つまり動物をどう取り扱うか、市場での売買を禁じる対象についての検討だ。

資本主義の欠点

経済学の初級講座ですべての学生は外部性について学ぶ。経済活動から生じるコストあるいは便益でありながら、取引に直接関与する人々ではなく、それ以外の人々に影響するものが外部性である。多くの経済取引は、重大な外部性を発生させない。私が近所の店で牛乳を買えば、店主と私のどちらもが便益を享受し、他者にはあまり影響を及ぼさない。

しかし、もしもその牛乳を生産する酪農場で、飼っている牛を清潔に世話していなければ、酪農場の近所は牛乳の消費者ではなくても臭いで迷惑を被るだろう。近所の人々には酪農場と取引を止めるという選択肢はなく、悪臭の悩みは続く。経済学の初級講座では必ずこのような例を取り上げ、公害は負の外部性の古典的なものであると示す。酪農場の近所の人々は牛乳の売買に関わっていなくても悪臭というコストを負わされる。(*)

市場は多くの重要な事柄に関してうまく機能するが、負の外部性は放っておかれがちだ。たとえば工場の経営者と顧客がともに工場から離れた場所に住んでいれば、工場から出る物質が近隣の大気、土地、水を汚染していることに鈍感になるだろう。第一に、市場が機能するので政府は手出しをすべきではない。第二に、市場は負の外部性に対処しないので政府が介入する必要がある。これが経済学の初級講座で学ぶふたつの原則である。

政府は、公害を禁じる――アメリカでは、たいていの種類のゴミを海に投棄するのは違法である――あるいは費用を負担させるという方法で負の外部性に対処できる。その費用をまかなえる限り企業は公害を出し放題、と受け止めれば好ましい解決法には感じられない。しかし公害を出せば高くつく、となれば企業は、コスト削減のために原材料の使用量を減らすのと同様に、時間と労力とイノベーションを惜しまず減らそうとするだろう。脱物質化に力を注ぐのと同じ理由から、「脱公害」に励むだろう。

公害を市場で売買!?

公害を出す権利を企業が売買できれば、さらにうまくいく。そう考えたのはノーベル経済学賞を受賞した伝説的な経済学者ロナルド・コースであり、１９６０年に論文「社会的費用の問題」であきら

＊19世紀のイギリスの経済学者で哲学者のヘンリー・シジウィックは外部性の概念を導入したことで高く評価されている。もともとは漏出効果と呼ばれていた。これはあまりにもあからさまであると経済学者たちが考え、もっと曖昧な外部性という表現を使うことにした。

かにしている。コースは市場の機能に高い信頼を置き、公害など外部性への賢明な対処法は市場で売買させることであると述べた。

「公害を出す権利を企業が売買する」という発想は、「公害を出してもいいが費用を負担させよう」という発想に輪をかけて奇天烈にしか聞こえず、当時は多くの人々の不興を買った。ところが1980年代になると、市場をこよなく愛する保守派とリベラルの環境保護主義者がコースの考えを土台として、公害対策において協調するというすばらしい展開となり、[十一] 1990年の大気浄化法の改正とともに、大気汚染対策として排出権取引の「キャップ・アンド・トレード」制度が始まった。この制度は、大気汚染物質の総排出量の上限（キャップ）を政府が決定し、その制限のなかで企業は汚染する権利を売買できるというものだ。キャップは時とともに引き下げられ、全体的な汚染を減らしていく。

制度をうまく活用すれば、他の企業よりも安上がりに公害物質の排出量を減らせるというのが、キャップ・アンド・トレード制度の仕組みである。すべての企業に対し一律に——たとえば1年に10％——汚染物質の排出量を減らすよう義務づけるのではなく、業界全体で年に10％削減するよう義務づけ、その制限内で公害を発生させる権利を企業同士が売買する。

具体的に、同じ業界のブラウン社とグリーン社という例で説明しよう。ブラウン社は汚染物質の排出量を減らすことが困難である（古い技術を使っているなどの理由）。減らすのに必要な設備のアップグレードにかかる費用よりも汚染物質を出す権利が安ければ、進んで権利を買うだろう。一方、グリーン社は汚染物質の排出量を減らすのにあまり費用がかからない。その費用よりも、公害を出す権利を高く売ることができれば、喜んで売るだろう。

適切に設計された排出権取引市場でグリーン社とブラウン社はたがいを見つけ、価格を取り決め、どちらも満足する。全体として公害が減るので、皆にとってハッピーな成り行きだ。グリーン社はブラウン社からの支払いを受けながら汚染物質の排出量を大幅に削減する。ブラウン社はグリーン社に支払っている間、汚染物質の排出量はさほど減らさない。業界全体としての排出量は、10％のキャップを超えない。

公害削減を目指すキャップ・アンド・トレード制度はすばらしく効果的だった。[十2] ２００９年にスミソニアン誌は次のようにまとめている。「公害を発生させる企業は、もっとも安い費用で……排出量を減らすことができている。その結果、公共事業への支出額は［もともとの見積額の］年間２５０億ドルではなく、わずか30億ドルとなり……さらに、防ぐことのできた死と病気、より健全な湖と森林、東海岸の視界の改善など、年間１２２０億ドル相当の便益をもたらしている」

資本主義とテクノロジーの進歩では成し遂げられなかったことを、キャップ・アンド・トレード制度は実現し、アメリカを始め各国で大気汚染が改善した。資本主義とテクノロジーの進歩は強力な組み合わせではあるが、それだけでは公害など負の外部性に対処できない。第7章で見た通り、脱物質化が進んだのは、資源は高くつくからだ。一方、公害を発生させる汚染物質を減らしたくても、価格のつけようがない。

人々の、人々による

そこで、ふたつの要素が必要となる。市民の自覚［public awareness］と反応する政府［responsive government］だ。第3章で見たように、アメリカでは大気汚染が引き起こす健康への深刻な影響について、なかなか広く認識されなかった。しかし1948年にペンシルベニア州ドノラで多くの犠牲者が出るなど、大都市で頻繁に「殺人スモッグ」が発生するようになると、もはや放置しておくことはできなくなった。第1回アースデイの頃から、なんらかの措置を講じるようにという市民の声が大きくなった。

その声に対し政府は素早く反応し、措置が講じられた。反応する政府には、3種類の意味がある。ひとつ目は、もちろん「民意に素早く反応する政府」である。第1回アースデイ以後、アメリカを始めとする国で重要な公害防止法が次々に成立したのは、具体的な措置を求める市民の意志があり、再選されることを望む議員たちがそうした民意に応えたからである。民主主義の政府は、他の形態の政府に比べ、市民の希望に応えようとする傾向が強い（後述するように、どちらにも例外はある）。

第二の意味は、「すぐれたアイデアに素早く反応する政府」である。アメリカ合衆国連邦政府はキャップ・アンド・トレード制度を設置し、すばらしい成果が出た。奇想天外に思われた経済学者のアイデア（「公害の権利を売買する市場をつくる」）こそ問題解決の方法であると、議員たちは確信するに至ったのだ。

運転者の操作にすぐに反応する車を「レスポンスがよい」と表現するが、反応する政府の第三の意味は、こうしたレスポンスのよさだ。実効性があると言い換えてもいい。弱い政府、腐敗が蔓延する政府、その他の理由から法律を執行できない政府では、キャップ・アンド・トレード制度など公害を規制するための取り組みは成果が出ないだろう。公害を引き起こす企業を動かすには、単に要望を出す、あるいは法案を通過させるだけでは意味がない。それが現実だ。環境対策を講じるための費用よりもはるかに高いペナルティーが課せられる、となればようやく重い腰をあげる。だからこそ政府がきちんと目を光らせ、執行することが重要となる。

環境にやさしいのは民主主義とは限らない

民主主義国家ではない中国の政府は、大気汚染に関して近年、3つの意味すべてにおいて反応のよさを実証している。中国ではかなり以前から、公害のあまりの過酷さから都市を脱出しようとする家族が跡を絶たないといわれていた。2013年には、ある母親の言葉として、「将来は家族で外国に

移住したいと考えています。さもなければ私たちは息ができず死んでしまいます」と紹介されている。(†3)

2017年、経済学者の陳帥［Shuai Chen］、ポーリナ・オリヴァ、張鵬［Peng Zhang］は系統だった数字を提示して、実態をあきらかにした。彼らは中国における深刻な公害の発生（1948年のペンシルベニア州ドノラで起きたような）と国全体の移住のパターンを比較対照し、驚くべき結論に至った。「公害が10％増加した（他のすべての条件は同じ）県は、翌年、人口が約2・7％減少する」という内容である。(†4)

共産党は大気汚染問題を取り上げる企画の取り締まりに乗り出した。(†5)オンラインで2億回の再生回数を記録した2015年のドキュメンタリーも視聴できなくなった。その一方で政府は行動も起こした。2014年3月、李克強首相は、全国人民代表大会において次のように宣言した。(†6)「われわれは、貧困に対し宣戦布告したように、汚染問題に対し毅然として宣戦布告する」(*)。政府は石炭火力発電所に汚染物質の排出を減らすように命じ、高レベルで汚染されている地域に新たに発電所を建設する計画は見送った。また多くの家庭と小規模事業の石炭炉を除去した（その代わりとなるものを提供しないケースもあった）。

こうした対策は実を結んだ。経済学者マイケル・グリーンストーンは、中国の公的な情報源と駐中国アメリカ大使館員たちから得た情報をもとに、中国全体で大気を汚染する微小粒子状物質は

２０１８年までに30％あまり減っているとあきらかにした。[十7] このままでいけば中国国民の平均余命は２・４年伸びるだろうとグリーンストーンは見積もった。そして次のように記している。「アメリカでは［１９７０年の大気浄化法改正法の可決後］約12年、加えて１９８１年から１９８２年の景気後退を経験してようやく公害を32％削減できたが、中国ではわずか４年でそれを達成した」

民主主義が環境にやさしいとは限らない

インドは民主主義国家であるが、悲惨なまでの大気汚染問題に対する政府の反応は素早いとは言えない。２０１８年の時点で、世界でもっとも公害の被害が大きい14の都市は、すべてインドという状況だったにもかかわらず、[十8] 市民は沈黙し、政府は対策をいくつか講じたが、建設現場からさらに粉塵が出てしまうなど逆効果となった。

最大の問題は、インド政府が実効性を備えていないことだ。つまり第三の意味で反応のよい政府ではない。ニューヨーク・タイムズ紙は次のように解説している。「インド政府は中国のように自国民に対し高圧的に命じることができたためしがなかった。インドの政治制度は、より自由で、より混迷している。13億人の人々が地域で、そして政治面で競争に明け暮れ、民主主義は分権化している……

＊第11章で取り上げるが、中国の貧困撲滅の戦いは大勝利をおさめた。

11月8日、NASAの衛星画像はインド北部が巨大なスモッグのシミに覆われる様子をとらえた。それを見たデリー州とパンジャブ州の州首相はどんな行動をとっただろうか。彼らは首相のもとに飛んで行ったのか？　とんでもない。彼らはツイッターでやりとりを始めたのである」[†9]

2017年11月には、デリーの大気汚染は1年でもっとも悪化し、交通事故を引き起こすまでになった。ほぼ70年前のドノラと同様、灰色の濃霧が立ちこめてドライバーたちは視界がきかなくなったのである。ついに学校は休校となった。それは政府の対策として実施されたわけではない。デリー州の副首相がたまたま、スクールバスの窓から子どもたちが嘔吐する光景を見たから、という理由によるものだった。[†10]

法律をつくっても政府がそれを執行できない、という例はいくらでもある。インドネシアでは耕作のために野焼きをおこなうこと――いわゆる焼き畑農業――は、おおむね法律で禁じられているが、実際には大々的な規模でおこなわれている。[†11]秋の野焼きとエルニーニョ現象が重なるとヘイズ［煙霧］が発生しやすく、何日間も東南アジアの広範囲が覆われてしまう。シンガポールでは環境保護活動家の働きかけで、証券取引所に上場されている企業がインドネシアでの違法な開墾に関与していれば訴追される可能性があるという法律が施行されている。シンガポール政府の反応のよさと実効性、損害賠償金の支払いを避けたい企業の思惑が結びついて、公害の抑止につながることが期待される。[†12]

公害のグローバル化

政府が素早く反応しない、一方で公害は国境などおかまいなしに広まる、となると最悪の状況を招いてしまう。太平洋ゴミベルトを知っているだろうか。海流の影響でプラスチックの破片が大量に集まり渦を巻いている太平洋の海域を指す。世界の水域に延々と漂いつづけるプラスチックゴミは増える一方であり、太平洋ゴミベルトはそのシンボルとなっている。

これはグローバルな問題だが、発生源はグローバルではない。2017年にクリスチャン・シュミット、トビアス・クラウス、ステファン・ワグナーが発表した研究結果では、世界の海のプラスチックゴミの88～95%は、たった10本の川から流れ出ていることがあきらかになっている。[†13] うち8本はアジア、2本はアフリカの川だ。北米とヨーロッパの先進国はほとんど加担していない。それぞれに環境汚染に関する厳しい法律があり、しっかりと施行されているためだ。アメリカは世界経済の約25%を占めるが、海洋に流出するプラスチックゴミの量は世界全体の1%に満たない。世界経済の約15%を占めている中国は、海洋に排出されるプラスチックゴミの総量の28%を出している。[†14]

公害対策に関して（それ以外でも）複数の国が協調するとなると、なかなか難しいのだが、過去のすばらしい例が希望を与えてくれる。1974年、化学者マリオ・モリーナとF・シャーウッド・ローランドはネイチャー誌に、フロンと呼ばれる一群の工業用化学品が地球のオゾン層に穴をあけていることを示す研究を発表した。オゾン層は太陽からの発癌性の紫外線放射を防ぐ天然のシールドの役目を果たすので、これは深刻な問題だ。そして解決は難しいと思われた。フロンはエアコンの冷媒からエアゾール缶まで、世界中で広く使われていた。

彼らの研究が与えた影響は大きかった。オゾンホールがもたらす脅威は市民の意識に訴えかけ、さまざまな国の消費者はフロンガスを使用したエアゾール缶などの製品のボイコットを組織した。(†15) 化学品のメーカーは自分たちの責任をきっぱり否定した。1979年、デュポンは次のように強く主張している。「オゾンの減少はこれまでいっさい見つかっていない……現在の時点でオゾン減少を示す数字はいずれも、確実性の乏しい一連の予測にもとづいたものである」欧州化学工業協会［The Association of European Chemical Companies］は、フロンガスの使用を禁止すれば世界の経済活動に影響が及ぶと警告した。(†16)

業界からの否定と警告にもかかわらず、世界中の政府の反応は速かった。目標に向かって足並みを揃えるさまは、見ている者に郷愁すら感じさせた。一連の会合と交渉の後、24カ国と欧州経済共同体（EEC）は、オゾン層を破壊するフロンなどの化学物質の使用を削減するための一連の手続きを定め、議定書に署名した。(†17) そのセレモニーは1987年9月にカナダのモントリオールの国際民間航空機関の本部でおこなわれた。この「モントリオール議定書」は、当初は12年未満で世界のフロンを50%削減することを目標とし、国連に加盟するすべての国がこれに賛成した。

やがて、その目標はあまりにも控えめだったと判明した。ひとつには化学品メーカー側の変化があったためだ。既存の化学品の段階的廃止は、新しい物質の特許で利益を得るすばらしいチャンスだと気づいたのである。[†18] モントリオール後の会合では対象となる化学物質の使用を75％削減、さらに100％、そして期限を10年に縮小することで合意がかわされ、署名がおこなわれた。企業の利潤追求のほかに目標達成が早まった理由は、フロンを製造するメーカーと業界が比較的少数だったため、ひとつひとつの目標の達成が容易だったという事情がある。化学物質そのものは世界中に広がっていたが、供給源の特定は簡単で、削減への同意をとりつけることが可能だった。

国連の事務総長コフィー・アナンは次のように述べている。「おそらく、今日までもっとも成功した国際的協定は唯一モントリオール議定書だけだろう」[†19]。まったくその通りだろうと思う。2016年の研究者チームの報告によれば、フロンの削減が功を奏してオゾンホールは当初の予想よりもずっと速いペースでふさがってきた。[†20] 2000年と比較すると400万平方キロメートルあまり小さくなっている。インドの国土よりも大きな面積である。人間の活動がオゾン層に与える影響について他に先駆けて研究したパウル・クルッツェンは、マリオ・モリーナとF・シャーウッド・ローランドとともに1995年にノーベル化学賞を受賞した。

これに対し、地球温暖化をもたらす温室効果ガス排出の削減に関する国際協定は困難を極めた。その理由については第15章で取り上げる。

人としての義務と動物

動物好きな人は多く、大切に保護したいという思いは人々に共通している。象徴的な動物、威厳がある動物、写真に撮るとよく映える、かわいい、といった動物はとくに人気が高い。仮にウミヤツメ――まるい口に歯がびっしり生えて消化器系がくっついているというグロテスクな姿で、海に生息する寄生性の原始的な生き物――が絶滅の危機に瀕しているとしたら、果たしてどれほどの人が関心を抱くだろう。一方、カナダを始めとする国で毎年おこなわれるタテゴトアザラシの狩猟には世界中から怒りと抗議が向けられる。タテゴトアザラシは絶滅危惧種ではなく、カナダ政府は豊富に生息する動物に分類しているのだが(十21)、タテゴトアザラシの子どもは真っ白で目が大きく、おそろしくかわいらしい姿をしているからだ。

これはけしからん、どんな生き物も私たちの仲間であり、大切にしたいという気持ちに偏りがあってはならない、と議論したいわけではない。それより、人間に本来備わっている、他の生き物を守らなければという気持ちに注目したい。人間のせいで他の種を絶滅に追いやってはならないという気持ちは多くの人に共通している。すでに私たちは種を絶滅させ、いまのところ復活させることはできていない。そんなことを繰り返したいと思う人はそうはいないはずだ。

ジュリアン・サイモンとポール・エーリックの賭けに詳しい人なら、種の絶滅をさほど心配することはないと考えるかもしれない。生き物に対する私たちの思いはどうであれ、肉、皮、羽毛などの動物製品もアルミニウム、銅、カリウムなどと同じく資源なのだと主張するだろう。確かに、資源が稀少になれば価格は上昇するとサイモンは指摘した。そして必死で代替物をさがすようになり、資本主義とテクノロジーの進歩がそれを後押しする。その結果、稀少になった資源は市場でのニーズが減っていく。それが動物であれば、市場という脅威が去って自然と個体数が増えていく、という考え方だ。

しかし、資本主義とテクノロジーの進歩をあてにして動物資源の脱物質化を楽天的にとらえるべきではない。理由はふたつある。第一に、生物学上の理由だ。高くつくから、などの理由で動物を殺すのを止めても、すでに個体数が減り過ぎてもはや取り返しがつかない可能性がある。その一例がアメリカのリョコウバトだ。無数とも思われたリョコウバトは狩猟の結果、著しく個体数が落ち込み、狩猟が禁止されて以降も繁殖で増えることはなかった。動物園で飼育して交配させようと試みたがうまくいかず、リョコウバトの最後の一羽、マーサは1914年にシンシナティの鳥かごのなかで命が尽きた。

本能との戦い

価格が高くなれば動物は絶滅を逃れることができる、とはいかない第二の理由は、人間はなぜか高い価格に目が眩んでしまうからだ。たいていの場合は、同じ製品のまま価格が上がれば需要は下がる。ところがそうはいかないのが、「ヴェブレン財」だ。これは価格が上がると、さらに需要が高まる。顕示的消費という言葉をつくったアメリカの経済学者で社会学者のソースタイン・ヴェブレンにちなんで名づけられた。豪華な車、ブランド服、ファインアートなど高額であることが高く評価され、所有者が富と地位の高さをアピールできるもの、それがヴェブレン財だ。

　そのヴェブレン財に一部の動物製品が含まれていることが、悲劇をもたらした。第３章で見たように、19世紀後半にラッコの個体数は激減して毛皮の価格が10倍に跳ね上がった。[†22] しかしこれは代替物をさがそうという動きにはつながらなかった。なぜなら誰も代替物を望まなかったからだ。人々はますますラッコの毛皮を欲しがった。ヴェブレン財は経済学の定義には当てはまらない。１９１１年にラッコの狩猟が国際的に規制されていなければ、絶滅の道を辿るしかなかっただろう。

　バイソンの個体数が激減した際にも同様のことが起きた。１８９０年代、バイソンの頭に１５００ドルもの高値がつけられたのだ。[†23] これは現在の貨幣価値では４万ドル以上に相当する。そのままであったなら、おそらく20世紀初頭、北米の最後の稀少なバイソンを殺す権利を巨額で売りつけようとする悪党が出てきていたに違いない。

　幸い、そうはならなかった。市民の自覚と反応する政府という組み合わせがバイソンを救った。多様な利益団体が協調してバイソンを守り、絶滅の危機を回避したのである。牧場経営者、スポーツハンティングの愛好家、19世紀始めの荒涼とした辺境の地にノスタルジアを抱くロマンティスト、自然とのふれあいを売り物にしてツーリストをひきつけたい起業家などが協調し、政府に強く働きかけた。政府も動き、イエローストーン国立公園でのバイソンの狩猟を法律で取り締まり、他にも動物の保護地域を設け効果的な対策を取る運びとなった。

ビーバー、ユキコサギ、オジロジカなど、絶滅の危機が案じられた動物も同じように保護された。いずれのケースでも種の危機に自然保護活動家が気づき、市民に訴えかけて当事者意識を高めた。それに対し政府は、人々の問題意識とすぐれた解決策に素早く反応し、効果的な手を打って事態を打開した。繁殖という生物学的理由とヴェブレン財に群がろうとする人間の性質というふたつの理由から絶滅の危機に瀕していた動物は、こうして救われたのである。

保護すべき動物として、ぜひゾウも加えたい。アフリカのゾウの個体数は、1500年代にヨーロッパ人が探索と開発を始めた当時は2600万頭であったと推定されている。(†24) 象牙は製品としても狩猟の戦利品としても人気をあつめ、個体数は減っていった。1913年までに約1000万頭、1979年までに130万頭に減少した。密猟を取り締まる法律はあったものの徹底的に執行されず、象牙の大規模な違法取引はいっこうに止まず、中国（世界で最大の象牙市場）の所得の急増も影響してゾウの個体数はなおも減りつづけた。2016年のゾウ個体数大規模調査では、アフリカ大陸全体で35万頭をわずかに上回るだけという結果だった。(†25)

明るい話もある。ケニア、ザンビア、ボツワナなどアフリカ諸国ではゾウの群れをうまく管理し、個体数は着実に増えているという。(†26) さらに、2017年末に中国は象牙の販売をほぼ完全に禁止した。この禁止措置が広く受け入れられた背景には、バスケットボールのスーパースター、身長229センチメートルのヤオ・ミンの影響力がある。彼は2014年にゾウの密猟と個体数の減少を取り上げたドキュメンタリーで主役を務め、「あそこには私よりも大きな動物がたくさんいる」とアフリカへの思いを語った。(†27)

市民の自覚と反応する政府という組み合わせは、中国の象牙の需要すら減らすことができる。そんな手応えを感じる。ケニアの保護組織セーブ・ザ・エレファンツの2017年の調べでは、中国国内の新品の象牙の市場では、3年間で卸売価格が50%あまり下落していた。(†28) 買い手がいない、政府が売らせない、そんな状況では象牙を購入して彫刻しようとは思わなくなる。

市民の自覚と反応する政府が嚙み合わないとき

公害という負の外部性、動物の保護に、市民の自覚と反応する政府の組み合わせは決定的な役割を果たした。ただし、このふたつの要素のどちらかがうまく機能しなければ、発展と環境への深刻な影響につながってしまう。

近年の具体的な例としては、グリホサートに市民が抵抗し、ふたつの要素が噛み合わなかったケースがある。グリホサートは「毒性に関しても環境に対しても安全」ですぐれた効果のある「驚異的な除草剤」と呼ばれていた。[†29] 1974年に登場し、世界各地で広く使われるようになった。人気が出るにつれて厳しく精査もされたが、注意喚起されるような結果は出ていない。2000年に安全性についての包括的な検査がおこなわれ、次のような明快な結論が出た。「現在の、そして想定でき得る状況での使用で、除草剤〔グリホサート〕が人間の健康にリスクを及ぼすことはない」[†30]

その頃、市場にはグリホサートに耐性を持つように遺伝子組み換えされた作物が登場していた。開発し売り出したのはセントルイスに本社を置くモンサントである。同社はさまざまな理由が重なって好感度も信頼度も圧倒的に低い。[*] モンサント製のグリホサート系除草剤は「ラウンドアップ」という商品名で、遺伝子組み換え作物（トウモロコシと大豆の種子が最初に売り出された）は「ラウンドアップレディー」という名前だった。

こうした作物の登場をきっかけとして、多くの人々がラウンドアップを拒絶するようになった。遺伝子組み換え作物にはそれだけ強い抵抗感があったのだ。あおりを受けたラウンドアップは多くの環

＊モンサントは1960年代と1970年代に（他の化学薬品会社と同様に）枯葉剤、強力な除草剤を製造し、アメリカ軍がこれをベトナム戦争で広範囲に使用した。枯葉剤は人体に深刻な健康被害をもたらした。モンサントの悪評の一因である。さらに同社はヨーロッパで遺伝子組み換え作物の販売に関して対応を誤った。信頼を取り戻すことはできず、2018年、同社はバイエルに買収された。

境保護団体からの攻撃対象となった。(*) 2016年の時点でEUの主要5カ国の人々の3分の2はグリホサートの禁止を支持した。(†33) 禁止措置まで、あと少しのところだった。使用継続を求める農家側と、反対派のグリーンピースや環境保護団体、緑の党、その他の環境保護団体とがメディアを使った激しい攻防を繰り広げ、結局2017年後半、欧州委員会の投票により今後5年間、EU内での使用継続が認められた。(†34) フランスの大統領エマニュエル・マクロンはその決定に異議を唱え、フランスは3年以内にグリホサートを禁止すると宣言した。(†35)

マクロンは自分を選んだ有権者たちの心情には素早く反応したが、強力な科学的コンセンサスには反応しなかった。残念ながら、これはめずらしいことではない。政治家は支持者が確信していることに論理的な裏付けがなく事実と矛盾していても、そして結果として、環境と人々の健康に影響が出ることになっても、その意向を汲もうとする傾向がある。それがはっきりとわかるのが、この遺伝子組み換え作物の例である。

遺伝子組み換え作物には断固反対

遺伝子組み換え作物の安全性については、強力な科学的コンセンサスがある。2016年、米国科学アカデミーの委員会は、およそ1000の研究を精査したうえで、「こうした［遺伝子組み換え］作物は、従来作物と比べて健康被害のリスクが高いとは認められないと判断した」。(†36) イギリス王立協会、アフリカ、フランス、ドイツの科学アカデミー、アメリカ医師会を始めとする組織も、同様の調査をおこない、いずれも同じ結論に達した。グリホサートをほぼ禁止にした欧州委員会ですら、次のような見解である。

「約25年にわたる研究、約500の独立した研究グループで構成される約130の調査プロジェクトの結論はおおむね、バイオテクノロジーとりわけ遺伝子組み換え作物そのものは、従来の植物の交配技術と比較して危険度が高いとは言えない」(†37)

それでもジェネティック・リテラシー・プロジェクトのウェブサイトによれば、農家が遺伝子組み換え作物を栽培することを許可していない国は38カ国にのぼる。(†38) EU加盟国の大部分がそれに該当し(スペインとポルトガルを除く)、ロシア、そしてアフリカの大部分も含まれる。これほど揃って拒絶す

---

*2015年には世界保健機関(WHO)の一機関である国際癌研究機関(IARC)がグリホサートを「ヒトに対しておそらく発癌性がある」と分類し、攻撃は勢いづいた。ところが、この分類がどの程度の危険度であるかというと、「赤身肉、木材燃焼による煙、ガラスの製造過程、65度を超える非常に熱い飲み物、美容師の職業など」と同じである(†31)。つまり実際の危険度はさほどではなかったのだと、作家で環境保護活動家のマーク・ライナスは指摘している。グリホサートに関して過去におこなわれた検査ではリスクが査定され、IARCは発癌性のハザードを判断したので混乱が生じた。このふたつにはあきらかな違いがある。毒物学者デイビッド・イーストモンドは、サメは人間には危険性がある、つまりハザードであるが、水族館のサメは訪れる人々にリスクをもたらさないと述べる。癌の研究者ジェフリー・カバットは次のように表現する。「ハザードという用語を使用することの問題は、実際には何も起きない可能性があるという点である」(†32)

るとなると、これはもうイデオロギーの偉大な勝利というしかない。エビデンスよりも環境保護よりもイデオロギーなのだと。遺伝子組み換え作物はウイルスや害虫への耐性が高く、日照りと暑さに耐え、肥料は少量ですむなど、さまざまな特徴がそなわるように開発されてきた。緑の革命を継続するために大いに役立ち、近年の農業の脱物質化——より少ない土地、水、肥料、除草剤からより多くの収穫を得る——を進めるためにも力を発揮する。

その遺伝子組み換え作物の使用を禁止すれば、環境はもちろん人間にとっても痛手となる。わかりやすい例がゴールデンライスだ。これはビタミンA前駆体のβ-カロテンをつくるように遺伝子操作したコメである。ビタミンAは幼い子どもにはたいへん重要だ。ところがアジアとアフリカで離乳食として多くの乳児が食べるお粥には、ビタミンAが十分に含まれていない。ユニセフによれば、毎年約50万人の子どもがビタミンA不足から失明し、失明から1年以内に半数が亡くなるという。ビタミンA不足が原因で亡くなる人々の数を合計すると、年間100万人あまりになると思われる。(†39)

見た目が金色に近いことからゴールデンライスと名づけられたこのコメは、何年も前から販売されている。安全性についてはアメリカ食品医薬品局（FDA）、オーストラリアとニュージーランドの食品基準機関、カナダ保健省がお墨付きを与えている。(†40) 特許で保護されているが、途上国では無償で使える。(†41) それでも多くの団体はゴールデンライスに断固反対を唱えて譲らない。グリーンピースは、ゴールデンライスの解禁は「環境面で無責任、食糧と栄養の安全性、財務面の安全性を損なう可能性

がある」と強硬姿勢だ。[†42]

エビデンスと世論の力

アメリカ合衆国は世界最大の遺伝子組み換え作物の生産国である。半数を超えるアメリカ人が、遺伝子組み換え作物は従来の作物と同等に安全である、あるいはもっと安全だと確信している。[†43]これだけを見れば、アメリカでは反応する政府と市民の自覚という組み合わせがきわめてうまく機能しているように見えるが、たとえば温室効果ガスが引き起こす環境汚染という重大な課題に関しては、まったく機能していない。

人間の活動から発生する二酸化炭素などの気体は地球の平均気温の上昇を招いている。これについては強力な科学的コンセンサスがあり、グリホサートと遺伝子組み換え作物の安全性についての合意と比較しても、非常に強力である。2017年、気候変動についてのパリ協定への参加を、アメリカの全州で大部分の人々が支持した。[†44]この協定は拘束力がなく、参加国はそれぞれの目標を設定することができるのだが、それでもドナルド・トランプ大統領はアメリカの離脱を決めた。気候変動についての現在の最高レベルのエビデンスにも、民意にもトランプ政権は反応しなかった。2012年にトランプは次のようにツイートしている。「地球温暖化は、中国がアメリカの製造業の競争力を失わせるための捏造である」[†45]。これが政府の指針となった。

第15章では、どうすれば気候変動に適切に対応できるのかを考えていきたい。気候変動、グリホサート、遺伝子組み換え作物と、科学的コンセンサスとエビデンスがありながら市民の自覚も反応する政府もうまく機能しなかったのは、じつに残念だ。

〈希望の四騎士〉

〈希望の四騎士〉として、私はテクノロジーの進歩、資本主義、反応する政府、市民の自覚を挙げたい。4つの要素が揃っていると、私たちは地球に負担をかけずに豊かになれる。脱物質化で資源の消費を減らし、公害を減らし、ともに生きる動物を大事にしていくことができる。

夢物語のように聞こえるだろうか。私はあくまでもエビデンスをもとに語っている。〈希望の四騎士〉が協調している国々では、人類がこれまでに経験していないことが——資源の消費、公害、土地の使用を増やすことなく、経済を成長させた。地球を、そして生命をいままで以上に大事にしている。完璧にできているとはいえないが、多くの国が実行し、よりよい結果を出している。

環境に配慮するのは豊かな国だけにできる贅沢、という批評のしかたはあるだろう。それを全面的に否定するつもりはないが、まずは基本的な問いかけをするべきではないか。豊かになる国と、ならない国があるのはなぜだろう？

豊かになる制度

もっともふさわしい答えは、経済史家ダロン・アセモグルと政治学者ジェイムズ・A・ロビンソンの研究にあると私は考える。彼らの著書『国家はなぜ衰退するのか』［邦訳：早川書房］によれば、豊かな国々と貧しい国の違い、そして長期的に成長できる国と、断続的な成長に留まる（あるいはまったく成長できない）国との違いは、国の制度にあるという。

制度は社会のための「ゲームのルール」である。経済学者ダグラス・ノースの定義は、「人間同士のやりとりについて人が考案した制約」と明快だ。(†46) 制度を特徴づける3つの重要なポイントは次の通り。まず、人々によって考案されたものである（アメリカの裁判と労働組合は制度であるが、アメリカの気候と山脈はそうではない）。さらに、制約を課すものである（アメリカの速度制限は、運転の際の最高速度を制限し、礼儀作法はディナーの席でやたらに大きなゲップをしないように制約を課す）。そして、制度はインセンティブになる（免許証を取り上げられるのも刑務所に入るのも嫌だから、スピード違反をしない。ぽつんと1人きりで食べるのは嫌だから、ディナーの席ではゲップをしない）。

アセモグルとロビンソンは経済制度を大きくふたつに分類する。第一は、包括的な経済制度である。これは、「大量の人々の参加をうながし、そこで各々の技能を最大限に活用できる」制度だ。包括的制度の最大の特徴は、誰でも自分で獲得したものは自分のものにできる点だ。「包括的制度には、個人資産の保証、公平な法体系、公平に交換と契約をするための公的な仕組みが欠かせない」と記されている。[十47]

もうひとつは、アセモグルとロビンソンが収奪的と表現する経済制度であり、言うまでもなく、包括的制度とは対照的だ。大半の人は成功する可能性が事実上ゼロ（いちばんわかりやすい例は奴隷）。富は少数のエリートの集団が特権的に獲得し、それを維持する。

形としては包括的制度だが、実態は収奪的という国はいくらでもある。アセモグルとロビンソンは次のように指摘する。アメリカ合衆国も中南米諸国も、憲法と成文法が整備されているところまでは同じだが、中南米の一部の国では法律が法律として機能していない。裁判所の権限は弱く、裁判そのものがいい加減である。役所の手続きなどは煩雑で膨大であり、腐敗が蔓延している。結局実質的に成功できるのはエリートだけ、ということになる。

これをふまえて、脱物質化と〈希望の四騎士〉、そして豊かさについて改めて考えてみよう。第7章では資本主義とテクノロジーの進歩が脱物質化を可能にして、資源消費量が増えるばかりの工業化時代とは異なるパターンの経済が実現していると述べた。私が定義する資本主義とは、アセモグルとロビンソンの包括的制度に大きく重なる。たいていの人が発展し豊かになる機会があり、市場で成功する機会が公平に与えられ、自分が獲得し築いたものを自分のものとして維持できる。

公害が深刻な被害をもたらすと知れば、それを歓迎する者はいない。昔から、人は裕福になるにつれて、よりきれいな空気、土地、水を求めてきた。公害は負の外部性（しかも強烈な）であり、資本主義だけではなかなか解決できない。クリーンな環境を実現するには、政府が素早く反応して法令を整備する必要がある。アセモグルとロビンソンが包括的制度の特徴として、「公的な仕組みが欠かせない」と指摘したように。

そしてもうひとつ、特定の動物が市場で売買されることがないように、市民の自覚と反応する政府という組み合わせが必要だ。さもなければ、すべて資本主義に食い尽くされてしまう。中国では象牙の売買に関してヤオ・ミンらの働きかけで人々の意識が変わり、政府は最近、正式に象牙の売買を禁じた。中国はこうして制度を変えたのである。市民の自覚と反応する政府というふたつの組み合わせが功を奏した。

〈希望の四騎士〉が揃えば何が実現するのか、〈四騎士〉の気配がほとんどなければどうなるのか、それを知るための例を紹介して本章の締めくくりとしよう。

〈四騎士〉と自動車

アメリカでは1970年の大気浄化法の改正で、自動車とトラックが排出する汚染物質を環境保護庁（ＥＰＡ）が規制できるようになった。以来、効果的な対策で車両からの汚染物質の排出は減った。ＥＰＡのウェブサイトには次のようにある。「１９７０年の車種と、いまの車、ＳＵＶ、ピックアップトラックを比べると、一般的な汚染物質（炭化水素、一酸化炭素、窒素酸化物、粒子状物質の排出）は99％減少した。新しい大型トラックとバスは１９７０年のモデルよりも99％クリーンである」[†48]。「合理的楽観主義者」を自任する作家マット・リドレーはずばりと表現する。「いまどきの車がフルスピードで走行して出る汚染物質は、１９７０年に駐車中の車からオイル漏れで出る汚染物質よりも少ない」[†49]

こうした改善とともに燃費も向上した。１９７３年、アラブ諸国が原油の禁輸措置に踏み切ると、アメリカでは俄然、燃費向上への取り組みに拍車がかかった。禁輸措置でガソリン価格が高騰し、アメリカ人の多くは大きくて燃費の悪い車を敬遠するようになった。政府も反応した。１９７５年、自動車メーカーに燃費のよい車両を製造するように命じる企業別平均燃費基準（ＣＡＦＥ）が、議会で定められた。

自動車メーカーはそれを実行した。全体としての燃費は、1ガロン当たり１９７５年には15マイル［1リットル当たり約6キロメートル］未満だったが、１９８３年には約25マイル［同約10キロメートル］に向上し、ＣＡＦＥ基準の１９８５年の数値をすでに満たしていた。この間、技術者は燃費基準の達成を優先したため、エンジンの平均馬力は下がった。[†50]ＣＡＦＥ基準はすぐに引き上げられることはなかったため、自動車メーカーはふたたび馬力に力を注ぎ、１９８３年から２００７年の間に平均で約2倍になった。

２００７年には新たな基準値が設けられた。今回は外国産の石油への依存度を下げるとともに、温室効果ガス排出を減らそうというもくろみがあった。自動車メーカーはふたたび燃費向上に力を注ぎ、２００７年から２０１６年までの間に、全体として1ガロン当たり5マイル［1リットル当たり約2キロメートル］を超える燃費効率のアップを実現した。しかし今回は馬力を後回しにすることなく、同時期に平均10％あまりアップさせた。

燃費も馬力も同時並行でアップできたのは、技術者がデジタル技術を始めとする〈セカンド・マシン・エイジ〉のテクノロジーを駆使したからだ。さらにこの時期から、エンジンそのものが脱物質化した。ブルームバーグの２０１７年の記事は、「アメリカで走る自動車のエンジンは小型化して、40年前の約42％になっている」と報じている。(†51)

この例には〈希望の四騎士〉すべてが揃っている。市民はきれいな空気を望み、政府が対策を講じてそれが実現した。人々は車に馬力と燃費のよさを求め、資本主義とテクノロジーの進歩によってそれが叶えられた。さらにテクノロジーが進歩し、馬力と燃費のよさを同時に叶えることもできた。政府がＣＡＦＥ基準を設定することで、事態は大きく変化した。具体的な基準値が示され、自動車メーカー各社は本腰を入れて燃費の向上に情熱を注いだのである。

こんどはまったく異なる例を紹介しよう。20世紀後半のソ連でおこなわれた捕鯨の顚末は、悲劇を通り越して滑稽ですらある。ソ連は1946年の国際捕鯨取締条約の加盟国であった。第3章で述べた通り、商業捕鯨によって世界最大の哺乳類が何百万頭も殺され、一部の種はほぼ絶滅した。その直後にこの条約が締結された。ソ連は他の調印国と同じく、年間捕獲量を厳しく制限され(*)、捕獲量を報告した。

騎士が少ないと、クジラが減る

ところが、生物学者ユリア・イワシェンコとフィリップ・クラパムの調査によれば、実際にソ連は1948年から1973年の間に、報告よりも18万頭多く殺していた(†53)。このタイミングは最悪だった。半世紀にわたって大規模におこなわれた捕鯨で、すでにクジラの個体数は深刻なレベルにまで激減していたのである。たとえば北大西洋のセミクジラは、1960年代にロシア人によってわずか3年間で絶滅に近いところまで追い込まれていた。生息数が回復することはないかもしれない。

ソ連の捕鯨は、規模も時期もひどかった。それ以上にひどかったのは、彼らの捕鯨になんの意味もなかったことだ。ロシア人は獲ったクジラをいっさい食べなかった。日本人の捕鯨船が銛を撃ち込んで仕留めたクジラは、その90%が製品になるのに対し、ソ連の船員はクジラの脂肪(体重の約30%)だけを取って死骸を海に投げ捨てていた。

脂肪は鯨油にされた。だがソ連は石油の埋蔵量が豊富で、すでにエネルギーの自給自足ができていた。では、なぜ大量のクジラを獲りつづけたのか？　ソ連の捕鯨船に乗り組んだ経験のあるロシアの化学者アルフレッド・ベルジンは、回想録でその驚くべき理由を明かしている。「計画をなんとしてもやり抜く！」ためだったと。(†54)

ベルジンの『*The Truth About Soviet Whaling: A Memoir*（ソビエトの捕鯨の真実——回想録）』［未邦訳］には、ソ連の官僚組織が作成する大掛かりで柔軟性に欠けた経済の計画が、多くのクジラを破滅に追いやったことが記録されている。(†55)捕鯨は漁業の一部だった。漁船の評価を決めるのは、市場の需要にどれだけ応えられたか、ではなく——中央で計画を立てるソ連の役人たちは需要、供給、価格といった市場シグナルを排除して経済を運営した——総トン数や捕獲したクジラの重さの合計だった。ソ連の漁業を計画的に成長させるには、使い途のないクジラをもっと殺すだけでよかった。

この捕鯨がおこなわれた時期にソ連の漁業大臣を務めたアレクサンドル・イシコフは、計画遂行能力を称えられ、社会主義労働英雄の称号を受けた。ベルジンは回想録に次のように記している。「ある科学者が破壊的な捕鯨からクジラの資源を守ろうという思いで、自分の子や孫の世代のことを持ち出して大臣に訴えた。イシコフの反応はぞっとするほど冷たく忌まわしいものだった。彼の口から

＊当初の条約では世界全体の捕獲枠は年間1万6000頭（ナガスクジラ換算）で、国別に割り当てられていなかった（†52）。

は、ソ連の経済体制の墓石に刻みつけておくべき言葉が出た。『そんな子や孫に、私を解任する権限はない』」

〈希望の四騎士〉のうち、ここに登場しているのは唯一、テクノロジーの進歩だ。捕鯨砲、ヘリコプターを使った探索、捕鯨母船などのテクノロジーは、ロシアの捕鯨を残酷なまでに効率的にした。だが脱物質化においてテクノロジーの進歩の相方となるはずの資本主義は影も形もない。ソ連経済では、船長は自分の漁獲を売る必要はなかった（重量だけを測ればよかった）ので、顧客や市場が発するシグナルとはいっさい無縁だ。捕鯨船員はクジラ以外は獲ることができず、転職することもできなかった。人々がどんな仕事をするのか、何をどのように使うのかも、すべてが中央で計画されていたのである。プロフェッショナルとして自分の才覚を生かしたり、財産権を主張したりするのは、資本主義という異端が説く考えであった。

環境保護に有効なのは市民の自覚と反応する政府の組み合わせだが、それも存在していなかった。ソ連には報道の自由がなかったので、捕鯨のことも、それ以外のあらゆることも国民はなにひとつ知らされていなかったのだ。1972年までソ連の船は国際的な監視の目からうまく免れ、取り返しのつかない被害をもたらしていた。[†56] ソ連政府は自国民の意向にも、すぐれたアイデアにも、いっさい反応しなかった。生産に需要と供給を反映させよう、クジラを片っ端から殺すのは止めよう、という提案があったとしても。

第10章

〈希望の四騎士〉が世界を駆け巡る

闇がしだいに消えてゆき、光が満ちてくるのを見てきた。ひとつ、またひとつ、障害が取り除かれ、間違いが正され、偏見がやわらぎ、禁止事項が取り下げられ、私の仲間は人としての幸福のあらゆる面で前進を続けている。

――フレデリック・ダグラス、ワシントンＤＣにおける演説、１８９０年

ここまでの数章の内容を簡単にまとめてみよう。第1回アースデイ後、私たちは消費と経済において脱物質化という大きな転換を経験している。その立役者となったのはテクノロジーの進歩、資本主義、反応する政府、市民の自覚、つまり〈希望の四騎士〉だ。また、生産活動を健全化する過程でも、この〈四騎士〉の存在は大きい。人を奴隷にしない、強制的に土地を奪わない、児童を工場労働に従事させない、絶滅危惧種を保護する、公害を大幅に削減することも健全化の一端だ。〈希望の四騎士〉の最近の活躍に目を向けてみよう。どんな大きな変化をもたらしているだろうか。これからの章で3つの例を取り上げていきたい。〈四騎士〉はいずれも、この数十年で目をみはる発

展を遂げた。テクノロジーの進歩、資本主義、反応する政府、市民の自覚はかつてないスピードで世界に広まっている。これはもっと評価するべきではないか――同様に、脱物質化も過小評価されている――と感じているので、まずはそれについて明確にしておきたい。〈四騎士〉がどれほどの力を発揮するのか、十分に理解するために。

恩恵はすべての人に

2016年、世界全体で電話の普及率が水洗トイレ(†1)や水道を上回った。(†2) 翌年、エコノミスト誌は次のように報じている。「[アフリカの]多くの場所で、電気よりも携帯電話を持っている人の数が勝り、多くの人は電波がある所まで、あるいは電話の充電をするために何マイルも歩かなくてはならないが、まったく苦にならない(†3)」。こうした発展からわかるように、工業化時代はすでに2世紀前には始まっていたのに、それよりも先に〈セカンド・マシン・エイジ〉が訪れた場所が世界にはたくさんある。

大規模な電化と街全体の屋内配管は1世紀あまり前に実現したが、まだその恩恵に浴していない人々は世界中に大勢いる。その一方で、デジタル通信は携帯電話という形態であらゆるところに普及している。世界銀行の概算によれば、2016年の世界中の契約数は地球の総人口よりも多かった。(†4)(*)

2000年には、携帯電話の契約数は100人につきわずか12台分だった。まさに目にも留まらぬ速さでテクノロジーが世界に広まったのである。

デジタル機器は急速に広まるとともに、急速に高性能になっている。2017年には世界中で15億台のスマホが売れた[†5]（スマホ以外の携帯電話は450万台である[†6]）。まさにハイスペックの小型のコンピュータだ。インドで2018年にもっとも人気が高かったスマホJio F90Mは[†7]1・2ギガヘルツのデュアルコアCPUを搭載、512メガバイトのRAM、ストレージは128ギガバイトまで拡張可能である。[†8] 2006年にアメリカでアップルが発売したMacBookのスペックに相当する。

こうしたデバイスは人とのやりとりに限らず、さまざまに活用できる。複雑な計算も、インターネットで人類の豊富な知識にアクセスすることも可能だ。しかも無料で。[**] そんなことは、ごく最近まで世界で一握りのエリートだけに許された特権だった。作家で起業家のピーター・ディアマンディスは2012年に次のように考察している。「マサイの戦士がいま、ケニアのまんなかで使っている携帯電話は、25年前に大統領が使っていた機種よりも性能がよい。スマホでグーグルを使えば、わずか15年前のアメリカ合衆国大統領がかなわないほど多くの情報にアクセスできる」[†9]

どれほど貧しくても、どれほど弱い立場にあっても、その多くがいまは情報にアクセスできる。世

＊複数の携帯電話の契約をしている人が多いということだ。開発途上国では、低料金と特典目当てで当たり前のように契約変更する。
＊＊より正確を期すと、限界費用ゼロで。

界銀行の推計によると、2016年には世界の人口の45%あまりがインターネットを利用していた。(†10)低中所得者層もインターネットを利用しており、中南米とカリブ海諸島では高所得者層以外の55%が、中東と北アフリカでは43%が、サハラ以南のアフリカでは20%が利用していた。そして世界でもっとも所得が低い人々の12%も。この数字がさらに増えることを期待したい。ここまでの道のりを思えば、実現しないはずがない。何しろ2000年の時点では、金持ちであってもなくてもこの地球上でインターネットを利用していたのは、全人口の7%に満たなかったのだ。

テクノロジーの進歩がこれほどのペースで実現している時代は、過去になかったはずだ。1世代経たないうちに、地球上の大部分の人が密につながる世界ができあがった。そして人工知能や数々の偉大なイノベーションがますます進化させている。支えているのは、小型で強力なセンサー、クラウドコンピューティング、GPS、速度もコストも優秀なプロセッサなどが欠かせない。繰り返しになるが、新しいテクノロジーの数々が世界をふたたびつくり変えている。前回の工業化時代との違いは、圧倒的なスピードである。

巨大化する市場

資本主義も、近年は世界中に広まりを見せている。中国では毛沢東の死から2年後の1978年、中国共産党中央委員会において、国家の新たな経済政策が決定した。なにごとも中央が計画し、世界で主流となっている私有財産権と国際取引を忌み嫌うマルクス主義的な政策からの大胆な転換である。これを主導したのが、当時の最高指導者、鄧小平だ。

新しい政策、いわゆる「改革開放」政策は「中国の特色ある社会主義」とも呼ばれたが、それよりふさわしいのは「資本主義の特色がある中国の権威主義」だろうか。改革の手始めとして、農民が自分でつくった作物を所有し売ることを認め、海外からの投資を受け入れ、起業家の創業を許可した。

1978年、人口9億5000万人あまりの中国は、こうして資本主義の経済体制に加わる道を歩み出した。1985年のタイム誌のインタビューで、鄧小平は「社会主義と市場経済には、根本的な矛盾はない」と驚くべき発言をしている。(†11)

鄧小平と足並みを揃えるように、ソ連ではミハイル・ゴルバチョフが経済の開放と経済改革について公然と発言するようになった。1985年、当時ソ連共産党の書記長であったゴルバチョフはレニングラードでおこなった演説で、ソ連の成長速度が鈍って多くの人々がひどく貧しい状態に置かれていると率直に認めた。そして鄧小平と同様の解決策を示した。中央政府による計画の比重を減らし、国際取引と市場経済に力を注ごうというものだった。一連の改革が続いた。もっとも急進的だったのは、1988年の協同組合法である、1928年にスターリンによって禁じられていた国内の民間企業が、ようやく許可されたのだ。

こうした変革もむなしく、ソ連は崩壊へと向かった。クレムリンで掲揚されていた鎌と槌の紋章のついたソ連の国旗は1991年のクリスマスの日におろされ、二度とあがることはなかった。それからまもなく、ゴルバチョフは大統領職を辞する文書に署名し、それとともに、ソ連を構成していた15の共和国は六十余年ぶりに自治権を取り戻した。署名する際、ゴルバチョフはソ連製のフェルトペンを使ったが書けなかったため、CNNの社長トム・ジョンソンから万年筆を借りた。[†12] 署名とともに、鉄のカーテンで隔てられていた4億人あまりの人々はソビエト式社会主義と別れを告げた。[†13]

同じく1991年に、インドでは財務大臣マンモハン・シンが国に大きな変革をもたらす予算を提出した。切迫する国の財務状況を、いわば逆手にとる大胆な提案であった。当時のインドは石油ショック、多額にのぼる公共支出、経済成長の鈍化、その他の要因でデフォルト寸前だった。デリーの外貨準備高は輸入決済2週間分まで落ち込み、借金の担保として47トンの金をイギリス(1947年までインドの宗主国であった)に緊急空輸するという屈辱的な状況に追い込まれていた。

シンが提示した経済政策は、その状況を根本から変えようとするものであった。[†14] ルピーの切り下げで国際市場でのインド製品の競争力を高める。これは外国からの投資を呼び込むことにつながる。さらに、誰が何をつくるのかを厳しく制限していた許認可制度を大幅に簡略化し、企業活動や創業を妨げる複雑な規制を緩和することも盛り込まれていた。

新たな経済政策を導入するにあたって、シンはヴィクトル・ユーゴーの言葉を引用した。「ある思いを果たすのにふさわしい時が訪れれば、この世のどんな力もそれを止めることはできない」。シンが実現しようとした発想は、インドの資本主義化である。実現後も多くの制限と規制は残ったが、もはやインドはこれまでのインドではなかった。エコノミスト誌は次のように伝えている。「1991年という年は……経済史に燦然と刻まれるだろう。中国共産党が開放政策の採用に踏み切った1978年12月、イギリスが穀物法廃止を決定した1846年5月とともに」[†15]。インド国民8億4000万人は、じつにすみやかに新たな経済環境になじんでいった。中央集権的な計画経済の色合いが薄くなり、自由市場への参入と競争および自発的交換が活発になった経済環境に。

こうして1978年から1991年までに21億人――1990年の世界の総人口の約40%――が、ほぼ資本主義に近い経済体制のもとで暮らしを営むようになった[†16]。これほど多くの人々が短期間のうちに経済的自由へと移行したケースはないはずだ。ソ連と中国が共産主義を採用した時とは比べ物にならないほどの規模とスピードである。1917年のレーニンの十月革命、そして1949年に毛沢東が率いる人民解放軍の勝利から、じつに30年以上かかっていた。

こんどは1991年以降について見てみよう。資本主義は引き続き広まっていったのだろうか。先述したベネズエラを始めとして、社会主義の悲惨な実験は続いた。だが、決して広まったわけではなく、むしろ例外的な部類に入る。ヘリテージ財団は1995年以降、事実上世界のすべての国の経済自由度指数をまとめている[†17]。経済自由度指数とは、4つのカテゴリー――法制度、政府の規模、規制の効率性、市場の開放性――を数値化して「経済の自由度」を示すものだ。

1995年以来、この指数は世界全体で57・6から61・1と6％上昇した。数値を押し上げたのは、おもにヨーロッパである。かつての共産主義国が次々に資本主義国となり、ヨーロッパ全体のスコアは1995年から2018年までにほぼ20％増加した。それ以外の地域では、ゆるやかではあるが数値は上昇している。唯一の例外は中南米で、全体として経済の自由度は23年間でやや下がった。

第7章で見た通り、テクノロジーの進歩と資本主義は天才の火に利益という油を注ぐ最強の組み合わせだ。テクノロジー・アナリスト、ベネディクト・エヴァンスが一例として挙げたのは、近年、世界中の人々に恩恵をもたらしたモバイル通信とコンピューティングだ。[†18] 国営企業が電気通信事業を独占している国では競争がなく、立ち遅れている。ブラジルでは通信事業を独占していたテレブラスが1998年に国営から民営化されていることを挙げ、エヴァンスは次のように述べる。

「［テレブラスから］分割民営化されたテレスプ［サンパウロ地域の固定電話会社］をテレフォニカが買った時、サンパウロの人口2000万のうち700万人もの人々が回線の開通作業を待っていた。また、電話番号が入れ替わってしまうのもよくあることだった」。テレブラスは人件費をかなり水増ししていたらしい。「書類上、本社ビルで働いているとされる社員全員を収容するだけのスペースがないことが、テレフォニカによりあきらかになった」。サンパウロの事業者のうち、45％は電話がまだ引かれていなかったと思われる。[†19]

エヴァンスは、テクノロジーの進歩と資本主義の組み合わせがいかに大事であるかを語っている。「地球の人口の80～90％にモバイル通信の電波が届いており、50％が電話を所有し、その割合はさらに増えている。［テレスプ］……などが、果たしてそんなことを実現できただろうか？　不可能だ……。50億人が電話を、25億人がスマホを持つなどという快挙を成し遂げたのは、なんといっても自由市場と許可のいらないイノベーションの力だ」

そう、まさにその通りだ。

進化する各国政府

前章では中国の大気汚染削減について取り上げた。これは独裁政権が自国民の意向に沿って反応できた例だ。しかし独裁政権は往々にして一般国民の意向よりも目標の達成を優先する。そうした独裁体制が世界中で下火になり、民主主義が普及している現状を見ると、政府のすばやい反応にさらに期待できそうだ。

1988年には人類の41・4％が民主主義体制で暮らしていたと経済学者マックス・ローザーは弾き出す。[十20] そこから18年足らずのうちに約40％増加した。その後、民主主義は少し後退し、2015年には総人口の55・8％に。それでも代議政治に移行する近年の傾向はしっかりと続いている。独裁政権下にある人々は2015年には地球の総人口の23%あまりだったが、継続的に減少している。ローザーは次のように述べる。「指摘しておきたいのは、世界で5人のうち4人が中国の独裁制のもとで暮らしているという事実だ」

しかしながら、民主主義体制ではありながら、近年、権威主義的な色合いが濃くなっている国がある。ハンガリー、ポーランド、トルコ、フィリピン、アメリカで選出されたリーダーは、あきらかに権威主義的だ。これは喜ばしい事態ではない。第13章で詳しく取り上げていこう。逆に喜ばしいのは、大半の民主主義体制の盤石さだ。(十21) 外交政策研究者ブルース・ジョーンズとマイケル・オハンロンは2018年に、次のように指摘している。

「人口1000万人のハンガリーにおいて自由民主主義の部分的な後退は発展の妨げとなり残念であるが、その心配が色褪せるほど、人口2億6100万人のインドネシアでは民主主義が躍進している……韓国は今年始めに大統領が弾劾されたものの、まだ大丈夫そうだ。ブラジルも同様の政治問題を抱え、無惨ではあるが合法的に対処した。インドでは、独裁的なリーダーの野心が勢力均衡の仕組みで抑制された……民主主義を安定して維持するのは決して楽なことではない。それでも、民主主義は崩壊した、あるいは衰退の道を辿っていると決めつけるべきではない」

民主主義であってもなくても、世界の政府は国民の意向にすみやかに反応し、成果を出しているだろうか。これに関しては、さまざまな見方がある。世界銀行は1996年以来、ほぼすべての国を網羅する「世界ガバナンス指標」を発表している。[†22] そのうちのふたつ、「国民の発言力と説明責任」と「汚職の抑制」は、反応する政府であるかを知る手がかりになる（誰だって賄賂など払いたくない）。このふたつの指標の数値は、宗教、所得層の違いを超えて、20年あまり驚くほど変わっていない。つまり世界銀行のこのデータだけでは、世界の政府が国民の声に耳を傾けるようになったとは判断できない。

それよりも、政府の変化をもっとはっきり示すデータがある。政治学者クリストファー・ファリスとキース・シュナッケンベルグが開発した「人権保護」スコアだ。[†23] 人々が政治的弾圧、不法監禁、拷問、その他の人権侵害からどれだけ守られているのかを示すものである。1949年から2014年までのスコアは、調査対象国の80％において、政府による人権保護が2014年には改善されていることを示している。

反応する政府には3つの意味があると、前章で述べた。民意に素早く反応する政府、すぐれたアイデア（遺伝子組み換え作物とグリホサートの認可、温室効果ガス排出を制限するための取り組み、絶滅危惧種の保護など）に素早く反応する政府、目標を確実に達成する政府、という3つである。世界全体で人権保護スコアが着実に上昇していることから、各国政府は3つの意味すべてで反応がよくなったと考えられる。

拷問も不法監禁も本来、あってはならないことであり、各国政府によっておこなわれるケースは少なくなっている。人権保護の取り組みには、政府の実行力が厳しく問われる。容疑者を殴って自白を引き出そうとする警察官、力ずくで抗議行動を封じ込めようとする各地の公務員はいっこうに姿を消さない。いまだに世界中でそのような行為は跡を絶たないが、過去に比べれば減少している。政府が国民を弾圧するという構図はしだいに減り、いかに人権を保護するかということが重視されるようになってきた。

あなたに共感します

〈希望の四騎士〉の第4番目は市民の自覚だ。たがいを、そして地球を大事にしようと自覚すること、よりよい方法でそれを実行するという自覚である。前者の市民の自覚について、スティーブン・ピンカーは著書『21世紀の啓蒙』で、前者の市民の自覚が増えている状況を「共感の輪」が広がるというイメージで表現している。ピンカーはあくまでも楽観的だ。

「人にはもともと共感が備わっているからこそ、家族や部族の共感に留まらず、世界の人々と共感しあうことができる。冷静に考えれば、自分自身、あるいは所属する集団だけは特別な価値があるなどということはあり得ない。それを理解すれば自然と共感が生まれる。こうして、すべての人が世界市民としての権利を与えられているというコスモポリタニズムが広く受け入れられていく」[†24]

近年の事例はピンカーの主張を裏付けている。世界全体で1980年以来、死刑は急速に減り、同性愛が起訴されるケースもやはり減った。政治学者クリスチャン・ヴェルツェルにいわせれば、当然の流れだろう。ヴェルツェルは、ジェンダーの平等、個人の選択、言論の自由、政治的信条の表明などを「解放に向けた価値観」と定義し、それが着実に普及していることを実証した。1980年代始めから地球の総人口の90％を擁する95カ国の15万人を対象に実施された世界価値観調査の結果から判断して、こうした価値観の多くが世界的に支持される傾向にあるとヴェルツェルは実証してみせたのである。[†25]

その驚くべき傾向は、やがて大きな変化をもたらした。ピンカーは次のように述べる。「今日、中東のムスリムの若者たちは世界でもっともイスラム教の教えを重視する環境のなかで、もっともリベラルなカルチャーを謳歌した1960年代の若者と大差ない価値観を抱いている」[†26]。この驚くべき変化はどう説明がつくのだろうか。ヴェルツェルは、幅広いチャンスにめぐまれた境遇になると（たとえば収入があがる、政府の締め付けが弱まるなど）、人は他者もそうなるように支援する傾向があるためだと説明する。劇作家ベルトルト・ブレヒトも1928年の『三文オペラ』［邦訳：岩波書店］で書いているではないか。「まずは腹をいっぱいにする、道徳はその次だ」、と。第2章で見てきたように、工業化時代は多くの人々のお腹をいっぱいにした。そして〈セカンド・マシン・エイジ〉は、栄養面を始めとして健康的な暮らしに必要な要素をみるみるうちに満たしていった。これについては次章で取り上げるが、いったんそこまでくれば、道徳的な行動をとる人々が世界中で増えていったとしてもなんの不思議もない。

市民の自覚はもうひとつ、課題に取り組むためのよりよい方法への自覚があるが、これはたいてい教育によって高められていく。これに関しても近年の状況は、非常に心強い。1980年はそう遠い昔ではないが、15歳になっても読み書きができない人が、当時は世界全体の約44%を占めていた。2014年までに、その割合は15%未満になっている。[†27] 教育への投資は増える一方だ。マックス・ローザーは、2000年と2010年の公教育への支出のデータを比較して次のように指摘する。比較できるデータが入手できた88カ国の4分の3は、対GDP比の教育費がその間に増加していた。[*]

テクノロジーの進歩、資本主義、反応する政府、市民の自覚はいずれも、この数十年で目覚ましく勢いを増してきた。私たちが脱物質化を実現し、公害を減らし、種の絶滅を食い止めるのを助けてくれた。それ以外に、〈四騎士〉はどんな影響をもたらしたのだろうか?

大きな影響としては、おもに3つある。詳しくは、これからの3章で見ていくが、第一に、人間が置かれた状況と自然環境の両方が全般的に改善していくことに貢献した。第二に、経済活動の集中をうながした。つまり、より少ない郡、農場、工場からより多くの生産物を得て、より少数の企業と人により多くの利益がもたらされる状態だ。第三に、人と人との断絶を増加させ、社会資本を減らすことをうながした。これから見ていくように、改善は喜ばしいことだ。集中はよいことばかりでもなく、悪いことばかりでもない。断絶の増加は恐ろしい流れである。

＊対象となった国の大部分は、その間にＧＤＰも目覚ましく増えていた。したがって教育費の増加は、金額として非常に大きい。

第11章

どんどんよくなる

いったんこういうツールを手に入れたら、使わずにはいられない……貧困にあえぎ人生の可能性を塞がれている人々、というイメージはもはやあまりにも陳腐だ。それは真実ではない。

――ボノ、TEDトーク、2013年

私がオックスフォード大学のマックス・ローザーが主宰するウェブサイト、Our World in Data［データで見る私たちの世界］を好きな理由はふたつある。第一に、価値ある情報が満載である。第二に、すばらしいストーリー――明るく希望に満ちたストーリーを伝えている。Our World in Dataだけではない。ジュリアン・サイモンの『*The Ultimate Resource*（究極の資源）』［未邦訳］、ビョルン・ロンボルグの『環境危機をあおってはいけない』［邦訳：文藝春秋］、スティーブン・ピンカーの『21世紀の啓蒙』、ハンス・ロスリングの『ファクトフルネス』［邦訳：日経BP］はいずれも、私たちにとって切実なことの大半は、よりよい状態になっているのだとあきらかにしている。何もかもが、とはいかないが、大部分についてはよりよくなっている。しかも、うれしいことに自然界に関しても人に関しても、それがあきらかなのだ。

負のバイアス

では、あなたの友だち、家族は信じるだろうか。切実な問題の多くが改善されているという事実を。あなたはどうだろう？　信じられない、という反応は決して少なくない。〈希望の四騎士〉が前進するにつれて、ものごとがよくなっている状況は、なかなか客観的には評価されにくいものだ。ロスリングは次のように記している。「この20年で、極貧状態にある人々の割合はほぼ半減した。しかし、ネット上の世論調査によれば、たいていの国でそうと認識している人々は10％未満である」(十-1)。圧倒的に多くの人が、ものごとは悪化していると信じている。２０１７年にアンケート調査をおこなったすべての国で、(十-2)20年かけて貧困率が減ってきたと正解できたのは、わずか20％だった(*)。

朗報が広く伝わっていかないのはなぜか。それにはいくつかの要因が関係している。ひとつに

*世界の貧困状況について正しい情報がほとんどの人に行き渡っているのが中国である。調査対象となった中国の人々の49％は、世界中で貧困が減少したと答えた。

は、人間は基本的に「負のバイアス」がかかりやすい。つまり、悪いニュースに強く影響され、よいニュースやどちらでもないニュースに比べて記憶に残りやすい。もうひとつの要因は、センセーショナルなニュースほど大々的に報道され、どうしてもネガティブな内容が強調されやすい。「悲惨な事件はトップニュースになる」というのは、使い古されたジャーナリズムのモットーだ。

さらに重要と思われる要因は、イギリス人の哲学者、ジョン・スチュワート・ミルが1828年の演説でずばりと指摘している。「私が観察したところでは、賢者と崇められるのは、皆が絶望するなかでひとり希望を抱く者ではなく、皆が希望に満ちているなかでひとり絶望する者である」[十3]。エリート層や出版物においては、ネガティブな見解は信頼に足る緻密な考えであると見なされているようだ。そして楽観主義やポジティブな見解は、ものを知らない、情報が足りないという評価がつく。

こうした根強い見方を撥ね返したのがサイモン、ロスリング、ピンカー、ローザーらであり、彼らの業績は緻密かつポジティブという条件を満たしている。さらにいえば、綿密さを追求し、最高レベルのエビデンスを揃えて体系的に見たために、ポジティブになるしかなかった、というケースが非常に多い。それほどまでにエビデンスは確固たるものであった。

この数十年で、重要課題に関して大きな進展があったことを示す事実を、本章ではOur World in Dataなどを情報源として示していこう。短期間での大幅な改善と、ちょうどその時期に〈希望の四騎士〉が世界に活躍の場を広げたことは、前章で述べた通り決して偶然の一致ではないと私は考える。これは原因と結果であり、〈四騎士〉の活躍こそが、ものごとをよくする大きな原動力となっている。

エビデンスを示す前に、ひとつ断わっておきたい。いま現在、満足できる状態にあるなどと言うつもりはない。到底そんな状況ではないからだ。貧困、飢え、病気に苦しむ人々が、世界中にどれほどいることか。栄養失調の子ども、教育を受けられない子どもがたくさんいる。法律を整備しても、強制労働と奴隷はなくならない。私たちはいまも温室効果ガスを大気に排出し、海にプラスチックゴミを投棄し、稀少な動物を殺し、熱帯樹林を切り倒し、地球環境を損なっている。

それでも、事態がよくなっているという証明はできる。それは、すべて良好だと主張したりほのめかしたりすることとは別だ。なにより、どんなことが実を結んだのかを知るためにも、実証は必要である。それがわかれば、大きな路線変更を検討するよりも、そのままやり続けるべきだ。ロンボルグは『環境危機をあおってはいけない』で次のように述べている。「状況がよくなっていれば、このやり方でいいのだとわかる……もっとやれば、もっとよくなるかもしれない……だが基本的なアプローチは間違っていない[十4]」

この数十年、私たちの基本的アプローチに誤りはなかった。〈希望の四騎士〉が世界中をさっそうと駆け巡るにつれて、広い範囲でみるみるうちに成果が出た。この先私たちがすべきことは、〈四騎士〉をさらに速く、遠くまで到達させることだ。アクセルを踏み込み、タイヤの向きがずれたりしないようにハンドルをしっかり握ることである。

自然界の変化

まずは、私たち人間が地球に与える影響について考えてみよう。人類がもたらす最大の被害は、種の絶滅だ。

絶滅に追い込まれたのはリョコウバトだけではない。何百もの種が人間によって完全に消滅させられた。この飽くなき破壊欲で人類は、6回目の「大量絶滅」の危機を招いていると警告する識者もいる。過去4億5000万年で大量絶滅の危機は5回訪れ、地球上のすべての種の半分以上が消滅した。そういう危機に匹敵する状態に、私たちは置かれているという警告だ。

これに対しスチュワート・ブランドは、オンライン・マガジンのAeonに掲載した論文で次のように述べる。[†5]「もしも［現在の絶滅危惧種の］すべてがこれからの数世紀で絶滅し、今後何百年も何千年も絶滅率が同じままであれば、確かに人間は6度目の大量絶滅を引き起こしたと言えるかもしれない」。そしてこう続ける。絶滅が実証されたケースは比較的少なく[†6]（過去500年以内に約530が記録されている）、ここ数十年はペースが落ちているものと思われる。たとえば過去50年で海の生き物で絶滅が記録されているものはない。

種の絶滅に対する取り組みが、おもなものだけで4つ実行されているという朗報もある。第一に（SFにもっとも近い方法）、絶滅した動物のDNAを活用して復活させようという研究だ。[†7] この「脱絶滅」の主導者として知られるブランドは遺伝学者ジョージ・チャーチらとともに、ゾウを毛がふさふさしたマンモスに近い種へと変えていこうと取り組んでいる。[*] 第二に、島で生息する絶滅危惧種を保護するために、外来種の捕食動物を排除する取り組みである（島という環境で絶滅してしまう種は非常に多い）。今日まで800以上の島で種が保護されている。

第三に、世界各地で新しい種をたくさんつくりだした。ハイブリッドの家畜用バイソン「ビーファロー」など異種交配で慎重につくりだす場合もあれば、たまたまできてしまうこともある。人類が地球上を移動する際に、多くの動物も一緒に移動した。そして種分化（進化して新種になる）と雑種化（地元の生き物と異種交配する）の両方が起きた。工業化時代に人間の活動は生物学的多様性に影響を与えたが、多くの場所で結果的にそれは多様性にプラスとなったとする見方がある。生態学者クリス・トマスは次のように述べている。「ここ数百年で私たちが知る地球上の領域では、種の数が増えていると推定できるようだ」[†8]

一方ブランドは、生き物にとって最大の脅威は種が完全に絶滅してしまうことよりも、個体数の激

＊これは科学プロジェクトに留まらない。復活したマンモスが歩き回るには、気象条件も大いに重要となる。

減であると主張する。原因は過剰な狩猟と生息場所が失われていくことだ。過剰な狩猟については最近も報道され、とくに海の生物が危うい。ジェシー・オースベルも次のように指摘している。「乱獲がおこなわれた漁場では、魚類の現存量が数十年前の約10分の1の水準になったものと推測される」[†9]

海でおこなわれる乱獲は、「コモンズの悲劇」の典型的な例だ。「コモンズの悲劇」の名付け親は生態学者ギャレット・ハーディンで、1968年にサイエンス誌に発表した論文でこの不幸な現象を取り上げている。コモンズとは、牧草地や海洋など多くの人が利用可能であるが誰にも所有されていない共有資源であるとハーディンは定義した。誰でも利用できるのはすばらしいことではあるが、大きな落とし穴がある。誰もがコモンズを利用したがる（牧草地で牛に草を食べさせたい、漁をしたい）が、所有しているわけではないため、守ろう、長く使えるように維持しようというインセンティブが働かない。誰もが経済的合理性を追求したらどうなるか。使い果たされる前にとことん利用したいという傾向は誰にでもあるので、結果的にそうなる。[*]

コモンズの悲劇を防ぐ方法はたくさんある。コモンズをうまく管理するための原則を開発したエリノア・オストロムは、ノーベル経済学賞を受賞した初めての女性だ。[†10] 激減した個体数を回復させて種を守るための第四の取り組みは、もっとも高い成果をあげている。それは広大な土地あるいは海洋――大きなコモンズ――の資源枯渇を招く行為を法律で禁止するという、じつにシンプルなものだ。19世紀の終わりから20世紀始めにかけてバイソンやビーバーといった種の保護に成功した取り組みは

第6章で紹介したが、これとほぼ変わらない。21世紀に入り、この方法は世界規模で急速に広まっている。1985年には公園や保護区が占める面積は地球全体の土地のわずか4％だったが、2015年までには15・4％と約4倍になった。(†11) 海洋については、2017年末の時点で地球全体の5・3％が保護区となっている。(†12)

地球は緑に

生き物を守るために特定の地域や水域を公園に指定するのもひとつの方法だが、人間が接触を減らすことで守られることもある。生き物のためには後者のほうがよさそうだ。たとえば北朝鮮と韓国の間に設けられた非武装地帯、(†13) ウクライナのチェルノブイリ立入禁止区域だ。(†14) チェルノブイリの原子力発電所の周辺はまだ放射線量が高いため、立ち入りが禁じられている。こうした場所で生き物の個体数が増えているのは、人間が足を踏み入れないからであると思われる。

ここで注目したいのは、農地として使われなくなる土地が増えれば、人が足を踏み入れなくなる土地が増えるということだ。第7章で見たように、アメリカの農地の総面積は1982年以降、ワシントン州に相当するほど減っている。農地に使われなくなれば、やがて森に戻っていく。現在、先進国

＊ハーディンは、地球はもっとも重要なコモンズであると考えた（これは正しい）。そして人口が増え過ぎて、地球というコモンズの破滅を招くと考えた（この見解は正しくなかった）。

全体では木の伐採を上回る勢いでこのプロセスが進行し、森林再生が実現している。[†15]

しかしながら大部分の途上国で、いまも森林破壊が進行している。プランテーション、農地、放牧地のために木々が伐採されている。こういうパターンを、私たちは繰り返し見てきた。先に豊かになった国が危機的状況を脱して地球へのフットプリントを減らし環境に与えてきた被害を回復させるが、まだ貧しさから抜け出せない国は環境に対処する段階に至っていない。

これは貧しい国の人々が環境に対して無関心という意味ではない。彼らの政府がすばやく反応しない、制度が脆弱である、という傾向が強いからだ。これは第9章で述べた通りだ。また、貧しい国では高度なテクノロジーの普及が遅れ、汚染をまきちらすテクノロジーが一般的である。家の暖房と調理には天然ガスではなく動物の糞や薪を使い、照明にはソーラーパワーによるＬＥＤ電球ではなくケロシンを燃やすランプを使う。国によっては環境汚染や森林破壊といった深刻な影響を承知のうえで、成長速度を上げることを優先する。

開発途上国では森林破壊が進むなど課題はあるが、それでも私たちは確かに重要な節目を迎えている。「減少を続けていた陸上の総バイオマスが、近年、増加に転じた」ことを、２０１５年に国際研究チームが発表した。[†16] 工業化時代が始まってから緑が減りつづけた地球に、ようやく緑色が増えてきた。２００３年以来、ロシアと中国の大規模な森林再生、アフリカとオーストラリアのサバンナ地帯で進む緑化、熱帯地方で森林破壊の進行がゆるやかになったことから、二酸化炭素を蓄える植生の量が地球全体で増えた。人間が大気に排出する温室効果ガスすべてを相殺するにはほど遠いが、それでもすばらしいニュースだ。

熱を下げる

地球温暖化は、地球環境にとって最大級の脅威である。気候変動で注目すべきポイントをサステナビリティ・サイエンティストのキム・ニコラスは次のように簡潔に表現し、「気候科学入門」と名づけてラリーやマーチといった活動で利用している。(†17)

1 温暖化が起きている
2 私たちは当事者である
3 私たちは気づいている
4 これはまずい事態だ
5 私たちは正すことができる(*)

*ニコラスは科学論文の慣例に倣い、各項目に脚注をつけている。

ひとつだけ足りないと経済学者が加えるとしたら、「これは公害である」だろう。この一言で、地球温暖化のとらえかた、対処のしかたを間違えずにすむ。第９章で述べた通り、公害は典型的な負の外部性である。経済活動にともなうコストであるが、それをじかに、そしてただちに負わされるのは経済活動の当事者ではない。競争市場と自発的交換は非常にうまく機能する仕組みだが、外部性に関してはうまく機能しない。むしろ外部性の原因となる。

地球の大気中の二酸化炭素（CO_2）濃度は、１８００年の２８３ｐｐｍｖ[*]から２０１８年には４０８ｐｐｍｖに増加した[†18]。増えた原因は、ほぼすべて人間の経済活動だ（私たちは当事者である）。二酸化炭素は「温室効果ガス」であり、熱を宇宙に放出することなく大気中に留めてしまう（温暖化が起きている）。その結果として世界中で気温が上昇し、さまざまな影響を及ぼす。たとえば海面が上昇する（グリーンランドと南極大陸を覆っていた氷床が溶けるため）。熱波を引き起こして作物、動物、人を苦しめる。多くの種がそれまでいた場所で生息できなくなる。また、大気中の二酸化炭素濃度が高くなれば、世界中の海の酸性度が上がり、サンゴ礁や海の貴重な生き物にとって有毒な環境となる。もちろんこれはまずい事態であり、私たちはそれに気づいている。

これは公害である。だから私たちは正すことができる。公害は負の外部性だからだ。第９章で見たように、フロン、スモッグ、二酸化硫黄、その他大気汚染物質はすでに大幅に削減できた。温室効果ガスだけは、そうはいかないのだろうか？　特別な理由があるのだろうか。

おもな理由として、温室効果ガスは多岐にわたる経済活動から発生している。世界全体で温室効果ガスのうち20%あまりは産業部門から、6%は建物、14%は交通機関、24%は農業、25%は発電および発熱から排出されている。(†19) つまり世界中で人間がモノをつくり、雨露をしのいで温かく過ごし、移動し、食べるだけで地球温暖化を引き起こしているわけだ。

これを理解すれば、温室効果ガスを削減するためのキャップ・アンド・トレード制度や炭素税がなかなか普及しなかったことにも納得がいく。第9章で見たように、アメリカを始め各地で二酸化硫黄や粒子状物質などを削減するために、キャップ・アンド・トレードはきわめて有効だった。微小粒子状物質による大気汚染は、その地域の住民すべてに直接影響し、発生源は石炭を燃やす発電所や工場など数が限られていたので、政治的に解決することが可能だった。課税に対する異議申し立ては却下された。だが炭素税となると、ほぼ全員が払わなくてはならない。また、被害があきらかになるのはもっと先となると、見ないふりをしたり軽視したりできる。これではなかなか普及していかない。

課題はまだある。たいていの大気汚染問題は地域限定であるが、温室効果ガスはグローバルな問題だ——どこで発生しても地球の大気全体に拡散する。もしも1カ国だけでキャップ・アンド・トレード型の二酸化炭素排出権取引制度を導入すれば、国民は自分のためというよりも世界中の人々のため

＊ppmv（体積百万分率）はparts per million by volumeの略称で、乾燥した空気分子100万個中の当該ガスの分子数。

に税金を払わされると受け止めてしまうかもしれない。それでは到底納得できないだろう。

最後に、化学的な理由からも温室効果ガスの削減はなかなか進まなかった。誰かがどこかで、何の目的のために化石燃料を燃やすと、その副産物として必ず温室効果ガスが発生する。その場で回収するのは難しい。現在、車の内燃機関が排出する粒子状物質は排気フィルターで濾過している。排気フィルターは小さくて軽く、高額ではなく、安全な仕組みだ。しかし車が排出する「二酸化炭素を除去する」仕組みをつくるとなると、排気ガスから二酸化炭素を分離する装置、棄てるまで蓄えておく加圧タンクも必要だ。どちらも高額となり、非現実的だ。私が知るかぎり、現実味のある案はまだ出てきていない。

こうして炭素税の普及は進まず、二酸化炭素を効果的に回収するテクノロジーもなく、世界全体で温室効果ガスによる汚染は増加している。ただ、例外がないわけではない。アメリカは近年、総排出量が減った。これには第7章で取り上げた水圧破砕法《フラッキング》の急増が関係している。天然ガスの燃焼で発生する二酸化炭素は、石炭を燃やすよりもはるかに少ない（単位発熱量当たり）。シェールガス革命でアメリカは石炭発電から天然ガス発電へとシフトし、それとともに温室効果ガスの総排出量が減ったのである。

偶然の産物という言い方もできる。近年アメリカで二酸化炭素排出量が減ったのは、キャップ・アンド・トレード制度など緻密に練り上げた削減政策を実行した成果ではない。おもにテクノロジーの進歩と資本主義が石炭から天然ガスへのシフトをうながし、天然ガスの燃焼で発生する温室効果ガスはたまたま少なかった。

こうして温室効果ガスという大きな問題は、依然として私たちの前に立ちはだかっている。しかも、事実上これは公害と変わらない。第15章では、この状況をさまざまな角度からとらえる、そして大気中の二酸化炭素の濃度をすみやかに下げる方法について検討する。一刻も早く手を打たなくてはならない。なぜなら、大気汚染を引き起こす粒子状物質などと違って二酸化炭素は長期間にわたって残存するからだ。これからも大気中の二酸化炭素の総量は増えつづけるだろう。温室効果ガス排出量のピークに達しても、その後、年を追うごとに減りはじめても。

なぜか。二酸化炭素が大気中に１００年残存すると想定する。仮に２０１７年がアメリカの二酸化炭素の総排出量のピークとしよう。その年の排出量が51億４０００万トン。２０１８年に排出量が減って仮に51億トン排出するとしても、大気にはこの51億トンの二酸化炭素が加わる。この年に減るのは１００年前の１９１８年にアメリカで排出された二酸化炭素——わずか17億５０００万トン——である。[十20] 当時は人口がずっと少なく人間の経済活動ははるかに少なかった。ピークに達した後に排出量が年ごとに減るのはいいことだが、それだけでは大気中の温室効果ガスの総量は減らない。総量を減らすには、大規模かつ持続的な削減が必要だ。〈希望の四騎士〉を活用すれば、実現の可能性は広がる。第15章で詳しく見ていこう。

汚さない、散らかさない

幸い、温室効果ガス以外の大気汚染物質に関しては、はるかに望ましい状況だ。大気に残存する期間はずっと短く、〈四騎士〉が力を合わせて世界の大部分の排出量を格段に減らした。環境汚染の害について市民の自覚が高まり、政府は迅速に反応して削減を命じた。それを受けて環境にやさしい内燃機関などの製品が生まれたのはテクノロジーの進歩があったからだ。資本主義はそうした製品を世界中に広め、おかげで公害の取り締まりがさほど厳しくない国も恩恵にあずかることができた。

結果的に大気汚染を原因とする死者の割合は、大部分の国で1990年から減りはじめた。損失生存年数はさらにすみやかに減った。[†21] こうして死亡率は下がったものの、人口そのものは増加しているため、インドを始め公害対策のペースがゆるやかな国では、大気汚染が原因と思われる死者数は年々増えている。だがその状態は、この先、国がもっと豊かになれば変わっていくに違いない。いずれ、大気汚染による死者数のピークを迎えるだろう。インドのインディラ・ガンディーは1972年に国連の第1回環境会議で、「貧困は最大の環境汚染源である」と述べた。[†22] 貧困が解消されるにつれて公害も減っていくだろう。

水質汚染の問題は、さらに入り組んでいる。第9章で見たように、いまなおすさまじい量のプラスチックなどのゴミを川に投棄している国がある。このゴミは、世界中の人々のコモンズである海洋に出ていく。これに関しても開発途上国と先進国との間には大きな隔たりがある。貧しいと公害を出すばかりであるのに対し、豊かになると過去の過ちを顧みることができるようになる。市民が自覚し政府はすばやく反応し、きれいになっていく。一例をあげると、アメリカでは1972年に水質浄化法が通過し、政府と産業界の尽力で湖、池、大小の河川はきれいになった。経済学者デイビッド・カイザーとジョセフ・シャピロは、アメリカ国内17万カ所から合わせて5000万の汚染測定データを集め、「水質浄化法……の成果で、水質汚染は劇的に改善された」と結論を出した。[†23]

海洋の問題としては酸性化とプラスチックゴミに加え、窒素汚染も深刻だ。農地の作物に吸収されない窒素肥料は、容易に川と海に流れ込んでさまざまな影響を及ぼす。たとえば水中の酸素が減って魚など海の生き物が窒息してしまう「デッドゾーン」の増加だ。[*] 第2章で見たように、工業化時代には世界中で窒素肥料の使用が急増した。そのぶんだけ窒素汚染も増えたことになる。

深刻な問題だが、明るい兆しをふたつ紹介できる。第一に、現在アメリカ合衆国（依然として農業大国である）は、窒素肥料を含め肥料全体の使用量がピークを過ぎた。一方で農業の生産量は伸びている。〈四騎士〉のうちテクノロジーの進歩と資本主義が世界に広まっていくにつれて、同じことが多くの国で実現するだろう。第二に、政府がすみやかに反応すれば、肥料の使用量は大きく変わる。中

＊肥料の流入で富栄養化と呼ばれる現象が起きて水中の植物と藻類が大量に生長する。生長のために水中の酸素の大部分が使われてしまい、魚は酸素不足に陥る。

国政府は2005年から2015年にかけて、小規模農家2000万人あまりを対象に肥料の効率的な使用法を指導した。これが非常に大きな成果につながった。[†24] すべての作物の収穫量は平均して約10％増加し、窒素の総消費量は約15％減少した。人類が繁栄していくためには水質汚染などの犠牲を払うのはやむを得ない、という思い込みをこのふたつの例は打ち消してくれる。

人は生きやすくなっているか

経済学者でコラムニストのノア・スミスは2016年に、世界の貧困についてデータを検証し、非常に喜ばしい結論を得た。彼は次のように述べている。[†25]「これはまさに奇跡といえるほど、信じ難いことである。有史以来、このようなことは一度も起きていない」。マックス・ローザーが作成したグラフは、スミスの指摘した通り、前例のない発展を示していた。それはまさに「奇跡」である。貧困状態にある人々の割合ではなく、もっと重要な、この地球上で極貧状態にある人数の変遷が示されている。

世界人口と極貧人口（1820〜2015年）（†26）

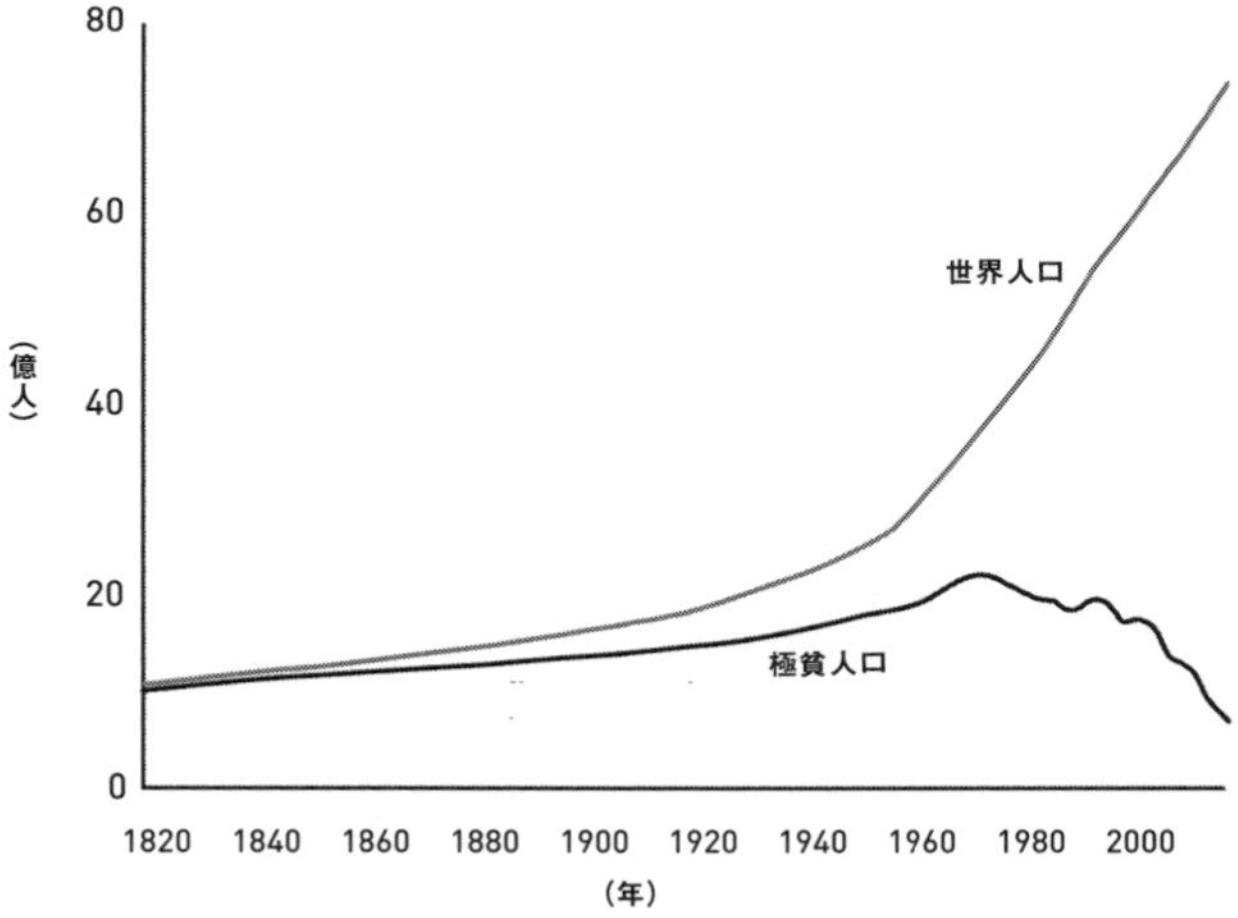

世界の貧困との戦い

世界で貧困に苦しむ人々の総数は1970年の第1回アースデイの直後にピークに達し、その後は徐々に減りはじめた。21世紀に入ると、まるで奇跡が起きたように一気に減少が加速した。極貧人口は1999年には17億6000万人だった。わずか16年後には7億5000万人と、60％減少した。世界人口が現在の7分の1だった1820年と比べても、極貧人口は激減している。

この変化には、中国の変化が大幅に反映されている。前章で見た通り、中国ではそれまでの計画経済から1978年に市場経済に路線転換した。これが貧困を劇的に減らすこととなったのである。それでも、すべてが中国における減少ではない。次のグラフの通り、世界のあらゆる地域で近年、貧困が大幅に解消されている。このスピードで減っているのであれば、極貧人口がゼロになるのも夢ではない。世界銀行は2030年には達成できる可能性があるとしている。(十27)

所得が増えた、というだけの話ではない。Our World in Dataを始めとする情報源を当たるなかで、どうしても見つけられなかったものがひとつだけある。それは世界の大部分の地域において人々の暮らしの物質的な面が悪化していることを示すデータだ。

有力な指標となるものについて、近年の傾向を紹介しよう。

世界の地理区分別貧困率（†28）

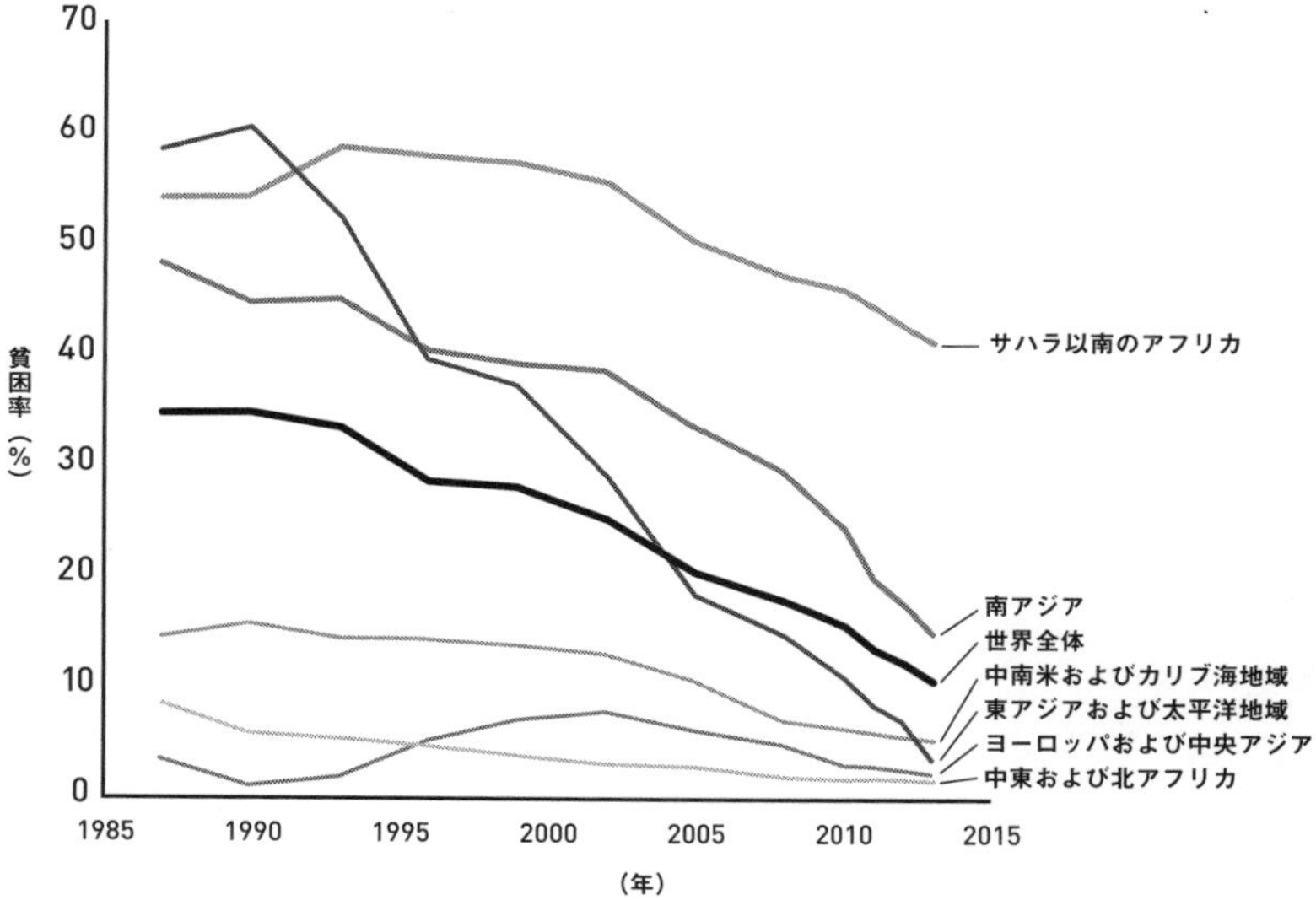

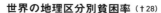

地域ごとに見た食糧供給状況（1970〜2013年）（†29）

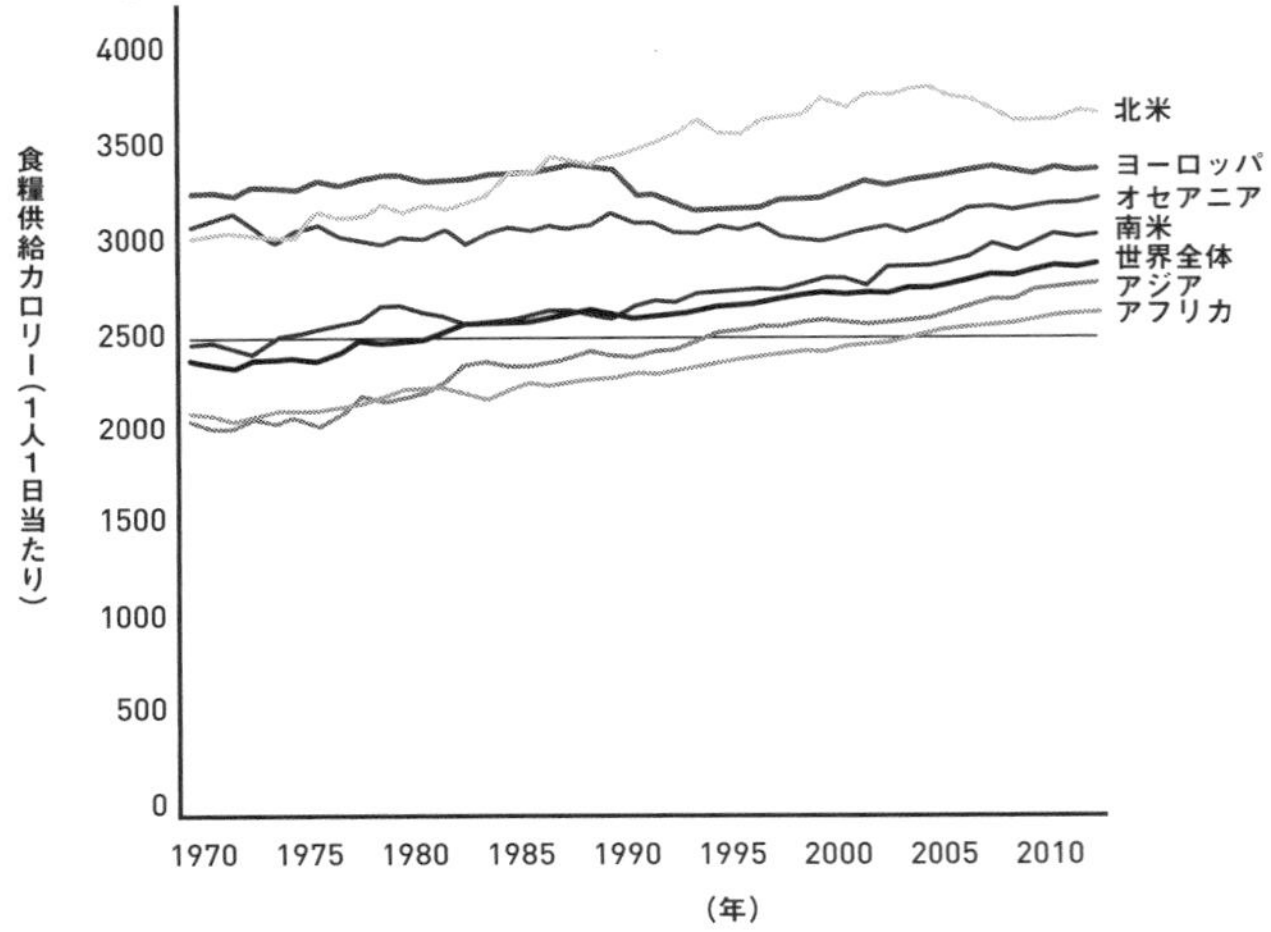

日々の糧

1980年といえば比較的最近である。その当時に世界平均で1人1日当たり供給カロリーは、活動的な成人男性が自身の体重を維持するのに足りなかった。（†30）だが、それから35年もたたないうちに世界のあらゆる地域で、その不足分が解消された。

安全に管理された飲み水を入手できる人口の割合（†31）

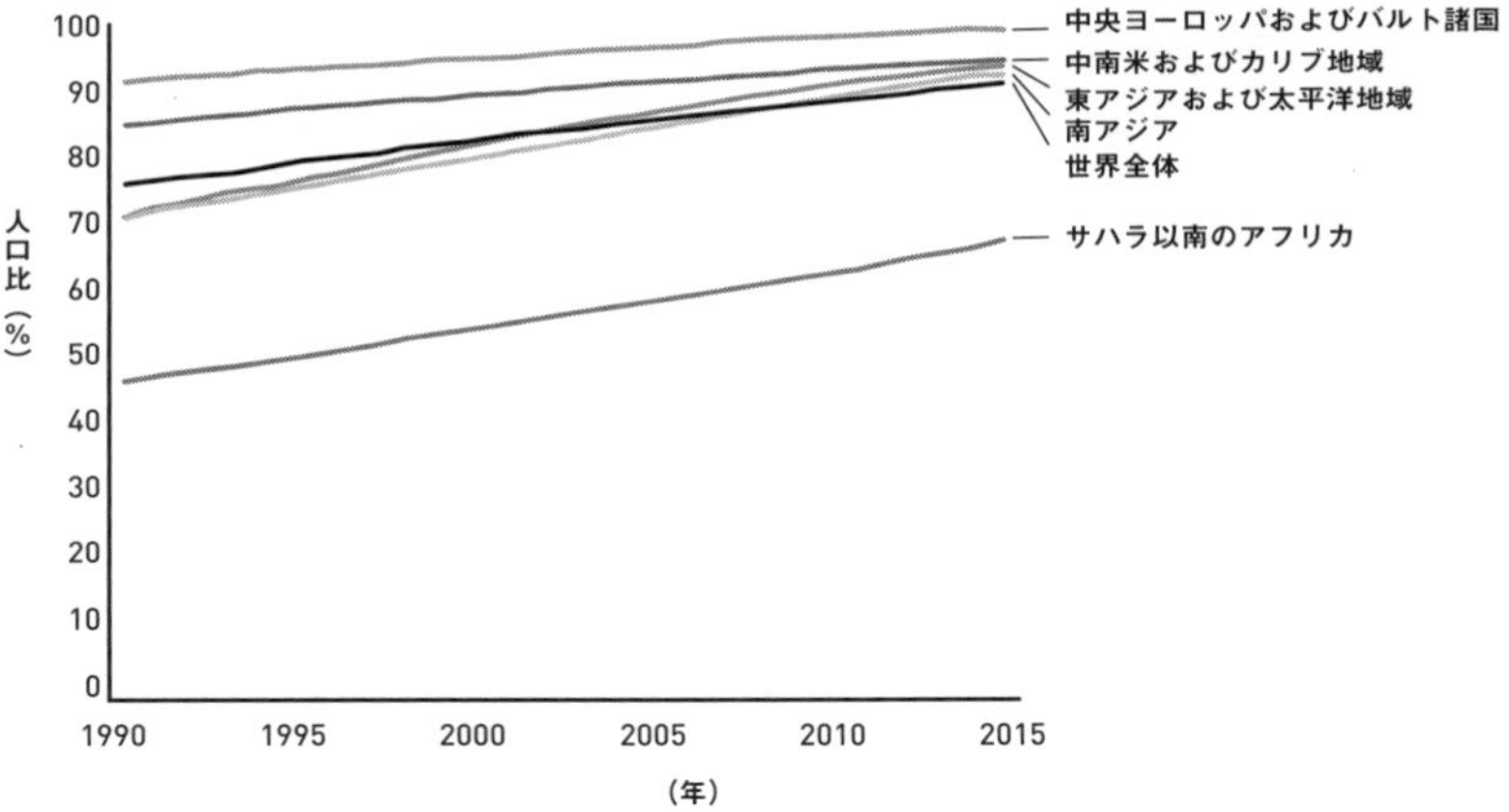

清潔な暮らし

現在、安全に管理された飲み水を入手できる人の割合は、[†32]世界の人口の90%あまりにのぼる。[*]１９９０年には、この数字は75%を少し上回る程度だった。衛生状態についても同様で、良好な状態にある人は１９９０年には世界全体で半分を少し上回る程度、それがいまでは3分の2あまりにまで増えた。[†33]

*Our World in Dataによれば「安全に管理された飲み水の供給源は、第一に水道（使用者の住居内、区画内、庭の水道施設）、それ以外の方法（共用水道、スタンドパイプ型水栓、掘り抜き井戸、深井戸、保護された掘井戸、保護された湧き水、貯水した雨水）がある。

中等教育の就学率（†34）

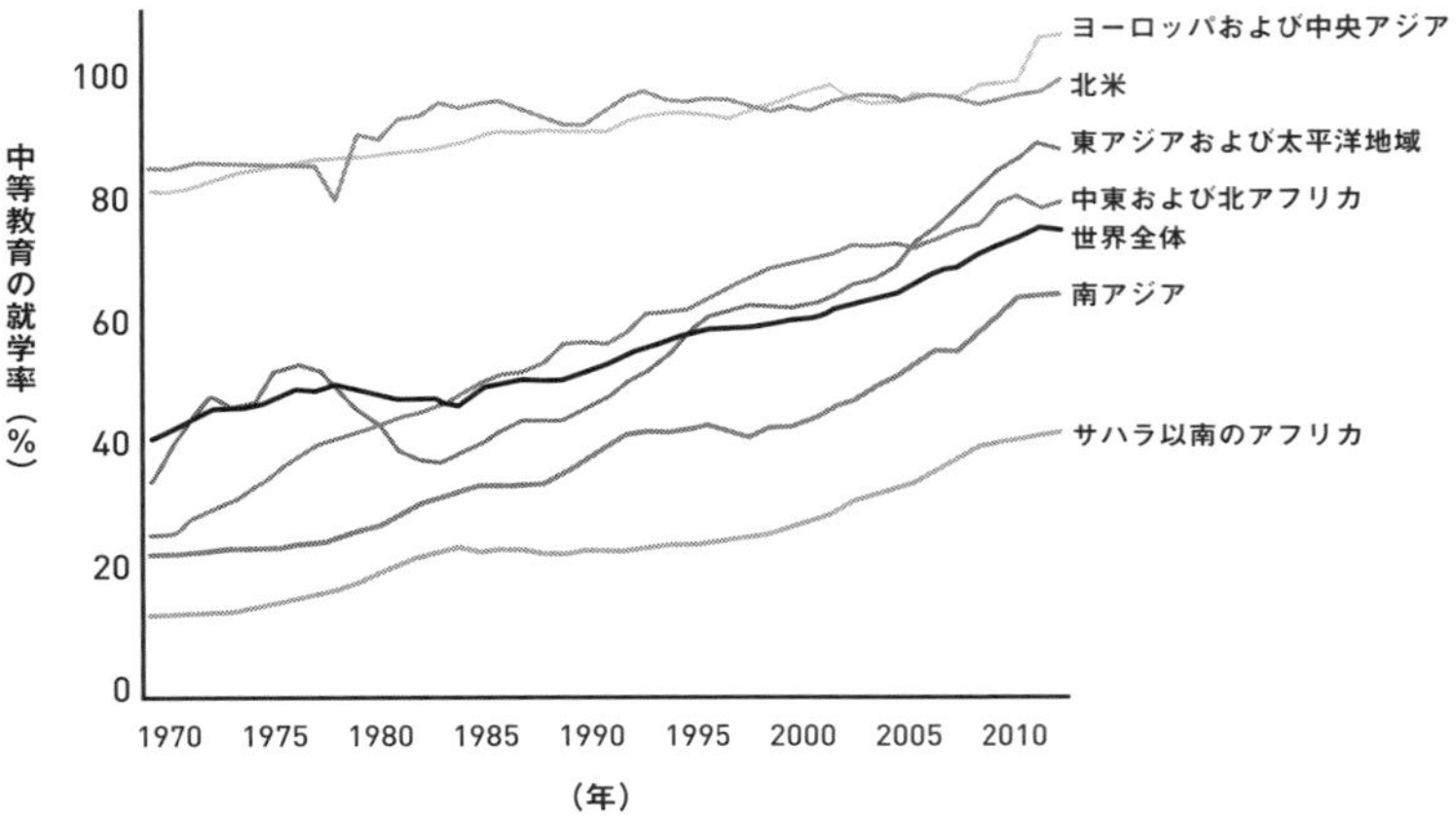

教育

世界全体で中等教育を受ける子どもの割合は、衛生状態と同じく上昇しているが、増加率はさらに高い。1986年、学校に在籍していたティーンエイジャーは世界の半分未満だったが、現在は75%を突破している。

平均余命（†35）

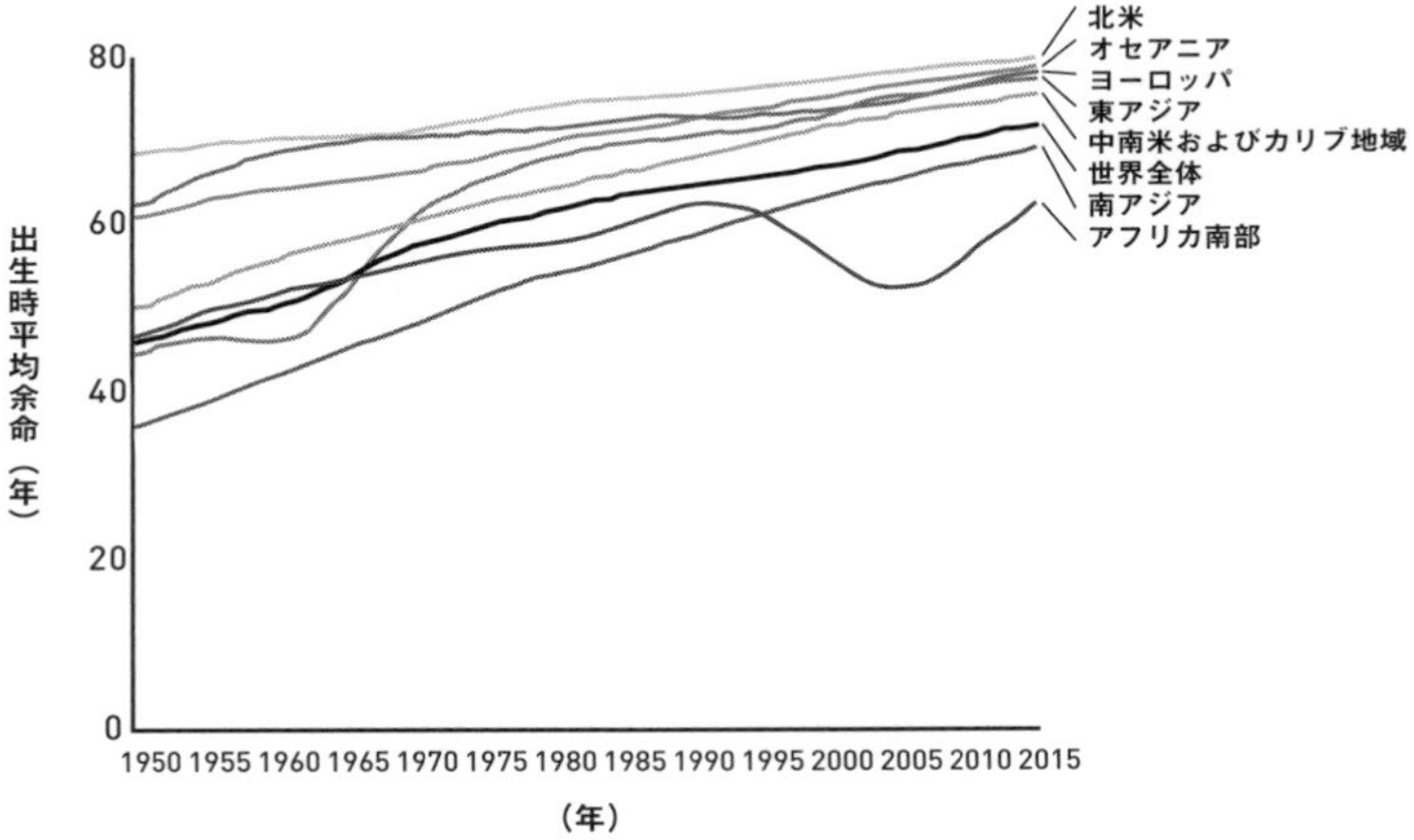

死は確実に遠ざかっている

もはや驚くほどのことではないかもしれないが、この数十年で出生時平均余命は世界中で伸びている。

第１章で見たように世界全体の平均余命は、１８００年には約28・５歳だった。それからの１５０年で20年伸びた。その後１９５０年から２０１５年にかけて、さらに25年伸びた。世界全体でこの傾向が見られ、アフリカ南部はエイズ危機の悲惨な時期に平均余命が下がったが、その後ふたたび上昇に転じて10年伸びた。

平均余命がこれほど急速に伸びた背景には、世界中で乳幼児死亡率と妊産婦死亡率の両方が激減したことが大きく関係している。

こうした死亡率の減少は、とりわけ急速で大幅

世界の乳幼児および妊産婦死亡率（†36）

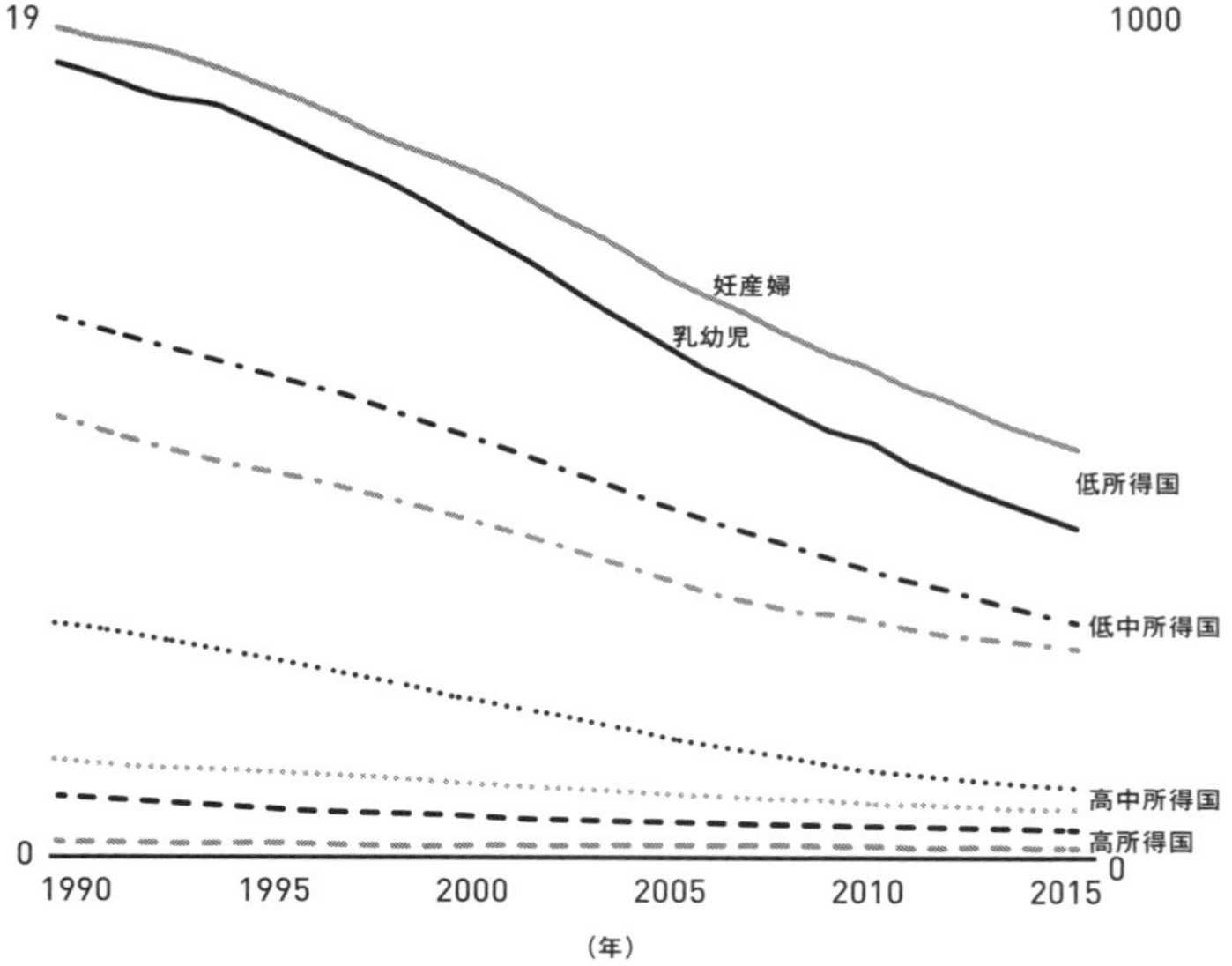

で広範囲にわたっている。もちろん、いまなお貧しく悲惨な状態を強いられている地域があり、破綻国家は跡を絶たない。戦争による大量殺戮も存在している。それでも、乳幼児死亡率が１９９８年の世界平均を上回る地域は、現在はない。

差は縮まっている

妊産婦死亡率と乳幼児死亡率の変遷を見ることで、あらためて重要なことに気づかされる。物質面では、世界全体の不平等が減ってきている。貧しい国が豊かな国に追いついて、国家間の大きな格差が縮まっている。だが、所得と富の不平等はさかんにニュースで取り上げられ、多くの国で格差は拡大している。経済的な不平等は間違いなく重要な問題なので、次の2章で取り上げていこう。

だが人間の生きやすさを検証する際には、経済的な格差だけにとらわれるべきではない。健康、教育、食べ物、衛生を始め、さまざまなことが人間の暮らしの質に大きく関わる。うれしいことに、こうした部分における不平等は大きくなるのではなく、小さくなる方向に向かっている。この数十年、〈希望の四騎士〉は世界を駆け巡り、すでに豊かだった人々や国はもちろん、それ以外のほぼすべての人の暮らしをよくした。世界中で命を落とす母親と赤ちゃんの数は減り、より多くの子どもが教育を受け、より多くの人々が必要な栄養を摂取したり適切な衛生状態を確保したりしている。

世界規模でのこうした勝利をきちんと認識しよう。それは、これまでやってきたことがうまく機能していると確認する作業となる。テクノロジーの進歩、資本主義、市民の自覚、反応する政府は世界中に普及し、世界をよくしている。狂気とは、同じことを繰り返しおこない、異なる結果を期待することだという。それに倣えば無知とは、実際に成果が出ているのに、それを確かめようとしないことではないか。証拠となる事実と向き合うことで、〈四騎士〉が私たちの世界をよくしていると納得できる。

第12章

集中化

都市という発明があり、そこでおこなわれる規模の経済がイノベーションと結びつき、富が創造され、社会に大きな分断を招いた。

——ジェフリー・ウェスト『Scale（スケール）』［末邦訳］2017年

世界全体で人間社会の都市化が進み、人々は地方を離れて都市へと移っている。そのことはよく知られている。一方、あまり知られていないのは、都市化のプロセスが、じきに完了しそうであるという事実だ。

2018年、国連は世界の人口の55％が都市部に住んでいるという概算の数字とともに、2050年までに68％に達するという予想を発表した。(十一) だが同じ年、「都市化について、これまでに耳にしたことはすべて間違いである」という言葉とともに欧州委員会の経済学者ルイス・ダイクストラが発表した内容は、それとは異なる。[†2] ダイクストラら研究グループは2015年の時点で世界の人口の84%が都市住人となっていたと指摘した。また、意外にも北米とヨーロッパよりも先にアジア、アフリカ、オセアニアの都市化が進んでいるとあきらかにしたのである。

結論が大きく食い違った理由は、欧州委員会の研究者たちが衛星画像を使って都市部（人口が多い都市と人口密度が高い都市の両方）を特定したのに対し、従来の研究では各国が作成した都市のリストをもとに概算を出していたためだ。国によって定義がまちまちで、必ずしも正確とはいえないリストだった。都市の定義を統一し、衛星データを活用して地球のどこで人が暮らしているのかを調べたところ、意外な事実があきらかになった。都市化が進行しているのではない。すでに人類は都市の住人となっていた。

短期間での大掛かりな都市化は、人の集中と経済活動の集中が急速に進んだことをあきらかに物語っている。集中すれば「密度が濃くなる」（都市の人口密度は村より高い）ので、拡散していたものが密接につながる。〈希望の四騎士〉が世界中を駆け巡るにつれて、世界はよくなっている。これは前章で述べたが、世界の集中化の背景にも〈四騎士〉の存在がある。

〈四騎士〉はどこにいる

都市化は、まさに〈希望の四騎士〉の成果といえる。これまでの2世紀で農業の労働集約化が進んだのは、資本主義とテクノロジーの進歩が結びついた結果だ。農場は多くの働き手を必要としなくなった。一方で工業化時代の工場はたくさんの労働者を必要としていた。職を求める人々は田舎を出て製造業のある街と都市へと移動した。やがて工業化時代から〈セカンド・マシン・エイジ〉になると、全体として工場は少ない人数でより高い生産性を実現した。テクノロジーの進歩で省力化が可能になり、資本主義ならではの競争原理が働いて企業各社は省力化を追求する。最初は農業で、次は製造業で「勤め口のピーク」を迎え、産業全体が成長しても労働者数が減少するようになった。これこそ、〈四騎士〉のうちテクノロジーの進歩と資本主義がもたらしたものだ。

他方でサービス業ではますます多くの人手が求められている。ひとくちに「サービス業」といっても、投資銀行業務からソフトウェアのプログラミング、ドライクリーニング、犬の散歩業までじつに多様でまとまりがない。それでも大部分のサービス業に共通するのは、ふたつの重要な特徴だ。たいていは自動化するのが困難（犬の散歩をするロボットは、知る限りまだ市販されていない）で、人と人の直接のやりとりが大きな位置を占める。ドライクリーニングの手続きをテレプレゼンス［仮想化技術のひとつ］の技術ですますのは無理だ。投資銀行家は同業者のそばにいたがる。

サービス業のこの特徴が、集中と大いに関係する。都市とは人口が多いところであり、サービス業が存在するところである。職に就けるのは都市であると人々が自覚して移り住み、都市にはさらに人が増えていく。政府が機敏に反応して都市化をうながす。公共輸送機関が発達し、その他のインフラが整備され、密集する住宅問題や公共の安全に対策がとられる。このように都市化のサイクルには〈四騎士〉すべてが大きく関わってきた。

2016年のアメリカ大統領選であきらかになったのは、人口と経済の両方が集中している実態である。民主党候補ヒラリー・クリントンは共和党候補のドナルド・トランプよりも約300万票多く得票したにもかかわらず、過半数の票を得た郡は500足らずだった［郡は州の下位行政区分で、郡内に市が存在する場合が多い］。それでも、その500足らずの郡は国の経済の64％を支えていたのである。トランプは2500あまりの郡で勝利をおさめたが、そのすべての郡を合わせてもアメリカ経済への貢献は3分の1をわずかに上回る程度であった。

より少ないところでより多くを

資本主義とテクノロジーの進歩の組み合わせは、さらにもうひとつの根本的な変化をうながした。農場と工場で必要な働き手が減ったのに加え、農場と工場の数そのものが少なくなった。アメリカの農地の総面積が1980年代から減りつづけていることは第7章でも述べた。収穫量は大幅に増えているにもかかわらず、ワシントン州に匹敵する面積が減った。そしてアメリカの農場も減った。1982年の約250万カ所[†3]から2017年の205万カ所[†4]足らずにまで大きく減少している。

製造業でも同じパターンだ。より少ない工場からより多く生産されるようになった。1994年から2016年にかけて、アメリカの製造業の生産量は43%あまり増加し[†5]、事業所――あるいは実際に製造がおこなわれる場所――の数は約15%減っている[†6]。経済活動が地理的に集中し、組織の集中も起きたということだ。農業や製造業だけではなくさまざまな業界において、より少ないところでより多くをこなすようになっている。

業界の巨人

世界全体でたいていの業界は、あきらかに売上と利益の集中が起きている。経済学者が伝統的に注目してきたのは、こちらの集中だ。彼らが業界の「集中」と言う場合は、地理的な集中でも事業所などの数でもなく、全体の売上あるいは利益が少数の企業に偏っていることを指す（この逆は、市場で競争する者全体に、より均等に拡散している状態だ）。

経済学者と政策立案者にとって、こうした集中は要注意である。なんといっても、独占を警戒するからだ——特定の業界に1社しか存在しない状態では、必然的に売上と利益が総取りされる。業界の集中がいきつくところが独占である。そこに至るまでの経緯はそれぞれに異なっていても、いったん独占状態になると、どの企業もそっくりな行動に出る。どれも顧客にとって（あるいは社会全体にとって）好ましいものではない。競争相手が安い価格を提示して顧客を奪うという心配がないため、独占企業は簡単に値上げができ、値段を高くするという安易な方法で収入と利益を増やそうとする。また、イノベーションが停滞する。ライバルよりもよい製品を市場に提供して差をつける必要がないからだ。

市場の独占が起きると価格とイノベーションに影響を与えるため、専門家である経済学者も多くの消費者も昔からこれには大反対の立場だった。アメリカのボードゲーム、モノポリーのルーツは1904年の「大地主《ランドロード》ゲーム」である。これは土地所有の集中について問題提起するためにエリザベス・マギーが発明したものだ。モノポリーは大人気で1970年代にはシカゴ大学の学生たちが夢中になり、そのなかの1人が市場を愛する（そしてノーベル経済学賞を受賞した）経済学者ミルトン・フリードマンに頼んでモノポリーのセットにサインを頼んだところ、フリードマンはサインだけでなく、ゲームのタイトル「モノポリー［独占］」の横に「排除せよ」と書き加えた。[十七]

第7章で述べた通り、資本主義は本来、複数の企業が健全な競争をし、利益が配分されるという基盤の上に成り立つものだ。独占が起きると、これが成り立たなくなる。したがって国内の多くの業界で極端な集中が進んでいきそうな状況は多くの独占につながる可能性があるので危うい。最近、業界で起きている集中への注目度は非常に高く、国際経済シンポジウムの２０１８年の年次総会でカンザスシティ連邦準備銀行が取り上げた。ワイオミング州ジャクソンホールでおこなわれるこのイベントは「中央銀行関係者のウッドストック」とも呼ばれる。[十8]

この時の主要報告書の執筆にあたった経済学者ジョン・ヴァン・リーネンは、大量の証拠と調査結果をもとに、この数十年で豊かな国々では洩れなく集中が起きていると結論を出した。[十9] リーネンは次のように記している。

「データからは、過去30年間でアメリカ経済全体において、あきらかに集中が急増していることが読み取れる。また、その期間の後半では全体として堅調な経済成長が見られる……ＥＵ諸国で包括的データが得られる9カ国について見れば、２０００年以来、市場集中度が高まっている。オーストラリア、日本、スイスなどＥＵにもＯＥＣＤにも加盟していない国でもこの傾向にある」

テクノロジーの勝者が総取り

では多くの国で競争と資本主義が衰退し、問題が生じているのだろうか。そうだとする声が多いなか、ヴァン・リーネンは異なる見解を示す。世界全体で市場集中が増えているのは資本主義とテクノロジーの進歩の衰退を示すものではなく、むしろ逆であることを分析によってあきらかにした。ここ最近テクノロジーが飛躍的な進歩を遂げて競争の性質が変わり、それが集中という現象となってあらわれている。したがって競争の衰退（政府の政策の失敗、独占禁止の規制が弱い、などの理由から）や、怠惰な独占企業が続々登場したということではない。実際にはテクノロジーの進歩で競争が加速され、その熾烈な競争のなかから新しい世代のすぐれたリーディングカンパニーが誕生している。

同じ業界でも企業同士はそれぞれまったく異なるという世界的な傾向をヴァン・リーネンは指摘する。とくに生産性と給与における違いは著しい。ごく一部の企業は生産性も給料も大幅にアップした（両者は密接に関係している）、それ以外は生産性と給料がほぼ停滞している。業界のリーディングカンパニーは売上と利益を大幅に伸ばす一方、ライバルたちは手をこまぬいている状態だ。いわば業界内にスーパースターとゾンビがいるようなもので、経済学で「勝者総取り《ウィナー・テイク・オール》」あるいは「勝者ほぼ総取り《ウィナー・テイク・モースト》」と表現する状態だ。

ヴァン・リーネンは次のように述べている。「……『勝者（ほぼ）総取り』の業界が増えている理由は、グローバル化と新しいテクノロジーというパターンが多く、独占を防ぐ法規制が一般的に弱まったからでも、競争を阻害する法規制が増えているからでもない」

エリック・ブリニョルフソンと私も同じ考えだ。(*) 私たちは２００８年に、テクノロジーの進歩は集中が増加することをうながし、その傾向は今後も続くと述べた。

また、歴史的な証拠にもとづいて次のような指摘もした。どれだけ経営が順調であっても企業が新しいテクノロジー――蒸気機関、電力、スマホ、人工知能など――の価値を十分に理解して生かすことは非常に難しい。新しいテクノロジーに費用を投じて積極的に取り組もうとする企業は多いが、価値を存分に引き出すには思い切った変化が求められる。それだけの意欲、あるいは能力を備えた企業はごく一部にすぎない。

いわゆる無形資産(**)への投資である。これにより企業は新しいテクノロジーを活用して生産性を高め、給料を上げ、業界のライバルとの競争で優位に立てる。〈セカンド・マシン・エイジ〉ではテクノロジーがすさまじくも急速に進歩し、必然的に世界中で、あらゆる業界でスーパースター企業とゾンビ企業の両方をつくりだす。強力な新しいテクノロジーの獲得、それを活用するために必要な無形資産の獲得という両方を達成するのは至難の業だ。成功した一握りがスーパースターとなり、集中が加速する。

富の偏り

ヴァン・リーネンが説いた産業界の集中が富と収入の集中をうながすことは、容易に見当がつく。上場しているスーパースターの株価には高値がつき、創業者も投資家も資産を増やす。富は増えていく。過去にテクノロジーが爆発的に進歩した際にも同様のことが起きた（第2章で触れたように、蒸気機関の成功でジェームズ・ワットとマシュー・ボールトンはともに富を築いた）。だが、〈セカンド・マシン・エイジ〉はスケールが違う。

1925年（体系的なデータ収集が始まった年）以来、アメリカの上場企業の歴代時価総額トップ8のうち6社は、アマゾン、アルファベット（グーグルの親会社）、マイクロソフトなど現代のハイテク・スーパースター企業だ。[†10] こうした企業の株式を大量に購入する才覚と幸運にめぐまれた人は、とほうもなく裕福になった。たとえばアマゾンの創業者ジェフ・ベゾスは2018年に資産が1500億ドルを突破して「現代史において最高の金持ち」と言われるまでになった。[†11]

だがたいていのアメリカ人は、アマゾンはもちろんどこの株式も所有していない。経済学者エドワード・ウルフの調べでは、2015年の時点で、アメリカの全世帯の50・7％は株式を、直接あるいは退職勘定のどちらでもいっさい所有していなかった。[†12] 株式市場の富はアメリカの全世帯の半分未満に集中している、ということだ。さらに、持てる集団のなかでも集中が起きている。ウルフによれば、2016年にはアメリカの株式市場の富の84％がアメリカの全世帯の上位10％に集中していた。これは極度の不平等を意味する。株価が上昇すれば、株式を所有する少数の人々はさらに裕福になっ

＊多くの研究者がテクノロジーの進歩の影響に関して同意を示している。
＊＊機械や建物のように見たり触れたりできないので、そう呼ばれる。

ていく。

富と収入の集中がこの数十年で進んでいることは、歴然としている。まっとうな研究者はその事実を認めている。ただ、拡大する不平等の原因と結果については、さまざまな見方がある。ヴァン・リーネンらは、構造的な要因を挙げる。グローバル資本主義とテクノロジーの進歩は、構造的に多くの業界で「勝者総取り」あるいは「勝者ほぼ総取り」をうながし、少数のスーパースター企業と多くのゾンビ企業をつくりだすという説だ。スーパースター企業の側にいれば富と収入が増えていき、ゾンビ企業の側で働く人々は富が増えない。テクノロジーの進歩による大変動を乗り切れるかどうかで、その違いが出る。

不平等が拡大する原因としては、経済全体（少なくとも大部分）におよぶ幅広い変化の影響を指摘する声もある。たとえば企業の短期主義化と経済の「金融化」、労働組合の衰退、労働移動の減少（資格の取得など負担が大きいという理由も含め）、辞職する従業員を競業避止義務契約で縛ろうとする企業の増加、同業他社が存在しない地域の増加（ライバルとの競争がないので給与を上げる必要がない）などがある。

私は、収入と富の集中と不平等の原因についてはヴァン・リーネンらと同じ考えだ。おもに各企業レベルでの違い（もちろんそれが唯一ではないが）によるものであると確信している。データが入手できるケースに限られるが、ほぼすべての経済において収入と富の集中が起きている事実は強力な裏付けとなる。多くの国で同じタイミングで労働移動と労働組合の衰退が起きているとは考えにくい。また、世界規模で従業員が競業避止義務契約で縛られるようになっているとも考えにくい。

テクノロジーの進歩と資本主義は、第10章で見た通りあきらかに世界的な現象である。この〈二騎士〉が世界中を駆け巡るとともに、各国で企業間に差がつき、スーパースターとゾンビに分かれ、富と収入の集中（と不平等）が生じるという説明が、いちばん納得がいく。

三種の経済

富と収入の不平等が拡大する背景に何があるのか、社会的かつ経済的なこの現象については議論を続け、解明する必要がある。ただ、現状では集中が起きることの是非を問う議論になりがちだ。個人と世帯を通じて不平等が増加していることばかりに目をうばわれて、もっと大きな問題をとらえそこねているのではないだろうか。

それを考えるために、3通りのシナリオを挙げてみる。仮想の経済と社会における変化を想定した。

1　経済は安定して成長し、金持ちはますます金持ちに、中流層と貧しい世帯も豊かになっている。豊かになるペースは、もともと富と収入にめぐまれていた人々ほど速く、まっさきに富と収入が増えるのは金持ちである。不平等は広がるが、それ以外の人々も皆、着実に収入と富がアップする。テクノロジーは進歩する。だが、破壊的と言えるほどではない。人々はずっと同じコミュニティで同じ業界で、同じ職種で働く。教育制度や裁判など重要な制度は包括的で安定している。

2 エリートが経済と政治制度を一手に握り、包括的制度を収奪的制度に変える。彼らは法律を変え、裁判所の人事に介入し、賄賂を要求し、最大規模の企業の経営を掌握し（正式に、あるいは陰で）、セキュリティサービスを雇ってわが身を守る一方で、社会を守る法秩序を崩壊させる。マネジメントがうまくいかないために新しいテクノロジーをすべて輸入しなければならなくなり、経済は減速する。エリートはすばらしくリッチになるが、それ以外の誰もが苦しみ貧しくなる。富と収入の不平等はとてつもなく大きくなる。

3 経済成長は堅調で包括的制度を維持する。テクノロジーの進歩は目覚ましく、その破壊的な威力で既存の業界をひとつまたひとつ崩壊させる。さまざまな形で集中が進み、より少ない土地からより多くの作物の収穫を、より少ない天然資源でより多くの消費を、より少ない工場でより高い生産性を、より少ない企業で売上と利益のアップを実現する。スーパースター企業の経営陣は莫大な富と収入を得る。中流層の収入はかなり減る。そして一部の労働者は困難に直面する。働いていた工場と農場が閉鎖され、新しい工場も農場もオープンしない。働き口は都市とサービス業に集中する。富と収入の不平等は大きくなる。

第一のシナリオの社会を不平等、あるいは不当と考える人はあまりいないだろう。たいていは、住んでもいいと考えるのではないか。ここでは社会全体として豊かになっている。包括的制度は維持されている。第二のシナリオの社会で暮らしたいと望む人はほとんどいないはずだ。国が私物化されて、ほとんどの人が不当な目に遭う。

第三のシナリオはどうだろう。さまざまな受け取り方がある。不当なことは何も起きていない、という言い方もできる。エリートが制度を好き放題にしているわけではない。テクノロジーの進歩で、あらゆる新製品と新しいサービスが実現する（手頃な価格のスマホで無限の知識、エンタテインメント、コミュニケーションを楽しめる）。だが、このシナリオでは多くの人が深刻な課題に直面する。仕事がなくなり、コミュニティが衰退し、生き方も変わらざるを得ない。彼らは、こんなはずではなかったという思いを抱くだろう。「スキルを習得し、積極的に行動して勤勉に働けば、経済的にも社会的にも安定を得られる、地位も高くなる」と約束されていたのではなかったのか、と。スマホの性能がいくらよくても、埋め合わせにはならない。

こうしたシナリオを使って考えていけば、ふたつの結論が見えてくるのではないか。第一に、問題は不平等が大きくなることではなく、不公平のほうだ。ノーベル経済学賞受賞者アンガス・ディートンが2017年に次のように述べている。「不平等と不公平は同じではない。思うに、今日豊かな世界で非常に多くの政治的混乱をもたらしているのは後者である。公平だと判断されているプロセスが不平等の元となる場合もあるが、あからさまに不公平なプロセスが存在しているのも事実である。当然ながら、怒りと不満が噴き出す」[†13]。心理学者クリスティーナ・スターマンズ、マーク・シェスキン、ポール・ブルームは、ディートンの見解は広く支持されると述べている。「経済的な不平等が人を苦しめることを示す根拠はない……人間は生まれながらに、平等ではなく公平な配分を好む。平等か公平かのどちらかを選ぶとしたら、平等だが不公平な状態よりも、不平等だが公平である状態を選ぶ。これは臨床研究、異文化間研究、乳幼児の実験結果であきらかだ」[†14]

第二の結論は、客観的に見て不公平で不当な状況（第二のシナリオのように）がさまざまな問題を引き起こすわけではないということだ。受け止め方が大きく関係する。第三のシナリオには悪役はいないが、多くの人が自分は公平な扱いを受けていないと感じる。不公平と認識することについては、次章で掘り下げる。本章を締めくくるにあたって、あらゆるところで集中が起きていること、それが経済と社会をがらりと変えていることを指摘しておきたい。

第13章

絆の喪失と分断

皆がしっかりと団結しなければ、全員が引き離されて吊るし首にされてしまう。
——アメリカ独立宣言署名時にベンジャミン・フランクリンが言ったとされる言葉、1776年

アメリカ海兵隊大将ジェームズ・マティスは軍人としての長いキャリアを通じて祖国と軍に禁欲的ともいえるほどの献身を示し、闘士として畏敬され、学者としても定評がある。それだけに、2017年、もっとも懸念すべきことは何なのかと問われた際のマティスの言葉にはずしりと重みがある。

マティスは、北朝鮮の厄介な核問題、世界の大国として勢力を増している中国の野心、不安定な中東情勢、サイバー攻撃とデジタル戦争に非対称戦争、その他、現代のアメリカ軍の大将が挙げそうなことはなにひとつ口にしなかった。彼は次のように答えた。

「人として基本的な温かいつながりがなくなっている。アメリカでも世界中でも、精神的に、そして実際にも疎外されていると感じる人々がおそろしく大勢いるのではないか……戦地から帰還した軍人が孤立し苦しむケースがますます増えて深刻な状況だ。それはＰＴＳＤ（心的外傷後ストレス障害）の症状なのだと彼らは受け止めている。その可能性はあるが、ほんとうの問題は疎外感である。大きな何かの一部であるという意識を共有できなければ、思いやりなど芽生えるだろうか」[十一]

資本が減っている

マティスの指摘は、社会科学者が言う社会関係資本［ソーシャルキャピタル］の衰退化である。この言葉は19世紀から20世紀に変わる頃から使われており、「個人と個人のつながり――そのつながりから社会的ネットワークと互酬性が生まれること」と社会学者ロバート・パットナムは定義している。[十二]重要なポイントはふたつだ。第一に、個人であっても複数の人々であっても、あくまでも人と人のつながりである（したがって市民と政府、学生と学校との関係は該当しない）。第二に、人と人のつながりから信頼と互酬性――好意的な行動を返す――が生まれる。裁判所などの公的機関とはこのような関係は生まれない。

社会関係資本はたいへん貴重だ。ある種の富である。お金、機械、建物など物的資本と同等に重要だ。マティスの指摘通りアメリカの社会関係資本が衰退しているのであれば、国家の富が失われていることを意味する。実際、それを示す大量の証拠がある。アメリカの社会関係資本は大規模かつ大幅に衰退している。1970年代の前半、アメリカの生産年齢に当たる人々の60%あまりは、「たいていの人は信頼できる」と考えていた[†3]。それが2012年の時点では、生産年齢に当たる人々の20%あまりだけが同じ回答をしている。政府はもっと厳しい数字をつきつけられた。ピュー研究所の調べによれば1958年から2015年までの間に、連邦政府を信頼する国民の割合は約73%から約19%に下落したのである[†4]。

工業化時代の始めの頃にアメリカを旅したトクヴィルがひどく驚いたのは、若い国の豊かな社会関係資本であった。そこには自発的で政治色のないグループが「無数に存在」し、活動しているのを見て彼は驚嘆した。

「年齢、立場、考え方もさまざまなアメリカ人同士がしっかりと団結している。商業関連、産業関連の団体に加わるのはもちろん、それ以外の団体が無数にある。信仰、モラル、厳粛、軽薄、間口が広い、狭い、巨大、きわめて小さいなど、さまざまな特徴があり……フランスなら政府主導、イングランドなら偉大なる君主が主導するような新しい事業が、アメリカではそうした団体の主導でおこなわれる[†5]」

ところが〈セカンド・マシン・エイジ〉に入ると、この考察の通りではなくなっていた。ロバート・パットナムは人々が自発的に集まり活動する団体がことごとく衰退している状況を目の当たりにした。複数の人が集まってスポーツを楽しむような集団も例外ではなかった。それをそのままタイトルにしたのが、2000年の彼の著書『孤独なボウリング』〔邦訳：柏書房〕だ。

命にかかわる衰退

社会関係資本〔ソーシャルキャピタル〕をつくるのは人と人のつながりである。その衰退を示すには分断という表現がよく使われる。人と人の関係が弱くなったり断たれたりして、人々の結びつきが衰退化していく、それが分断だ。これは経済を蝕んでゆく。なんといっても、ビジネスは信頼と互酬性に大きく支えられているからだ[*]。それだけではない。分断は人の健康を蝕んでいくことが最近あきらかになった。

2015年、経済学者アン・ケースとアンガス・ディートンはアメリカ人の死亡率のデータから、不穏な傾向が読み取れると発表した[十6]。第11章で見たように、世界全体では人はおおむね長生きするようになっており、ほぼすべての人口統計学的な属性で死亡率は下がっている。ケースとディートンはそこに例外を見つけた。アメリカ人の中年の白人については、死亡率が上昇していたのだ。

といっても、この条件に当てはまる全員、あるいはすべての死因に関して死亡率が上がったわけではない。該当するのは、教育水準がもっとも低い白人の中年、そして死因は自殺、薬物の過剰摂取、肝硬変（しばしばアルコール依存症が引き起こす）などの慢性肝疾患である。すみやかに、あるいは緩慢に自らを殺している人々だ。しかも、全体的に下がっていた死亡率の傾向を変えるほどの人数である。ケースとディートンはこの現象を「絶望死」と名づけた。

　こうした死は増えつづけている。アメリカの自殺率は２００９年から２０１６年までに14％上昇した。[†7] 第二次世界大戦終了以来、ここまで増えたことはなかった。薬物過剰摂取による死はさらに急激に増えている。２００８年から２０１７年までにほぼ倍増し、２０１７年は７万２０００人が薬物過剰摂取で命を落とした。ベトナム戦争で戦死したアメリカ軍兵士は5万８２２０人と記録されている。それをしのぐ人数である。

　絶望死の急増は、アメリカの公衆衛生上の緊急課題だ。アメリカ疾病対策センターによれば、２０１６年の死者のうち19万７０００人は自殺、アルコール依存症、薬物乱用に関連した死であった。[†8] これはＨＩＶ／エイズ流行がピークとなった１９９４年のエイズ死亡者４万４６７４人[†9]の４倍以上だ。[**] しかも、不思議なのは死亡率が上がったのは景気後退の時期（公式には２００９年６月に終わっ

＊裁判所がうまく機能するからといって、取引の相手を訴えて約束を守らせるようなことをするよりも、たいていは相手を信頼したいと思う。
＊＊２０１５年には、アメリカの年間エイズ死亡者数は８０００人未満にまで減った。

ている）よりも、むしろその後に経済が順調に拡大した時期だった。2019年1月、アメリカの雇用者数は100カ月連続で増えた（これまでの最長記録）。景気後退の終了時に比べて22％を超える増加を記録し、[†10] 失業率はわずか4％という低水準だった。

この拡大期には富と収入の増加に集中が起きて、すでに裕福だった人々と世帯がさらに豊かになったのは前章で述べた通りだ。それ以外の人々と世帯も、この時期には大多数が経済的に潤った。政府からの支援や会社が提供する福利厚生などもあり、極端に困窮するケースはあきらかに減った。[†11]「2014年の時点で極貧状態に置かれた子どもの割合は低く、少なくとも1979年より前の水準には戻っていない」と研究者スコット・ウィンシップは指摘する。[†12]

アメリカの自殺率がここまで上昇したのは2016年以来だ。[†13] 世界金融危機とそれに続く10年間は、人々が貧困に苦しんだ時期だった。年間失業率は最高で25％近くに達し、政府からの支援としてのセーフティネットは事実上なかった。[†14] では、なぜいま、経済が成長しているにもかかわらず絶望死が増えているのか？

一言で説明がつくものではなく、すべての理由が十分に解明されているわけではない。自殺と薬物の過剰摂取が増えている理由を、経済的な困窮などたったひとつの要因に結びつけるのは間違いだ。複数の要因が絡み合う複雑な現象であると認識しよう。たとえば薬物の過剰摂取が急激に増加している背景には、さまざまな強力な薬物が入手できるようになったという事情が関係しているはずだ。(*) 自殺と薬物の過剰摂取には、ある要因が共通している。それは分断である。人と人のつながりが減ることで、絶望死が増えていく。

この問題については、すでに多く論じられている。フランスの博学者で社会学者のエミール・デュルケームは1897年に著書『自殺論』〔邦訳：中央公論新社〕を出版した。自殺は各人の個性あるいは精神疾患に根ざしたものというよりも、基本的には社会現象であると彼は説く。人々が家族や親族との密なつながりを（離婚によって）失ったり、職場の同僚との密なつながりを（失業によって）失うと、自殺が増える。自殺の主要な原因としてデュルケームは「社会からの脱落」（科学的ではないが適切な表現である）を強く主張し、1世紀あまりにわたって累積した証拠と研究はこれを裏付けている。2018年、WHOは「孤独感」が世界全体で自殺に強く関係しているという研究結果をあきらかにした。[†15]

薬物の過剰摂取の増加にも、人と人のつながり、コミュニティとのつながり、社会的なつながりの衰退が関係していると思われる。薬物の強力な成分だけが依存症と過剰摂取をもたらすのではない。そこにトラウマと孤独があるからだ。世界規模で「薬物との戦い」を研究する作家ヨハン・ハリは、「依存症の反対語は素面《しらふ》ではなく、絆だ」と表現する。[†16] 研究者マイケル・ゾーロブとジェイソン・サ

＊たとえばオピオイド系鎮痛剤、ブラックタールヘロイン、フェンタニルといった合成オピオイドなど。

レーミも、おそらくうなずくだろう。2017年、彼らはアメリカ全体で社会関係資本と薬物の過剰摂取による死には強い相関関係があることをあきらかにした。他の条件が同じであれば、社会関係資本が少ないほど致死率が高い。アメリカ人は「孤独なボウリングをして、一緒に死ぬ」。これが研究者の結論である。(十17)

ばらばらに

このように分断——社会関係資本の衰退——は絶望死を招くことにもなる。それでも、一部の人は社会関係資本をつくることに後ろ向きだ。社会関係資本を求めていない人々の存在を物語る証拠は増えていくばかりだ。第10章で述べたように、多くの国で多元化が進んでいる。民族の多様性、移民、ジェンダーの平等に加え、同性婚など新しい生き方へのサポート、そして関連する諸々の変化が社会の多様化をうながす。

最近の一連の研究で、調査対象とした国すべてでこうした多様性の増加にどうしても耐えられない人々がかなりの割合で存在することがあきらかになった。彼らは、すべての場所で何もかもが同じでなければ気がすまない。信条、価値観、習慣などが揃っていることを重視する（むろん、自分の信条、価値観、習慣に合っていることが前提である）。中央が強い権限を持ち、それに皆が従順にしたがうことを支持する傾向が強く、こういうパーソナリティの持ち主を政治学者カレン・ステナーは「権威主義者」と分類する。アメリカ、ポーランド、トルコ、ハンガリー、フィリピン、ブラジルといったさまざまな国の最近の選挙結果は、権威主義的なリーダーを望む人々が世界的に増えていることを示している。

どのように権威主義が生まれるのか、個人のパーソナリティという潜在的な状態から実際の行動としてどのように表面化するかをステナーは検証し、次のように述べる。

「人が権威主義になっていく——人種、道徳、政治に関していっそう不寛容になる——典型的な状況としては、『リーダーや権威、制度に敬意を抱けなくなる』『価値観の衝突を自覚する』『社会におけるコンセンサスの欠如』『信条を共有できないという感覚』『人種的・文化的・集団的なアイデンティティが崩壊する実感』などがある。『自分たちは何者であるのか』がわからなくなり、『自分たちの生き方……』を失ってしまう状態である。このような、脅かされる状況あるいは安心できる状況というものは現実にそうである場合と、感覚的にそうと受け止めている場合がある。政治的な変化や社会的変化が実際に起きて、それを反映している場合もあるが、マスコミの報道や政治的操作でそう思わされている可能性もある[†18]」

ステナーは当事者の認識をとくに強調している。人が権威主義になるきっかけは、実際の経済、政治、社会の変化だけでなく、どう感じるのかも大きいのだ。これについては本章で後述したい。

権威主義は社会関係資本を損なう。同調圧力に屈して従順でなくては信頼も互酬性も得られないからだ。多様性に価値を置く人々からすれば、到底受け入れがたい。これでは多元主義者と権威主義者はわかりあえないだろう。潜在的な権威主義が表面化していくにつれて、人と人のつながりが壊れ、社会関係資本は衰退していく。

この分断を、ピュリツァー賞受賞作家アン・アップルバウムはじかに経験した。彼女が夫で政治家ラドスワフ・シコルスキとともにポーランドのいなかで新年のカウントダウン・パーティーを催したのは1999年のこと。それから何年もたって、分断があらわになった。パーティーの席でゲストたちはある種の連帯感で結ばれていた。共産主義も鉄のカーテンも過去のものとなり歴史に埋もれていくのだと、楽観的な思いで21世紀を迎えたのである。その後、年を追うごとにアップルバウムの友人と仕事仲間は権威主義を隠さなくなってゆき、深い分断が生じた。2018年、アップルバウムは次のように述べている。

「ほぼ20年が過ぎた現在、私は通りを横切ってでも、あの時カウントダウン・パーティーにいた人たちの一部を避けるだろう。彼らもわが家には足を踏み入れようとしないだろうし、足を踏み入れた過去をなかったことにしたいだろう。あのパーティーにいた人たちはほぼ半々に分かれ、口もきかない状態なのだ(†19)」

〈四騎士〉に取り残されて

こうした状況と〈希望の四騎士〉はどう関係しているのだろうか。社会関係資本が衰退し、分断と権威主義が増えている事態と〈四騎士〉を結びつけることができるのだろうか。あきらかにふたつの騎士は直接、そして間接的に関わっている。それは資本主義とテクノロジーの進歩だ。

これまでの章で見てきたように、この〈二騎士〉が世界中を駆け巡るとともに経済の地理的な集中が起きた。多くの社会的なつながりが壊れた。地域から企業、職場、仕事が姿を消すからだ。たとえ景気そのものが拡大したとしても、そうなる可能性はある。アメリカのGDPは、2009年半ばに景気後退を脱して以来、約25%成長した。その一方で国内の約3000の郡のうち20%あまりは2010年から2017年にかけて総生産が減っている。[†20] 成長していなかったのだ。

経済活動として人々がモノをつくり交換するなかで、つながりが生まれて社会関係資本が形成される。郡の工場が閉鎖され農場が廃業すれば、生産高が減るのはもちろん、人と人のつながりが切れていく。組み立てラインで働いていた労働者が、工場閉鎖後もつながりをそのまま維持するのは現実的ではない。経済活動と社会関係資本は密接に関わっているのである。

デュルケームはこれをよくわかっていた。『自殺論』で、激動の工業化時代において社会関係資本の維持に企業が大きな役割を果たすと次のように述べている。「個人が孤立し道徳的価値を共有できていない状態から抜け出すために必要な環境を、職業集団はすべて備えている」[†21]。〈セカンド・マシン・エイジ〉は集中をうながし、製造業などの業界では既存企業が減り、職も減っていく。デュルケームが指摘した環境が減っていく。「孤立し道徳的価値を共有できていない状態」が増加し、自殺が増えるのは、少しも不思議ではない。

2018年に作家アンドリュー・サリヴァンは、薬物の過剰摂取についてのエッセイにおいて、やはり工業化時代の働き方の重要性を指摘している。アメリカで致命的な薬物過剰摂取がこれほど増えているのに対し、ヨーロッパ諸国ではさほどではない状況について、サリヴァンは次のように説明した。「ヨーロッパでは工業化よりもはるかに前から市や町が存在していた。それに対し、アメリカの中西部の大部分では工業化以前の歴史が残っていない。かつてのネイティブアメリカンの社会は破壊されてしまった。工業化を支えた構造がそっくり消えてしまう――とりわけ市場の自由競争への干渉が最小限の国でグローバル化に拍車がかかる――ことは、経済の領域の現象と片付けることはできない。それは文化を、そして人の精神状態を荒廃させていく」[†22]。その荒廃がいま多くの命を奪っているとサリヴァンは考える。

絶望死によって浮き彫りになるのは、分断である。経済活動が地理的に集中するにつれて絶望死は増えている。そして資本主義とテクノロジーの進歩から取り残された領域の多くで絶望死が増えている。これは決して偶然ではないはずだ。資本主義とテクノロジーの進歩は脱物質化をうながし、自然界と人間の暮らしを根本から大幅に改善する原動力となっている。一方で、仕事を介して人と人がつながっていたコミュニティでは経済活動の集中化でつながりが失われ、多くの分断が生じた。これも〈二騎士〉がもたらしたものである。

ケースとディートンは次のように述べている。「学位を取っていない［ヒスパニック系を除く白人の］死亡率と罹患率はどちらも……未婚率の上昇、社会的孤立、労働市場からの離脱など社会的な問題と足並みを揃えて変動することが、データから読み取れる」[†23]。第二次世界大戦後の数十年で形成されたアメリカの中流層は、大学を出ていない白人で占められている。資本主義とテクノロジーの進歩で経済の集中が進むにつれて、中流層の主流であった人々は絶望に蝕まれていく。

不公平を描くグラフ

資本主義とテクノロジーの進歩は、間接的にも分断をうながす。人々の認識——属するコミュニティ、社会、経済がどういう状態なのかについての考え——に影響を与え、それが分断へとつながっていく。権威主義について前述した際に述べたように、客観的な事実と同じく、人がどう感じるのかは重要だ。前章の最後に挙げた3通りのシナリオのうち、資本主義とテクノロジーの進歩が強力で多くの企業、仕事、コミュニティが崩壊するという第三のシナリオは、経済が悪化していなくても包括的制度が維持されても、人々に不公平感を与える可能性がある。こんなはずではなかったという思いが広がりかねない。

実際のところ、資本主義とテクノロジーの進歩は人々の気持ちに変化をもたらしているのだろうか。富と収入の不均衡は確かに起きている。果たして不公平感も増しているのだろうか。

2016年、社会学者アーリー・ラッセル・ホックシールドは、ティーパーティー運動を支援したルイジアナの人々の信条・見解をまとめた研究を出版した[*]。同年、アメリカの社会学者キャサリン・クレイマーは、ウィスコンシンの地方在住の有権者に焦点をあてた同様の研究をまとめて出版している。ホックシールドの著書は『*Strangers in Their Own Land*』［邦訳：『壁の向こうの住人たち』岩波書店］、クレイマーの著書は『*The Politics of Resentment*（憤怒の政治学）』［未邦訳］と、タイトルが絶妙だ。いずれのタイトルも中身も、人々が抱いている不公平感がにじみ出ている。ホックシールドは、人々がアメリカンドリームの実現を目指して辛抱強く列に並ぶイメージを描き、彼らに代わって心情を語る[†24]。「黒人、女性、移民、難民、カッショクペリカンが、次々に割り込んでくる。この国を偉大にしたのはあなたのような人たちなのに。心がざわつく。もっとはっきり言おう。割り込んだ者たちに我慢ならない。彼らはルールをふみにじり、公正さを損なっている。憤慨して何が悪い、と思う」[**]

この2冊を始め、最近の多くの調査研究が中流層と低中流層の世帯とコミュニティに焦点をあてている。社会のこの区分に属する人々の強い疎外感と憤慨を知るひとつの手がかりは、経済学者のブランコ・

実質所得の伸び（1988〜2008年）（†26）

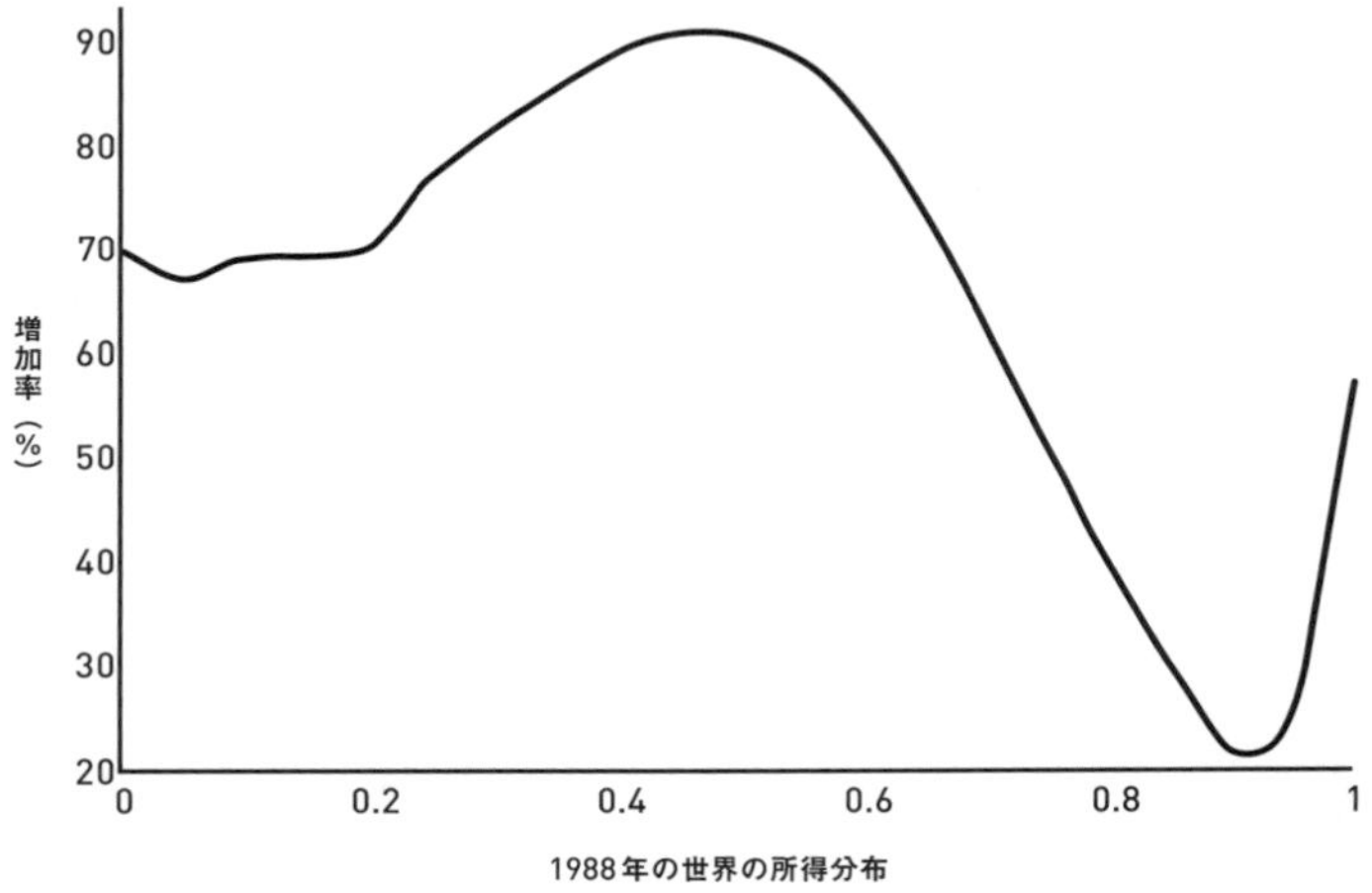

ミラノヴィッチとクリストフ・ラクナーが作成したエレファント・カーブと呼ばれる有名なグラフだ。(†25)

これは世界のもっとも貧しい人からもっとも裕福な人まですべてを並べ、その実質所得の推移を１９８８年から２００８年まで追うという画期的な試みだった。その結果あらわれたグラフは、たとえて言うと、ゾウが長い鼻の先を上に向けているような形をしていた。

このグラフからは、20年間で世界中のほぼすべての人の実質所得が大幅に増え、50％を超えるケースもかなりあることがあきらかだ（第1章で見たように、工業化時代以前には、世界全体で実質所得が１・５倍に

＊ティーパーティー運動は21世紀の初期に始まったアメリカの保守派の政治活動。１７７３年のボストン茶会事件にちなんで名づけられた。課税への反対運動として船の積み荷の茶箱がボストン湾に投げ捨てられた事件である。

＊＊カッショクペリカンは環境保護が優先される風潮を象徴している。

なるのに、なんと8世紀もかかっていた)。世界全体で広範囲にわたって収入が増えていると第11章で述べたが、このグラフはそれを示している。全体的に好ましい傾向だが、ひとつだけ例外がある。ゾウの頭と鼻先の間が落ち込んでいるのは、一目瞭然である。最富裕国の中流層に相当する部分だ。ミラノヴィッチは次のように述べる。「所得の伸びがもっとも少なかった人々は、ほぼすべて『成熟経済』……に含まれる……昔から豊かな国々である……ドイツの所得分布の中央値付近の人々は20年間で、実質所得がたったの7%増、アメリカは26%増だった[†27]」

エレファント・カーブは、形と意味合いについて多くの議論を巻き起こした。そして多くの修正と変更が提案されてきた[*]。私が見た限り、修正版すべてにおいて、アメリカなど豊かな国の中流層の数値はもっとも低い位置のあたりだ。1世代にわたって所得の伸びが世界でもっとも低い集団である。

エレファント・カーブと同種のグラフは以前にもつくられていたが、ゾウとは似ても似つかない形だった。どれも限りなく平らな線に近く、世界中の人の所得が、ほぼ同じ割合で増えていると思えるものだった[†28]。わずか30年前から、ゾウのような形があらわれた。頭の部分は大部分の人々を、高く持ち上げられたゾウの鼻は世界でもっとも富裕な人々を示し、その間の谷底の部分にあてはまるのは、豊かな国々の中流層である。

こうした中流層の所得は、第二次世界大戦後の数十年は大幅に増えつづけた。ところがその後、所得の増加の伸びが鈍くなる。同時期、他のほぼすべての人々——中国の組み立てラインの労働者からインドのコールセンターの従業員、ニューヨークの銀行家、シリコンバレーのベンチャーキャピタリストに至るまで——は、かつてないほど所得が増えていたというのに。

これは不当だと、豊かな国の中流層の多くは感じるのではないだろうか。資本主義とテクノロジーの進歩がなおも世界に浸透し、〈セカンド・マシン・エイジ〉が進行すればするほど、そういう思いがくすぶっていっても不思議はない。分断が深刻化する理由の一部は、資本主義とテクノロジーの進歩がもたらす構造と無機的な力にある。信頼、互酬性、そしてマティスが「大きな何かの一部であるという意識」と表現した感覚を損ない、怒り、恨み、疎外感をもたらしてしまう。

このように資本主義とテクノロジーの進歩は、直接あるいは間接的に分断を助長する。では〈希望の四騎士〉のうち、それ以外の〈二騎士〉——反応する政府と市民の自覚——はどうだろう。いま進行している社会関係資本の衰退にどう関わっているのだろうか。

民意を反映しない政府

アメリカの経済も人口も、地理的な集中が進んでいる。これは前章で述べた通りだ。経済活動が

＊ここで紹介するグラフは、まず国ごとに所得の増加率を算出し、それから世界全体を集計した。

「密に集中」すれば、職も人も狭い範囲の土地に集中する。東海岸と西海岸に近い都市と州では、経済成長と人口増加が一気に進むケースがめずらしくない。対照的に、昔からの農業地帯や工業地帯では成長の鈍化、あるいは衰退が起きる。こうした集中は、アメリカ政府の反応のすばやさに影響しているだろうか。

じつのところ、影響はあまりない。近年、アメリカの人口は州ごとに差がひらいている。だが、もともと人口の差は大きかった。そのため上院と大統領選の選挙人団など政治的に重要な部分に関しては人口の集中に反応しにくい、あるいは反応しないように設計されている。過去の歴史を辿っても、上院と選挙人団はその時々の民意をよく反映していたとは言いがたいようだ。政治アナリストのフィリップ・バンプは次のように指摘する。「国勢調査データを１７９０年にまで遡っても……人口が多く、合計すれば国の総人口の半分あまりとなる各州に割り当てられた上院の議席は全体の約5分の１に過ぎなかった。それは２０１６年も同様である」[†29]。アル・ゴアは２０００年に、ヒラリー・クリントンは２０１６年に、一般投票で勝利したものの選挙人団の投票で過半数を取れなかった（そのため大統領にはならなかった）。19世紀にも同じようなことは三度起きている。これを踏まえると、地理的な集中によってアメリカの国政が昔よりも民意を反映しなくなった、とは必ずしも言えないのである[†30]。

ただ、強力な証拠にもとづいて確実に言えるのは、少なくともアメリカでは政治の二極化が進み、議員たちが党の枠を超えて協力するケースは昔に比べると減ったということだ[†31]。アメリカの二大政党制、そして連邦法の制定には議会両院の承認と大統領の署名が必要な仕組み(*)、近年の政治の二極化という3つの要素により、民意は政治に反映されにくくなっている。世論調査によれば、アメリカ人の過半数は一貫して、銃規制の強化、不法滞在者の市民権獲得、妊娠中絶の権利、地球温暖化対策に支持を表明している。(†33) しかし、共和党は1980年代前半から着実に右傾化し、いずれのリーダーもこうした民意に応えてこなかった。(**)

世界全体では、近年、別の面でも政府は後退を余儀なくされている。「政治とは、可能なことを実行する技術である」という有名な一節は、1867年にドイツの政治家オットー・フォン・ビスマルクが述べたものだ。(†34) それから1世紀半後、工業化時代から〈セカンド・マシン・エイジ〉へと急速に進み、分断、権威主義、二極化によって政府の実行力は衰退しているように思われる。

信じるものの正体

権威主義と多元主義は価値観においても道徳観においても深刻な違いがあり、分断が起きてしまう。この分断が解消されないまま、そこに地理的な集中、政治の二極化、社会関係資本の衰退が重な

＊上下両院が3分の2の多数で再度可決すれば大統領拒否権を覆せるが、稀にしか起こらない。実際に覆されたのは、1割に満たない(†32)。

＊＊アメリカの民主党はあきらかに左傾化した。

ると、深刻な事態が持ち上がる。人々が真実を否定し、誤った情報や陰謀論など真実ではないことを信じるようになる。客観的事実への市民の自覚は、分断によってあっけないほど崩れてしまうのだ。

たいていの人は、真実だと確信できるものを信じる。その理由は、周囲が皆そう信じているから、というケースがとても多い。ひとつには、身近な人に倣わなくてはという圧力によるものと考えられる。この現象を実証したのが、1950年代にソロモン・アッシュがおこなった有名な実験だ。その実験では、同じ部屋にいる人の「大多数」が同じ回答をすると、たとえそれが誤っていても、残りの人もそれに倣った（「サクラ」が「大多数」を演じていただけだった）。

もうひとつの理由は、人間は気づかないうちに多くの知識を他者に頼っているからだ。スティーブン・スローモンとフィリップ・ファーンバックは著書『知ってるつもり――無知の科学』［邦訳：早川書房］で次のように説明する。たいていの人は水洗トイレの仕組みを知っているつもりでも、排泄物がどのように処理されて水がどのように足されるのかというメカニズムを具体的に説明できない。これは「説明深度の錯覚」と呼ばれるもので、缶切りの仕組み、環境汚染を減らすためのキャップ・アンド・トレード制度の仕組みなど、あらゆるものが該当する。

生きていくのに欠かせない知識の大部分を人任せにするのは、ごく自然ななりゆきだ。いまの世の中はとんでもなく複雑になっている。桁外れの天才であっても、その仕組みのほんの一端を理解するのがせいぜいだ。知識が細分化されて、社会と経済を構成する人々の脳みそが分担するようになったのは、そうするしかないからだ。
真実ではなく、かえって有害なことを社会の多くの人が信じるようになると、困ったことになる。その一例が、ワクチンにまつわる誤った思い込みだ。いまどきのワクチンはリスクが非常に高いから幼い子どもは接種しないほうが安全、と信じる人々がアメリカの一部のコミュニティに増えている。実際には乳幼児期のワクチン接種が世界中の公衆衛生で大きな勝利をおさめているというのに。
世界中の子どもの約90％は百日咳のワクチン接種を受けている。(†35) 百日咳は咳の発作をともない、非常に感染力が強く乳幼児にはとりわけ危険だ。(*) ところがロサンゼルスの幼稚園の一部では、在籍する子どもたちの過半数がこのワクチン接種を免除されている。親がそのために書類を提出して手続きをしているからだ。裕福で教育水準が高い人々が集まるコミュニティである場合が多く、そこの子どもたちの予防接種率はチャドと南スーダンとほぼ同じレベルだ。(†36) その結果、アメリカでほぼ姿を消していた百日咳は、ふたたび公衆衛生上のリスクとなった。1995年、百日咳による死者は全米でわずか6人だった。(†37) だが2017年には13人に(†38)急増している。(**)
この例のように、真実ではないこと、むしろ有害であることを真実だと思い込む人が社会集団のな

＊百日咳の咳発作はとても重く、ゼーゼーという音をたてて患者は呼吸するのも難しくなる。
＊＊ワクチン拒否の流れはアメリカだけに限ったことではない。ヨーロッパにおける2018年のはしかの罹患数は8000件と、2016年の15倍である(†39)。うち72名が亡くなった。

かで増えてしまうと、正しいとみなされるおそれがある。それほどまでに、私たちは重要な知識を他者に依存している。分断が深刻化する例をもうひとつ挙げよう。価値観と信条が異なる人とのつながりを回避し、似た考えの人々が集まろうとする傾向が強まっている。これをジャーナリストのビル・ビショップは、「壮大な分類」と表現し、次のように述べている。「もっとも心地よく感じる集団を選び、自分にとって好ましい社会的環境を人々が追求していくと、国内の政治的な分断が進む。均質な集団内で通用する正義が幅を利かせ、多様な意見が出るメリットが失われる[†40]」

明白な事実が市民の共通認識として広まっていかないのは、もうひとつ大きな理由がある。私たちは自分の核となっている価値観と信条を変えることには強い抵抗をおぼえがちだ。誰にでも道徳の基準はあり、人によってその基準は異なるのだと心理学者ジョナサン・ハイトは検証している。資本主義を支持する人は、個人の自由を確保するための制度として最高だと信じている。逆に、資本主義は人々を抑圧する制度以外の何ものでもないと信じる人もいる。また、情け深く全知の神の存在を心から信じる人がいる一方で、筋金入りの無神論者がいる。公平と平等は同じ（全員が同じだけ受け取る）だと信じて疑わない人もいれば、釣り合いがとれていることが公平である（貢献度に応じて受け取る）と主張する人がいる。

地球温暖化はアメリカを陥れるために敵がでっちあげた作り話[*]、と信じる人々のコミュニティに進んで身を置く人は、気候変動についていくら科学的に説明されても考えを変える可能性は低い。温室効果ガス排出の削減を積極的に推し進める政策にも賛同しないだろう。遺伝子組み換え作物は神聖な自然を冒瀆するものであり、安全ではない(**)と皆が信じるコミュニティに属していれば、農業への使用には断固反対するだろう。

分断があると、重要な事柄について市民が共通の認識を抱きにくくなる。これでは効果的な行動を実現に移すのは難しい。とりわけ、世界的な状況や、対策について幅広い合意——国家レベル、それを上回るレベルの合意——にもとづく行動にとって足枷となる。

1980年代と90年代のオゾンホール問題では、第9章で述べた通り、幅広い合意のもとにフロン削減を実現できた。だがその後、社会関係資本（人間同士のつながりのネットワーク）は減っていった。幅広い市民の自覚についても、同じことが言えるだろう。

第15章では人と自然界をよりよい状態にするための方策について検討するが、そこでふたたび分断について取り上げる。第14章では未来に目を向け、「モア・フロム・レス」がつづけられるのかを考えたい。脱物質化、それがもたらすさまざまな現象が今後も続くと、胸を張って言えるだろうか。

*「作り話」というのは事実ではない。
**「安全ではない」というのは誤りである。

第14章

この先にある未来へ

私なりの長期予測を立てると、たいていの国の、たいていの人々は、この先も暮らしの物質的な面はほぼずっと上向いていくだろう。

——ジュリアン・サイモン、ワイヤード誌、1997年(*)

これまでの章で述べてきたように、資源消費量は減り、公害も減り、それ以外の面でも私たちは地球を大事にできるようになった。すばらしい成果である。果たしてこのまま続くだろうか？　もしかしたら、現在は束の間の心地よさを味わっているだけで、じきに工業化時代よりもさらに貪欲な時代に突入するのだろうか。そうなれば私たちが地球に与えるフットプリントはとてつもなく大きくなり、マルサス主義的な崩壊を迎えるのか。

その可能性はある。しかし、私はそうは考えない。むしろ、人類はもっと地球を大事にしていくのではないか。〈セカンド・マシン・エイジ〉は人類にとって新たなスタート地点として歴史に刻まれるに違いない。より少量の天然資源を使い、地球をもっと大事にして、たとえ持続的に人口が増えても豊かになっても、人類はいつまでも足取り軽く進む。そのスタート地点として。その根拠をひとつ挙げるとすれば、２０１８年にノーベル経済学賞を共同で受賞したポール・ローマーの研究である。

成長するための発想

ローマーは、企業が新しいテクノロジーを購入するなど外から取り入れるのではなく、企業が自らつくりだすという発想に切り替えることを提唱し、経済学に大きな貢献をした（１９９０年にローマーは有名な論文「内生的技術変化」を発表している）。ローマーは、こうしたテクノロジーをデザインやレシピのようにとらえ、「原材料を結びつける手順」と表現した。[†1] これは第7章で示したテクノロジーの定義に近い。

なぜ企業がテクノロジーを発明し改善する必要があるのだろうか。答えは単純、利益を得られるから。収益を増やす、あるいはコストを縮小するための手順、レシピ、詳細な計画を企業自らつくりだ

＊サイモンはこの後に次のように付け加えている。「それでも多くの人はこの先もずっと、生きることは過酷になるばかりだと考え、そう言いつづけるだろうと、私は予測する」

すということだ。こうしてテクノロジーが進歩するためのインセンティブをふんだんに提供するのが資本主義である。これも第7章で繰り返し述べた通りだ。

ここまでは、すでに述べた資本主義とテクノロジーの進歩の相互作用の範疇といえるだろう。ローマーの天才ぶりが発揮されるのは、企業が利潤追求のために生み出す新しいテクノロジーについて、ふたつの特性を指摘している点だ。第一に、非競合性である。これは、テクノロジーを複数の人あるいは企業が同時に使える、しかも使い果たされることがないという特性である。原子で構成される大部分の資源はこうした特性を備えていない——あなたが車のエンジンに使った1キログラムのスチールを私も使う、ということはありえない。ところがアイデアや手順は、これが可能だ。ピタゴラスの定理、蒸気機関の設計図、おいしいチョコレートチップクッキーのレシピは、どれだけ使っても「使い果たす」ことはない。

企業発のテクノロジーの第二の重要な特性は、部分的な排除性だ。他者が使うことを阻む余地がある、という意味である。そのテクノロジーを秘密にする（たとえばコカ・コーラの正確なレシピ）、特許を申請する、知的財産保護など、方法はいろいろある。とはいえ、いずれも完璧ではない（だから部分的であり余地があるとなる）。企業秘密の漏洩が起きる。特許は期限切れを迎える。期限切れを迎えるまでもなく、特許を申請する時点で新しいアイデアの内容をあきらかにしている。

部分的な排除性のすばらしさは、まず、企業に強力なインセンティブを与える点だ。利益をもたらしてくれる有益なテクノロジーをつくれば、しばらくは自分たちだけが恩恵を得られる。それでも新しいテクノロジーは、いずれ「漏出する《スピルオーバー》」運命だ。時とともに拡散し、多くの企業が使うようになる。発案者が望むかどうかは別として、それは止めようがない。

非競合性で部分的な排除性を備えたアイデアを企業がつくりだすことは、まさにテクノロジーの進歩であり、経済成長の原動力になるとローマーは示した。アイデアを燃料とした成長は時が経っても鈍ることがない。ローマーはそれも実証した。労働力の規模や天然資源の量などの要因で成長が阻まれることはない。制限する唯一の要因は、市場においてアイデアを生み出す人間の能力だ。ローマーはこの能力を「人的資本」と表現し、1990年の論文の最後に次のように述べている。「このモデルがなにより痛快なのは、蓄積された人的資本が大きいほど、経済は急速に成長する点だ」

これは「規模に関する収穫逓増」と呼ばれるようになった概念であり、直感では出てこない画期的なものだ。経済成長のいわゆる正統派のモデルも、たいていの人が思い込みとして抱くモデルも、リターンは時間とともに減っていく——経済規模が大きくなるにつれて成長が鈍っていく——というものだ。10億ドル規模の経済が5％成長するのに比べて、1兆ドル規模の経済が同じだけ成長するのは現実味がないように感じられる。したがって、直感的に正しいように感じる。だがローマーは、人的資本——新しいテクノロジーを考え出してそれを活用する能力全般——が蓄積される限り、経済規模が大きくなっても成長速度は落ちるどころかむしろ速まる可能性すらあると示した。非競合的で非排除的な有益なアイデアは、これからもずっと増えていくと予想できるからだ。アイデアを基盤として経済は成長を続けるというローマーの指摘は説得力に満ちている。

繁栄の構造

ローマーの理論をふまえると、世界全体に浸透するデジタルツール――ハードウェア、ソフトウェア、ネットワーク――とともに私たちは明るい未来を迎えられると強く確信できる。理由はおもに3つ。第一に、こうしたツールはテクノロジーの主要な役割、つまり「原料を結合させるための手順」を提供することに長けている。これは無数の証拠であきらかだ。原料には費用がかかるので、企業各社は利益を最大限にしようと原料の使用量をなんとか減らそうと努力する。ビール缶に使用するアルミニウムの削減、車のエンジンに使うスチールの削減、ガソリンをできるだけ使わない車の開発、紙を使わずに地図を提供するためのソフトウェア開発などにデジタルツールを活用する。いずれも資本主義の核心である利潤の追求が大きな動機であり、必ずしも地球を大事にするためではない。だが、すでに見たとおり資源消費量は減り、地球に恩恵をもたらす。

デジタルツールは、テクノロジーをつくりだすためのテクノロジーである。人間が考案したなかで、これほど多くの成果を挙げ幅広く活用できるものはない。まさにアイデアを考え出すためのマシんだ。多種多様のアイデアが生まれる。設計ソフトウェアがあれば、薄いアルミ缶も軽くて燃費のよいエンジンもできる。ドローンを使えば農地を精査して灌漑が必要かどうかの確認も、ヘリコプター代わりに映画の撮影もできる。スマホはニュースを読んだり音楽を聴いたり買い物の支払いに使ったりもできる。しかも余分な分子は一粒たりとも消費しない。

世界全体でデジタルツールの蓄積は、〈セカンド・マシン・エイジ〉の間に急増している。ひたすら利潤を追求する企業は、原料の使用量を削減することを目指してデジタルツールを駆使し、原材料を結びつける方法を無数に編み出す。アメリカを始めとする先進国では、資本主義とテクノロジーの進歩というふたつの組み合わせが着実に成果をもたらし、経済と社会の明確な脱物質化を実現して地球への負荷を確実に軽くしている。

第二の理由は、デジタルツールはテクノロジーの排除性の解消を促進し、テクノロジーと成長についてのローマーの理論を実現するからである。デジタルツールの普及で、すぐれたデザインとレシピは世界全体で活用されやすくなる。企業にとっては必ずしもうれしいことではない――コスト削減のすぐれたアイデアはできるだけ独り占めしたい――が、排除性はかつてほど万全ではない。

特許権の保護が弱まっているわけではない。デジタルツールが強くなったのだ。ある企業が何かを実現すると、すぐさま他社がハードウェア、ソフトウェア、ネットワークを使って必死に追いつこうとする。知的財産権を尊重してそっくり同じものはつくらないとしても、同じ結果を出すための別の方法をデジタルツールで編み出す。農家は水と肥料の使用量を減らして収穫量を増やすには原材料をどう結びつければいいのかを、それぞれに編み出していく。アップルがiPhoneを開発した時、スティーブ・ジョブズは追随を許すまいと考えたに違いない。しかし独占は維持できなかった。どれほど多くの特許を取得し訴訟を起こしても。ライバルたちはプロセッサ、メモリ、センサー、タッチスクリーン、ソフトウェアを電話に組み込む方法を編み出し、世界中の顧客を満足させた。

iPhone以外のスマホでもっとも使われているOSはアンドロイドだ。無料で使えて自由にカスタマイズできる。グーグルの親会社アルファベットはアンドロイドを開発してリリースし、排除性にはこだわらなかった。どんどん真似して欲しいというあきらかな意図があったのだ。このように価値あるテクノロジーを無料で提供するのは、デジタル業界全体にみられる特徴だ。

アンドロイドはLinuxというOSをもとに開発されている。Linuxは無料で使えるオープンソースのソフトウェアとしておそらくもっとも知名度が高いが、それ以外にもたくさんある。インターネット上にソフトウェアを保管するサービスを提供するGitHub［ギットハブ］は「世界最大のオープンソース・コミュニティ」として無数のプロジェクトをホストしている。(十2) Arduino［アルドゥイーノ］コミュニティは電子機器向けに同様のサービスを提供し、Instructables［インストラクタブル］のウェブサイトには、空気中の微小粒子状物質測定器から工作機械まであらゆる機器のつくりかたが掲載され、知的財産権はいっさい設定されていない。その動機は、じつにさまざまだ（アンドロイドに関してアルファベット［グーグルの親会社］が掲げる方針は利他的なものとはいいがたい——グーグルの親会社は、世界中の携帯電話のユーザが飛躍的に増える可能性を選択した。グーグルで検索し、ユーチューブのようなサービスを利用するユーザが増えることを）。それが結果的にテクノロジーの非排除性という傾向を助長し、成長をうながす大きな力となっている。

第10章で述べたように、スマホの使用とインターネットへの接続は世界中で急増している。充実した図書館が利用できなくても学校に通えなくても、知識を獲得し能力を高めることができるようになった。新しいテクノロジーを活用してスキルを高める機会を、世界中の人々が生かしている。デジタルツールの浸透が明るい未来をもたらすと確信できる第三の理由が、これだ。デジタルツールは人的資本を急速に増やす大きな力となる。

いま第二言語を習得するのに世界でもっとも一般的なのはDuolingo［デュオリンゴ］という無料アプリを使った方法だ。[†3] ウィキペディアの月間ページビューは2018年7月には150億に迫り、[†4] その半分は英語以外である。[†5] グーグルのチーフ・エコノミスト、ハル・ヴァリアンによれば、ユーチューブでは日々、ハウツーものの動画が果てしなく視聴されているという。「幅広い層の人々がこんなふうに、いつでも必要に応じて無料で学ぶことを可能にしたテクノロジーが、かつてあったでしょうか[†6]」

私はローマーの理論に大いに力づけられた。人類の成長と繁栄をうながすのは森を伐採し化石燃料を採掘して燃やす能力よりも、人的資本を蓄積する能力であると納得できるからだ。ローマーの経済成長モデルは、本書でこれまで繰り返し述べてきた資本主義とテクノロジーの進歩という組み合わせを肯定するものである。利益を確実に増やすにはコスト削減が有効だ。現代のテクノロジー、とりわけデジタルテクノロジーは原材料の結合と再結合の方法を無限に編み出して置換、スリム化、最適化、消滅でコスト削減を実現する。近い将来、資本主義とテクノロジーの進歩の組み合わせ、つまり〈二騎士〉が世界を駆け巡らなくなる可能性はなさそうだ。むしろ、経済成長とともに〈二騎士〉はより速く遠くまで駆けていくだろう。ローマーの洞察はそれを明確に示している。

明るく、軽やかな未来

世界には、いまなお貧しく悲惨な境遇の人々が何十億人もいるが、いつまでもその状態は続かないだろう。彼らの大部分は、数年後、あるいは数十年後にはもっと豊かになるだろう。そう断言できる証拠が揃っている。実際に彼らの収入が増えて、消費も増えるとなると、地球にはどんな影響があるだろうか。

これは重要な問題である。歴史を振り返れば、そして工業化時代の経済を参考にすれば、悲観的な予測しか出てこない。ジェームズ・ワットが自作の蒸気機関をお披露目した時から第1回アースデイを迎えるまで、2世紀にわたって私たちの資源消費量は経済成長と足並みを揃えて増加した。マルサスとジェヴォンズの理論の通りに進んでいくように思われた。地球の成長が物理的限界にいつ達するのかという危機的状況にまで追いつめられた。

ところが、アメリカを始めとする豊かな国で、奇妙な、そしてすばらしいことが起きた。より少量からより多くを得られるようになり、人口増加と経済成長を、資源の消費や公害、その他の環境問題と切り離すことに成功した。マルサスとジェヴォンズの理論に替わってローマーの理論に支えられて、これからの世界の変化を考えていける。

つまり、貧しい境遇の人々が豊かになった時の影響を思いわずらうよりも、彼らの経済状態が一刻も早く改善するように手を尽くすことを考えるべきである。それは道徳的な観点だけでなく、地球のために賢明な行動だからだ。現在貧しい国が豊かになっていけば、制度が整えられ、大方はリカルド・ハウスマンが「資本主義的な生産様式への作りかえ［capitalist makeover of production］」と呼ぶ経験をする。この作りかえは誰も奴隷にすることなく、地球に負荷をかけることもない。

貧しい人々が今後豊かになれば、消費も増えていくだろう。ただし消費のしかたは過去の世代とは大きく様変わりするに違いない。紙の新聞や雑誌は読まず、消費する電力のかなりの割合が再生可能エネルギーから、そして（できれば）原子力からのものとなるだろう。価格の安さで選ぶなら、当然そうなっていくはずだ。人々は都市で暮らす。これは第12章で述べたとおり、すでに都市住民となっている。個人で車を所有する可能性は少ない。それよりも数回のタップで多様な交通手段から選ぶだろう。なにより、経済成長を継続し人類と地球を繁栄させていくためのアイデアを、人々は生み出していくだろう。

今後のテクノロジーの進歩について予測するのは、天気を予測するのに似て、短期的には可能でも長期的となるとお手上げだ。不確定要素が多く複雑な要因が多くからんでくるため、30年後にどんなコンピューティングデバイスが使われるのか、２０５０年以降に主流となるのはどんなタイプの人工知能なのかを正確に言い当てることはできない。

ただ、長期的な天気の予測は無理でも気候なら的確な予測ができる。1月と8月のデータから、平均してどれくらい暑いのか、晴れる日が多いのかはわかる。温室効果ガスを排出しつづければ地球の平均気温が上昇していくこともわかっている。同様に、テクノロジーの進歩について未来の「気候」を予測することは可能だ。資本主義の発展にもっとも影響を与える領域で、テクノロジーは大きな進歩を遂げる。これはわかっている。資本主義がコスト削減を歓迎し、テクノロジーの進歩が脱物質化をうながしてコスト削減（そして生産性の向上）の可能性をきりひらくことは、すでに述べたとおりだ。

21世紀はこの先も〈第二啓蒙時代〉が続くだろう。デジタルテクノロジーは引き続き進歩し、増殖し、世界規模で競争は拡大していくに違いない。潜在的な可能性がもっとも高いところで目覚ましいスリム化、置換、消滅、最適化が起きるだろう。規模の大きな業界について、具体的に予測をしてみよう。対象は広範囲にわたる。

〈製造業〉 複雑な部品づくりには工業化時代の技術ではなく3Dプリントが活用されるだろう。ロケットエンジンなど非常に高価なアイテムの作製はすでにおこなわれている。3Dプリント技術がさらに進歩して費用も割安になれば、自動車のシリンダーブロック、エキゾーストマニホールド、複雑な配管、飛行機の支柱と翼の他に無数のパーツづくりに広く活用されるだろう。3Dプリントは無駄をいっさい出さず大量の金型を必要としないので、脱物質化を加速する。

ものづくりに使う材料は今日とは大きく変わるだろう。今日、機械学習とコンピューティング能力は急速に強力になっているので、世界中の分子を大量に調べて、曲げられるソーラーパネルや、より効率的なバッテリー、その他重要な機器にもっとも適している物質を選択できるようになるだろう。いまは適切な材料を探すために時間も労力もかかっているが、変化の時を迎えている。

天然のタンパク質への理解を深め、新しいタンパク質をつくりだすといった方面も変わるだろう。生きるものはすべて、蜘蛛の糸から何から、タンパク質という大きな生体分子でできている。私たちの体の細胞はタンパク質の組み立てラインにあたるが、その組み立てラインがどのように機能しているのか――二次元構造でつながっているアミノ酸がどのように折り畳まれて三次元の複雑な立体構造のタンパク質になるのか――について、いまのところあまりわかっていない。デジタルツールのおかげで、急ピッチで学んでいるところだ。2018年におこなわれたコンテストで、グーグルの子会社ディープマインドが開発したソフトウェアAlphaFold［アルファフォールド］は、提示された43のタンパク質のうち25の構造を正しく予測して1位になった。第2位が正しく予測したのは3回だった。ディープマインドの共同創設者デミス・ハサビスは次のように述べる。「私たちはタンパク質の折り畳み問題を解決した［とは言えない］が、これは最初の一歩だ……私たちにはすぐれたシステムがあり、まだ実行に移していないアイデアが山ほどある」[†7]。すぐれたアイデアが蓄積されていけば、蜘蛛の糸の強さを備えた素材がつくれるようになるかもしれない。

〈エネルギー〉 21世紀、人類にとっての急務は温室効果ガスの削減だ。その方法としては、エネルギーをもっと効率的に使う、そしてエネルギーをつくる際に炭素を排出しないように化石燃料からシフトするというふたつがある。どちらにおいてもデジタルツールが大きな助けとなる。

最近、機械学習と他の技術を組み合わせてデータセンターのエネルギー効率を最大30%高めることに複数のグループが成功したという[†8]。この成果にはふたつの点で、大きな価値がある。第一に、データセンターはエネルギーのヘビーユーザであり、世界の電気需要の約1%を占めているため[†9]、施設の効率化は有意義だ。それにも増して、この成果は他の複雑なインフラ——電力供給網から化学プラント、製鋼所まですべて——のエネルギー使用を大幅に削減できることを示した。これが第二の価値だ。どこも実際にはもっとエネルギーを効率的に使えるはずなのに、それができていない。いまはそれを改善する好機であり、インセンティブも十分にある。

風力発電も太陽光発電も価格が安くなっているので、政府の補助金がなくても新しい発電機用にもっとも費用対効果が高い選択肢となっているケースが世界中で数多くある。いったん稼働が始まれば、こうしたエネルギー源は事実上、資源をまったく使わない。そして温室効果ガスを発生させない。脱物質化の世界チャンピオン候補だ。

今後数十年のうちに、核融合もそこに加わる可能性は十分にある。核融合は太陽など恒星で起きているプロセスで、とほうもないエネルギーをつくりだす。核融合エネルギーの利用は半世紀以上、遅々として進まなかった。つねに20年後には実現する、という古いジョークがあるほどだ。人間がつくる容器内での核融合反応はコントロールの難しさが、大きな課題だった。しかし、センサーとコンピューティング能力がすばらしく進歩し、希望が見えてきた。核融合発電はこれから1世代の後には実現しているかもしれない。

〈輸送手段〉 現在の輸送システムは一言で言うと非効率である。大部分の車両は使われていない時間が圧倒的に多い。使われるとしてもフルに活用されているわけではない。現代の各種テクノロジーを駆使すれば運転手、客、荷、車両の位置がすべて把握できるので、稼働状況と効率性を大幅に引き上げることができる。

その結果として、輸送手段を所有するのではなく借りる選択肢を選ぶケースも出てくるだろう。車を所有しても、一般的に90％あまりの時間は使っていない。それより移動が必要な時に輸送手段を調達しようという人が増えていくだろう。すでにウーバーやリフトなど配車サービスの企業が登場している。こうしたサービスは世界中に急速に広まり、輸送手段もバイク、自転車、電動スクーターなど多彩だ。さらに長距離および短距離のトラック輸送などの配車サービスにも手を広げている。このような輸送手段のシフトが続けば、人とモノの移動で消費されるスチール、アルミニウム、プラスチック、ガソリンなどさまざまな資源の量は減るだろう。

また、移動の際の混雑と渋滞も緩和されるだろう。バイクとスクーターは車よりも占有するスペースが少ないので、より多くの台数が走行できる。テクノロジーを活用してさまざまな形で「混雑料金」を導入すれば、高い料金を払って混んだ道を行くより他の選択肢を選ぼうという人々が増えて渋滞が減るだろう。未来の輸送のプラットフォームとして期待できるのは、空の領域ではないか。今日の小型ドローンのテクノロジーを使い、規模を大きくすれば最大8枚のプロペラでパイロット不要の「エアタクシー」が実現する。まるでSFみたいに聞こえるだろうが、今世紀半ば頃にはそういう摩訶不思議な装置で私たちはあちこちに移動しているかもしれない。

〈農業〉先端を行く農場は年を追うごとにアウトプット、すなわち収穫量を増やし、インプットすなわち土地、水、肥料などの使用を減らすことが可能である。これは第5章で述べた通りだ。一連のイノベーションのおかげでこうした最適化は精密農業という名で続いていくだろう。精密さはさまざまな要素から成り立つ。性能のよいセンサーを活用して作物と家畜の健康状態や土壌の質と水分などを把握する、肥料、殺虫剤、水を必要なところに的確に与える、作物や家畜に適した機械装置を使うといった多様な要素を結びつければ、従来型の農場から、より少量でより多くをつくりだす農場に変われる。

作物や家畜の遺伝子改変も、最適化をうながすだろう。遺伝子組み換えで病気と旱魃《かんばつ》への耐性が高まり、栽培可能な地域が増え、作物や家畜からより多くを得ることができる。第9章で述べたが、ゴールデンライスや栄養強化された作物を栽培すれば、貧しい国々の乳幼児などを危うい状況から救い出せるだろう。ターゲットを絞った非常に精密な遺伝子組み換えもできるようになるだろう。これまでの無差別的な方法から大きく進歩した技術で、より正確な改変が実現できる。遺伝子組み換え作物には根強く反対する声があるが、これは理論的あるいは科学的な裏付けがない主張だ。

人類の歴史を通じて、農業といえばほぼすべて田畑でおこなわれてきた。一部の作物に関して、いまそれが変わろうとしている。農業は屋内に移動した。光、湿度、肥料、大気の組成など各種パラメータを正確にモニターしコントロールできる空間に。都市の建物や出荷用コンテナなど、あらゆるところで作物が栽培されるようになった。しかも必要とする労働力は徐々に減り、原材料のインプットも減っている。このように完全に管理された屋内の農場は普及し、農業が地球に残すフットプリントの軽減につながるだろう。

いま挙げた例が世界中に浸透する、と言いたいわけではない。また、それぞれのイノベーションがどのように、あるいはどこで登場するのかを予測はできない。資本主義とテクノロジーの進歩という〈二騎士〉がいかに幅広く、そしてエキサイティングな可能性をもたらすのか、脱物質化をうながしたおかげで人類はますます豊かになり、地球にかける負担を減らすことができるのかを示したかった。

世界の危機を克服する

けれども、もしも私たちのせいで地球が猛烈に暑くなり、地球を守るためのテクノロジーもイノベーションも役に立たなくなってしまったら？　地球温暖化は、脱物質化、公害削減など〈四騎士〉がもたらす恩恵に影を落とすだろうか。

そういう事態は決して招いてはならない。次章では、気候変動が21世紀に地球にどれだけの異変をもたらすのかについて取り上げ（簡潔に答えるならば、「深刻」と「危機的なまでに深刻」の間のどこかになるだろう）、少しでも被害を食い止めるための最良の方策について議論したい。これは何十年もかけた戦いになるものと覚悟しておこう。

長期の戦いの相手は地球温暖化だけではない。地球上のあらゆる命が健やかに生きていくために、大気、水、土地の汚染とも戦わなくてはならない。地球への人類のフットプリントを減らし、土地を自然に戻せば森が復活し、動物が戻れる場所となる。鉱山、井戸、森の皆伐で人間が土地に残してきた傷痕をこれ以上増やしてはならない。エネルギーと引き換えに温室効果ガスや他の汚染物質を排出してしまうのであれば、使用するエネルギーを減らす方法を編み出すべきである。言うまでもなく、人々を貧困状態から脱出させ、死亡率と罹患率を減らし、誰もがきれいな水と公衆衛生を得られるようにし、より多くの人が高い水準の教育を受けて経済的に成功できる機会を増やすなど、無数の方法で人間の暮らしを向上させていく必要がある。

どれをとっても地球温暖化対策の後回しにできる問題ではない。だからこそ、近年、私たちが資源消費に関して脱物質化を実現し、人間が置かれた状況と自然界の状態を改善してきた実績は、非常に心強い。こうした領域の問題を、これからもきっと私たちは克服できるだろう。

その自信はと聞かれたなら、賭けてもいいほど、と答えよう。

地球への賭け、第2ラウンド

1980年のジュリアン・サイモンのように、いっそほんとうに賭けてみよう。サイモンは天然資源の価格が下がると確信し、実際にお金を賭けた。私は価格ではなく量に注目する。この先アメリカでは大半の天然資源の総消費量が減っていく。さらに今後はアメリカの温室効果ガスの排出量は減少する。それ以外にも地球へのフットプリントをアメリカは縮小させていく。そうなることに私は賭ける。

条件はいっさいつけない。つまり何があろうとアメリカの資源消費と公害は減っていく——経済成長と人口増加が猛スピードで進行しても、価格がどう変動しようと、誰が選挙で選ばれても、世界のどこかで何が起きても、減るという意味だ。ジュリアン・サイモンとポール・エーリックの賭けと同じく10年という期間を設定する。

サイモンの賭けの相手はエーリックだった。私は特定はしない。私の予測が間違っていると思ったら、誰でも賭けに参加できる。そして結果を確かめよう。決着がついたら賭け金は勝者が指定した宛先に寄付される。あなたが勝てばあなたが寄付したい相手に、負ければ私が寄付したい相手に双方が貢献できる。

私は次のように賭ける。

２０１９年と比較して、２０２９年のアメリカにおける総消費量は、

- **金属は減少**
- **「工業材料」（ダイヤモンド、マイカなど）は減少**
- **木材は減少**
- **紙は減少**
- **肥料は減少**
- **農業用水は減少**
- **エネルギーは減少**

２０１９年と比較して、２０２９年のアメリカでは、

- **作付面積が減少**
- **温室効果ガス排出量が減少**

詳細――使用するデータ、量の計算方法、払戻方法など――は、ウェブサイトLong Bets（longbets.org/795/）に掲載する。このサイトで興味のある賭けに複数の参加が可能だ。賭け金は50ドルから

1000ドル。私は自腹で10万ドルを賭ける。

アメリカについての賭けにしたのは、4つの理由からだ、第一に、アメリカには〈希望の四騎士〉――資本主義、テクノロジーの進歩、反応する政府、市民の自覚――が申し分なく活躍し（完璧に、とまでは言わないが）、少なくとも今後10年はそれが続くだろうと確信できる。したがって今後の傾向について確信をもって予測を立てられる。第二の理由はアメリカの経済規模である。世界GDPの約25%をアメリカが占めている。[†10] 第三の理由は、アメリカの脱物質化の傾向は世界全体の先行指標となるはずなので、アメリカの状況に注目するのは当然である。そして第四は、アメリカでは資源消費量、公害、その他の関連する指標について定期的なデータが確保され、質も高いという理由だ。

ひとつ断わっておきたいのは、人間と自然界の状況がこれからもよくなっていくと予測することと、現在の改善のペースに満足しているかどうかは別問題である。到底満足のいくスピードではない。〈四騎士〉が世界中をもっと速く、もっと遠くまで駆け巡ることができるように、打つ手はたくさんあり、それを実行すべきだ。本書の最後の章となる次章では、〈セカンド・マシン・エイジ〉に生きる私たちがいま、政府、企業、慈善団体、非営利団体、家族、個人のレベルでどのような変化を実現できるのかについて見ていこう。

第15章

賢明な介入

思慮に富み熱意あふれる少数の市民が団結すれば、必ず世界を変えることができる。それ以外に成功した方法を私たちは知らない。

――マーガレット・ミード（1901～1978年）の言葉とされる

本書でこれまで述べてきたように、私たちがいま辿っている道は間違っていない。だが、完璧とは言いがたい。〈希望の四騎士〉と名づけた資本主義、テクノロジーの進歩、反応する政府、市民の自覚は世界全体に広まり、確実に世界をよくしている。人類も自然界も、全体としてはよりよい状況になっている。この傾向はこの先も続いていくと私は予測する。だからこそ前章で述べたように賭けを試みている。

だが依然として私たちは困難な課題をつきつけられている。そのひとつひとつに関心を向け、解決に向けて努力が必要だ。それを怠れば、21世紀のうちに地球温暖化は取り返しのつかないところまで進んでしまうかもしれない。経済活動が公害と種の絶滅を引き起こさないように、対策を立てて歯止めをかけなくてはならない。アメリカにおける絶望死の増加、世界全体で起きている分断、社会関係資本の減少を食い止めるために、私たちは行動を起こさなくてはならない。どうしたら防ぐことができるのか、せめて被害を最小限に留めることができるのか。この困難な課題を私たちはつきつけられている。

目指すところはあきらかだ。経済活動の脱物質化をさらに加速し、豊かになる過程をスピードアップする。そして公害など負の外部性と社会関係資本の減少に歯止めをかける。つまり、〈四騎士〉のうち資本主義とテクノロジーの進歩の組み合わせで〈第二啓蒙時代〉を推し進め、やはり〈四騎士〉のうち反応する政府と市民の自覚という組み合わせで資本主義を適切に抑制し、急速な変化がもたらす弊害に対処する。

具体的には政府、企業、慈善団体、非営利団体、家族、個人が賢明な行動と介入を実行する。それぞれの立場の取り組みについて、４通り見ていこう。

政府の介入

地球の（そして私たちの）長期的な健康にとって、温室効果ガスのような公害は最大の敵である。だが、公害は負の外部性であり、市場は外部性には対処しない。そこで重要な役割を担うのが政府だ。すばやく反応して、経済活動で排出される二酸化炭素を削減し、その状態を維持できるように介入する必要がある。

地球温暖化はこの先、どのように悪化していくのだろうか。これは非常に答えにくい。温暖化がどこまで進むのか、どの状態で地球の生命がどんな影響を受けるのか、不確定要素があまりにも多い。そんな気候変動の行く末について、経済学者ウィリアム・ノードハウスは「気候カジノ」という比喩を使う。

はっきりしているのは、これほどの温暖化を人類はかつて経験したことがないということだ。その点、ノードハウスは明快だ。「現在私たちが目撃している気候変動は、スピードにおいても規模においても有史以来、初の事態である……現時点での予想では、今後1世紀のうちに地球全体の気候変動は、過去5000年間で人類が経験した変動の10倍のスピードで進行するだろう(十一)」。降水量の変化、海洋酸性化、一部地域の旱魃、その他にもさまざまな激変が温暖化によって生じることは、科学的な見解がほぼ一致している。

ノードハウスはさらに続ける。「人類は想定外の事態を目の当たりにするだろう。その一部は苦々しいものであるはずだ。北半球の冬は降雪が増えるだろう。ハリケーンの威力ははるかに強くなり、これまでのような進路は取らないだろう。グリーンランドの巨大な氷床が急速に溶け出すだろう。西南極氷床は海面下の岩盤に乗っているが、急速に崩壊して海に滑り落ちる可能性がある」[†2]。気候カジノでギャンブルなど、誰も望まない。そうならないために、何をすべきなのか？

ノードハウスは地球温暖化のリスクを数量化し、阻止するための確実な戦略を示した。2018年にはノーベル経済学賞を受賞している（前章で紹介したポール・ローマーとともに）。ノードハウスらが示す戦略は、温室効果ガスのような負の外部性の対処にすでに使われているやり方を活用する。アメリカを始めとする各国でフロンはモントリオール議定書にもとづいて段階的に削減され、二酸化硫黄や粒子状物質はキャップ・アンド・トレード制度で大幅に削減された。

ノードハウスは炭素税を強く推しているが、これはキャップ・アンド・トレード制度よりもわかりやすい仕組みだ。二酸化炭素を多く排出する製品とエネルギー源の値段を高くして、二酸化炭素排出量が少ない選択肢——風力、太陽光、原子力発電など——に買い手を誘導する。税額をじりじりと上げていくので、買い手にとって強いインセンティブとなる。その間に、二酸化炭素を排出する側は方針をあらためることができる。

その変化形が「税収中立」型の炭素税である[†3]。これは、二酸化炭素を排出する生産者からの炭素税の税収が、政府ではなく直接市民にいくという興味深い仕組みだ。カナダのブリティッシュコロンビア州はノードハウスとともに税収中立型の炭素税の導入に取り組んで2008年に発効した。二酸化炭素1トンにつき10カナダドルの税額でスタートし、税収分は税額控除と所得税控除という形でブリティッシュコロンビア州の住民に還元された。2019年1月、アメリカのオールスター級の経済学者たち（ノーベル賞受賞者、FRB議長経験者、財務長官経験者を始めとする錚々たるメンバー）が、アメリカ合衆国に対し税収中立型炭素税を採用するように提唱する公開書簡に署名した。(†4)

炭素税は近年、チリ、メキシコ、南アフリカ、アイルランドなどますます多くの国で導入されている。だが、十分とは言い難い。中国とアメリカは世界の二酸化炭素排出量のおよそ45％を占めているが、国家レベルではまだ導入していない。(†5) EUではキャップ・アンド・トレード制度の効果はまだ目覚ましいほどではない。キャップつまり上限があまりにも高いので、二酸化炭素を排出する側は大きく変える必要性を感じないのが理由のひとつだ。

炭素税は地球温暖化対策というりっぱな目的があるが、そもそも税というものは歓迎されないため、なかなか普及しない。これを思い知らされたのが、フランスの大統領エマニュエル・マクロンだ。2018年後半、燃料税の引き上げに対する抗議運動がフランス全土で大々的におこなわれた。デモが激化して暴力的になり、ついに政府は譲歩し、増税の実施を遅らせると発表した（おそらく無期限に）(†6)。

フランスの隣国ドイツでも地球温暖化対策において問題につきあたった。市民の自覚と政府の反応が噛み合わないことが露呈したのである。ドイツは化石燃料から再生可能エネルギーへの転換にむけて野心的な「エナギーヴェンデ［Energiewende］」——国をあげての「エネルギー転換」——に着手した。しかし今日までの成果ははかばかしくない。２０００年以降、消費者に請求される電気代は倍増し、二酸化炭素排出は横ばい、むしろ近年は増えている（１９９０年からの10年でかなり減り、その後増加に転じた）。[†8] [†7]

これはなぜか。高額な費用を必要とする風力発電と太陽光発電に多大な投資をする一方、ドイツは原子力発電を着実に減らしてきているためだ。[†9] 既存の原子力発電所を閉鎖し、新規に建造していない。原子力発電が減れば、風力や太陽光による発電量が足りない分を石炭発電所に頼らざるを得ない。これは二酸化炭素を多く排出する（ドイツは決して太陽が燦々と輝く土地ではない）。[*]

ドイツ人はとことん原子力を嫌っている。[†10] 嫌っているのは、ドイツ人だけではない。２０１１年の世論調査によれば、調査をおこなった24カ国で、市民の圧倒的過半数は核エネルギーの活用に反対の立場をとっていた。[†11] 理由はだいたい察しがつく。放射能中毒への懸念、アメリカのスリーマイル島やウクライナのチェルノブイリ、そして日本の福島で起きた事故で原子力発電所の安全性に疑問符がついたのだろう。

だが、環境政策アナリストで「エコモダニスト」を名乗るマイケル・シェレンバーガーは、強力な証拠にもとづき、原子力はもっとも安全で信頼できるエネルギー源であると断言する。２００７年にランセット誌に発表された研究によれば、[†12] 過去15年間、全体として見ると原子力発電が引き起こす公害の死亡率は、石炭、ガス、石油などに比べて何百倍も低く、事故発生率も原子力が比較的低いとあきらかになっている。(**)「スリーマイル島でも福島でも、放射線による死者はいなかった、(***)そしてチェルノブイリの事故以来30年で死亡した人数は50人未満である」(†13)とシェレンバーガーは指摘する。(****)

原子力は正当な評価を受けているとは言えない。ワクチン、グリホサート、遺伝子組み換え作物と同様に、原子力に関する市民の自覚は現実から大きく乖離している。確かに、核分裂による発電にはそれなりの課題がある。たとえば廃棄物の安全な取り扱い、原子炉の最新化と基準づくりなど。それでも、原子力発電は発電量が安定しているうえにクリーンで、安全、拡張可能、確実である。これはオペレーションの現場で立証されている。

この条件を満たしている他のエネルギー源は、いまのところない。地球温暖化と戦うためには、炭素税と原子力発電が主要な武器となるはずだ。だが世界中で多くの政府が科学と証拠に背を向けて、世論に屈服している。理解はできるが、残念なことだ。幸い、一部の国では世論が変わりつつあ

---

*近年はドイツの製造業と輸送部門が好景気で二酸化炭素排出量が増えている。

**唯一の例外は、労働災害に関しては原子力発電所よりもガス発電所の死亡率が低かった。

***2018年8月末、福島第一原発事故後の作業に従事し肺癌で亡くなった男性1名について、日本政府は原発事故後の被曝による癌として労災認定した(†14)。

****チェルノブイリ・フォーラム、国連、WHOの2016年の報告では、新たに癌で亡くなった4000人にのぼる人々について、チェルノブイリからの放射線が関係しているだろうと結論づけた(†15)。ただし、次のように記されている。「チェルノブイリの放射線被曝とは関係のない自然発生癌で約4分の1の人々が亡くなることを踏まえると、わずか3%の増加のなかに放射線を原因とする増加がどれだけ含まれているのかを観察するのは困難である」

り、原子力が支持されるようになってきている。2017年、韓国の市民が参加する委員会は国内の2機の原子炉の建設再開を推奨した。[†16] また、2018年後半に台湾でおこなわれた国民投票では、2025年までに原子力発電を廃止する計画が覆された。[†17]

温室効果ガス以外の公害に関していえば、汚染物質の排出は非常に高くつくと企業が自覚して方針を変えるよう、各国政府は引き続き取り組んでいくべきだ。現時点では道のりはまだ遠く、第9章で述べたように海洋プラスチックゴミの問題は深刻だ。おもにアフリカとアジアの川からすさまじい量が流れ出している。一般的に先進国は発展途上国に比べて規制がうまく機能しているのだが、懸念材料がないわけではない。たとえば、アメリカ合衆国のトランプ政権は「規制の枠組みを静々と解体している」と、アメリカ環境保護庁（ＥＰＡ）の元職員は表現する。[†18] 石油とガスの会社が自社設備からのメタン排出を監視する責任、[†19] 石炭火力発電所からの水銀放出を制限する責任を、[†20] 法律の変更で軽減したり、水質浄化法の解釈を見直して特定の種類の水路と湿地を除外したりするなど、[†21] さまざまな規制を緩和した。どう見ても人と地球よりも利益を優先させている。

政府は温室効果ガスなど公害の削減を実行するとともに、保護が必要な領域と野生生物を資本主義のシステムから切り離しておかなければならない。第11章で取り上げたようにこの分野は順調で、世界中で陸地および海洋の保護地域は拡大している。狩猟可能な時期、地区を設け、狩猟を禁じる動物を指定する――その動物からつくられる製品の売買を制限する――方法は多大な効果をあげ、多くの種を絶滅の危機から救った。

動物を守ることへの社会の関心の高まりに各国政府がすばやく反応するケースは増えるばかりで、なんとも心強い。中国の国務院は、1993年から施行されていた「3つの厳禁」、すなわちトラとサイからつくった製品の輸入、販売、使用の禁止措置を緩和すると2018年10月に発表した。すぐさま各方面から厳しい批判が相次ぎ、抗議の声はおさまらなかった。それが功を奏し、11月、国務院副秘書長の丁学東は「『3つの厳禁』は今後も続行する」と発表した。[十22]

特定の動物を市場から切り離すためのアイデアを、政府は大量に投入すべきである。前章で述べたが、経済成長の原動力となるのはアイデアの蓄積である。利潤を追求する企業はアイデアとテクノロジーをたくさん生み出すが、商品化が見込めない領域と判断するとあまり投資しない傾向がある。そこで初期段階、あるいは推測的な段階の研究に資金提供するのは政府の重要な役割であると、多くの経済学者が考える。とりわけ、成功すれば人類の福祉に多大な恩恵をもたらす領域には、積極的な投資が求められる。この領域には、蓄電池や太陽光発電、原子力発電、その他多くのエネルギー技術が含まれ、研究支援が必要である。

経済成長をうながしたり、負の外部性に対処したりするための戦略はさかんに開発されている。だが分断の増加と社会関係資本の減少に関しては、そういう状況にはない。これは見過ごせない問題だ。分断はアメリカを始めとして豊かな国で増加しているのは第13章で見た通りである。アメリカでは政治の二極化が進み、デマゴーグとポピュリストが選挙で勝利し、多元主義者と権威主義者の両方が増えて拮抗し、絶望死が急増している。

第13章で述べたように、分断を引き起こす要因としては地理的な集中が進んだことが挙げられる。より少ない農地、工場、地域で、より多く生産できるようになったため、多くの労働者とコミュニティが混乱状態に陥った。ある業種の仕事がよそに移ったり完全に消滅してしまったりすると、多くの人が置き去りにされる。

この流れを変える方法は、まだ見つかっていない。資本主義とテクノロジーの進歩、つまり〈二騎士〉が揃うと世界は集中化し、均等に配分される状況から離れていく。これにはよい面もある——食糧の需要すべてを満たしながら土地へのフットプリントを小さくし、残りは自然に返せる——が、課題ももたらす。工場が閉鎖され農場が休閑地になったコミュニティに、よい仕事と社会関係資本をどうしたら取り戻せるのか。はっきりとした答えはない。

これは、地域に狙いを定めた介入に関する成功体験が乏しいという理由もある。経済学者ベンジャミン・オースティン、エドワード・グレイザー、ラリー・サマーズは2018年に次のように記している。「従来から経済学者は［住所にもとづく］政策に懐疑的だった。貧しい地域ではなく貧しい人々を対象とした救済策に勝るものはないという強い信念があり、［それに加えて］貧しい地域の収入は豊かな地域の収入に近づいていたからである」(†23)

しかしながら、近年は収入が近づくのではなく乖離へと転じていることから、地域を基盤とした政策を試す時期が来たのではないか。経済的に困窮している地域で雇用を生み出す企業への税額控除、地域の労働者の賃金を引き上げるための補助金、専門知識と資本を備えた人が地域に移住を希望する場合の「起業家ビザ」などを。その効果のほどは、まだなんとも言えない。グレイザーは率直にそれを認める。自分たち経済学者は大体において自信満々だが、分断と社会関係資本の解消に向けてどう取り組めばいいのか確信が持てないのだと。「賃金の補助金を提案する時点で、『私たちにはこれぞという案がない、民間セクターに期待しよう』と言っているのも同然だ」(†24)

もとめられる企業

アメリカなど豊かな国で短期的にもっとも憂慮すべき問題は、分断であると私は考えている。グレイザーも、政府の対策だけでは解決できないだろうという立場だ。仕事を通じて大きな社会関係資本が築かれる。たいていの働き口は政府ではなく民間セクターだ。地域を対象とした政策が目指すのは、資本主義とテクノロジーの進歩が駆け抜け、置き去りにされたコミュニティに企業があらわれて資本を投じ、雇用を創出することだ。

実現するには、企業が進行方向を転換する必要がある。集中に向かう流れ——より少ない拠点からより多くのアウトプットを、という長らく続いた傾向——から離れて拡散を始めるということだ。経済活動の「再拡散」をうながせるような、すぐれた政策が求められる。取り残された地域でも、人的資本は豊富なのだと気づけるかどうかも重要だ。社会起業家レイラ・ジャナは次のように述べる。「才能はバランスよく散っているのに、それを生かす機会に偏りがある[†25]」

それに気づくことができれば、企業は地域に貢献することで自らも恩恵を受けられる——分断されたコミュニティで人的資本を蓄積する支援をおこない、自らの事業で人材として活用するという形で。市場の力と、すぐれた人材は世界中でひっぱりだことという状況を利用して、取り残された地域に機会をつくりだそうという興味深い試みがいくつも進行している。2008年にジャナが創設したSamasource［サマソース］は、初歩的なテクノロジー関係の業務（データの入力や画像の貼付け）に必要な技能を習得させて雇用者と結びつける。オンライン教育のUdacity［ユダシティ］、Coursera［コーセラ］、Lambda［ラムダ］など各社は、受講者がさらに高いレベルの技能を獲得できるようにと目指す。これはすばらしい取り組みだ。技能を習得すれば、インターネット経由で仕事ができる可能性が増す。大都市に住みたいプログラマーやデータサイエンティストばかりではないはずだ。大都市に引っ越さなければ新しいスキルが身につけられない、ということもなくなる。新たな選択肢の登場を目の当たりにして、期待はふくらむばかりだ。

ビジネス・リーダーが分断の問題に真剣に向き合い、グローバル化とテクノロジーの進歩に取り残されるおそれのあるコミュニティに経済活動を取り戻そうと尽力する姿にも、大いに力づけられる。AOLの共同創業者スティーブ・ケースが設立したベンチャー・キャピタル、ライズ・オブ・ザ・レストは、北カリフォルニア、ニューヨーク、ボストン以外で起業するテクノロジー企業に初期投資をしていく（この3地域だけでアメリカのベンチャー・キャピタルが調達する資金の約75％を持っていってしまう）[†26]。ケースとJPモルガン・チェースCEOのジェイミー・ダイモンは次のように述べている。「十分な支援を得ていない起業家に投資すれば、包括的な成長をつくりだせる。すべての人が恩恵を受け、すべてのコミュニティが未来のアメリカをつくっていくのだと確信できる[†27]」

経済の集中という全体的な傾向そのものが変わるとは言い切れないが、スーパースター企業が不在の地域が絶望的と決めつけるのは早すぎる。どんな地域であっても、才能に見合った機会が得られるように、民間セクターのリーダーはさらに模索を続けていくものと期待しよう。

長期的な問題は、なんといっても地球温暖化だ。企業各社が非常に深く関わっている問題である。解決に向けても、積極的に関わっているだろうか。

業界によって度合いは異なる。ソフトウェア会社セールスフォース・ドットコムは、世界中に置いているデータセンターで排出する二酸化炭素すべてをオフセットできるだけの炭素クレジットを購入している[†28]。これですべての顧客にとって同社のクラウドコンピューティングの利用はカーボンニュートラルとなる。さらに、2022年までにエネルギー源に占める化石燃料の割合をゼロにする意向であると発表した。(+29) 他にも、テクノロジー企業の大手であるアップル、フェイスブック、マイクロソフトなどが同様のプランを掲げる。２０１７年、グーグルは世界中のデータセンター、オフィスを含めすべての業務における使用電力を１００％再生可能エネルギーでまかなうことに成功したと発表し、[†30]再生可能エネルギーを世界一購入する企業となった。

最大の市場に重い炭素税が導入されていない場合でも、なぜこのように積極的なのだろうか。何人かのリーダーと話をしてわかったのは、地球温暖化をなんとか阻止したいという強い意志だ。重要な理由はもうひとつある。市民の自覚が企業活動に及ぼす影響だ。世界中で大多数の人々が地球温暖化を深刻に受け止め、どうにかしなくてはと考えている。企業としては問題を引き起こす当事者として見られるよりも、解決のために人々と協調して取り組む姿を見せるほうが、評判とブランド（と企業価値）を守るためには有効なのである。

運輸業界がおこなっている温室効果ガス排出の削減対策は、じつに多様で奥深い。化石燃料を燃やして得るエネルギーへの依存度が非常に高い業界なので、結果的に地球温暖化の責任も大きい。それだけに、状況を改善しようと取り組む企業が多い。ユナイテッド航空は２０１５年までに温室効果ガス排出量を半減すると宣言した。[†31]巨大海運企業Ａ・Ｐ・モラー・マースクはさらに大胆だ。今世紀半ばまでに、保有する船舶全体でカーボンニュートラルを実現すると約束した。これがいかに野心的な目標であるのかは、同社の簡潔な説明からもよくわかる。「何千もの「コンテナ」を積んだ船は、パナマからロッテルダムまで8800キロメートルを航行する。バッテリーが長くもたないうえ、航路の途中で充電できないため、これを解消するためにイノベーティブな研究開発が必要である」[†32]。マースクは2030年までに、大洋を航行するカーボンニュートラルな船を建造することを目指し、協力を呼びかけている。トヨタ、フォード、BMW、GM、フォルクスワーゲンなど大手自動車会社は今後数十年のうちに内燃エンジンの製造をやめる計画を発表した。ノルウェー、フランス、イギリスなど各国が、遅くとも2050年までに内燃エンジンを禁止すると発表している。これが自動車業界を動かしたとみていいだろう。

企業各社の発表はどれほど重みがあるだろうか。なんとも言い難い。CEOのスピーチとプレスリリースは、実行を確約するものではない。けれども、世論の盛り上がりに背中を押されて企業は地球温暖化と向き合わざるを得ない。そして解決ではなく原因をつくる企業と烙印を押されたら、顧客が離れていくと覚悟しなくてはならないだろう。

この展開には注目すべきである。効果的な炭素税も、政府主導の対策もない状況で温室効果ガスの排出量を減らすには、市民の自覚と世論の圧力で資本主義に制約を課せばいいということではないか。うれしいことに、うまくいった例がじわじわと増えている。たとえば、アルミニウムを製造する製錬所は二酸化炭素排出量ゼロのエネルギー源を使うことで割増価格を設定できているという[†33]。「カーボン・フットプリントを減らせという圧力がここまで達している」からであるとロイターは伝えている。

自然界と人間の状態をよくするために、企業はさらにどんなことができるだろうか。有効な変化を起こせるだろうか。汚染物質を大気に、大地に、水に排出するのを止める、絶滅危惧種を殺すのを止める、といったことは言うまでもない。いまさらここで企業に提案するべきことではない。もちろん、重要なことだ。しかし、本章を読んだCEOが「みんな、聞いてくれ。この本を読んでよくわかった。こんな悪いことはもう止めようじゃないか」などと言う光景を、私は想像できない。

企業を責めても、こちらの気がすむだけで、それ以上の効果はほとんどないだろう。変えるには、正義を振りかざすより、もっと別の力が必要だ。〈希望の四騎士〉のうちの市民の自覚と反応する政府という〈二騎士〉の組み合わせは、企業に方向転換させるだけの威力を発揮する。不買運動や抗議活動を組織し、問題点に注目を集め（アメリカの最高裁判事ルイス・ブランダイスの言葉を借りれば、「殺菌するには日光に晒すのが一番」）、選挙の際には公害対策に熱心で絶滅危惧種の保護を行政の責任ととらえる候補者に投票する、といった行動は、CEOを叱るよりもはるかに効果的で重要だ。

脱物質化はCEOや財界のメンバーを叱咤激励するまでもなく、進んでいくだろう。その方向に進むしかないのだ。何しろ画期的なテクノロジーが揃っている、リターンを求めている資本が世界中にふんだんにある。野心的なアイデア——核融合の商用化、蜘蛛の糸を合成して自動運転の電動小型飛行機をつくりタクシーとして使う、などなど——を形にするチャンスだ。なかには成功するものもあるだろう。たとえ成功しなくても知識として蓄積できる。こうして資本主義とテクノロジーの進歩の〈二騎士〉は着実に進んで、私たちは原材料の総消費量を減らしてますます脱物質化が進む。

非営利団体だからできること

資本主義とテクノロジーの進歩は脱物質化を、政府は公害など負の外部性の対処を推し進めるのに適しているなら、慈善活動など非営利団体はどういう領域に長けているのだろうか。人類が地球にかける負担を少しでも軽くするために、どんな役割を果たすのだろう。彼らはこれまで〈四騎士〉がより速く駆け巡れるようにしたり、代わりになるものを提供したりと、重要な役割を担ってきた。

温室効果ガスの削減策として政府は当然ながら炭素税などの方法を取るべきである。それに代わるすばらしい仕組みがカーボン・オフセットだ。企業や個人がオフセット・クレジットを購入すると、世界のどこかで温室効果ガスが一定量（たいていはメートルトン単位）削減される仕組みだ。削減する具体的な方法はさまざまで、二酸化炭素を吸収する木の植樹、薪を燃やすよりも熱効率のよい料理用コンロの提供などはその一部だ。カーボン・オフセットで支援されるプロジェクトの共通点は、支援によって大気に排出される二酸化炭素の量が減るという条件を満たしていることだ。

温室効果ガスは地球規模の環境問題なので、カーボン・オフセットは世界中に恩恵をもたらす。非営利団体クール・エフェクト、Carbonfund.orgなどは、支援金を受け取ったプロジェクトの追加性、つまり支援がなければ実現できなかった削減なのかどうかを審査する（わが家の裏庭の木々は二酸化炭素を吸収するが、自然に吸収されるレベルを超えて私が追加の削減を実現していなければ、クール・エフェクトからの支援金はもらえない）。

第11章で見た通り、政府は動物を保護するために一帯を公園にして、そこでの狩猟を禁止した。慈善活動と非営利団体も、土地を買い上げて政府に譲渡したり、その土地を自分たちで保護したりするといった形で同様のことをおこなっている。現在グランド・ティトン国立公園の一部となっているジャクソン・ホール・ナショナル・モニュメントは、1920年代にジョン・D・ロックフェラー・ジュニアが購入し、後に連邦政府に寄付された土地である。[†34] 2018年、チリ南部のパタゴニアに複数の国立公園ができた際には、自然保護活動家のクリスティン・マクディビット・トンプキンス、ダグラス・トンプキンス夫妻が寄付した土地100万エーカー［約4046平方キロメートル］に900万エーカー［約3万6400平方キロメートル］を加えて、総面積は40％拡大した。[†35] 世界中で無数の保護活動団体が、開発、狩猟、その他の搾取から生き物を守るために土地を買い上げて、しかるべきナショナル・トラストや公的な組織に譲渡してきた。

土地ではなく動物に焦点を絞る非営利団体もある。アフリカ全域での、大規模で包括的なゾウ生息調査については第9章で述べたが、資金を提供したのはマイクロソフト共同創業者ポール・アレンである。2018年に中国がトラとサイの輸入、販売、使用の禁止措置を解こうとした際には、WWF（世界自然保護基金）、ワイルドエイドなどさまざまな環境保護団体が猛抗議をした。(†36) ほどなくして中国は「3つの厳禁」の続行に踏み切った。これは重要な真実を気づかせてくれる。もしも環境保護活動家による警戒、調査、広く社会的に知らせる努力がなければ、今日、多くの種はもっとずっと悲惨な状況になっていただろう。

意外にも、ハンターや釣り人によって設立された非営利団体も多くの種を救っている。狩猟や釣りの獲物となる生き物の生息数を十分に確保したいという動機から、こうした団体は種の保護に大きな役割を果たすのである（個々のメンバーはそうした生き物を殺しているのだが）。たとえばダックス・アンリミテッドは1937年の創立以来、北米で1400万エーカー［約5万6700平方キロメートル］の土地を保護対象にした。(†37) これはウェストバージニア州に匹敵する広さだ。北米のプレーリー全体で水鳥の個体数は、1990年以来、3700万羽増えた。保全科学者ロン・ロアボーは次のように述べる。「水鳥がかなり好ましい状態にある理由をひとつあげると、ハンター［とダックス・アンリミテッド］まで含めて、皆がこうした生き物の必要性を認識し、保護プログラムを導入できたことだ」。同様に、トラウト・アンリミテッド、サーモン・アンリミテッド、フェザント・フォーエバーなど多くの団体は、自分たちがスポーツや食用の目的で狩る種の保護に熱心である。

経済成長は環境の敵ではない。私たちは第1回アースデイ以来、この重要な事実を学んできた。アメリカなど豊かな国は、着実かつ持続的な成長を続けているにもかかわらず、もはや地球の天然資源を以前のようには消費しなくなっている。正確に言うと、着実かつ持続的に成長しているからこそ、ピークを過ぎた。私たちがいまよりもっと地球を大事にするには、さらに世界全体の経済成長をうながす必要がある。

いかに経済成長をうながしていくのか、その戦略についてはポール・ローマーら多くの人々がすぐれたものを提示している。前章で見たように、重要な要素は、豊富な人的資本（イノベーションを進めるスキルの持ち主）と非排除性のテクノロジー（特許など知的財産保護で使用が制限されていないテクノロジー）のふたつである。

どちらに関しても、すでに慈善活動と非営利団体が大きな成果を出している。カーンアカデミーはサル・カーンが２００６年に従兄弟のために個別指導の動画をネット上に投稿するところから始まり、やがて世界全体のあらゆる年齢の人が学ぶ機会を提供するものとなった。カーンアカデミーの資金は、さまざまな企業および個人の寄付でまかなわれている。このように新しい方法で人的資本が築かれる例としてはもうひとつ、フランス人起業家グザビエ・ニールが創設したテクノロジー・アカデミー、「42」を挙げたい。(*)「42」のすべてのコースは無料で、オンラインではなく人からじかに教わる。この学校にはプロの教師はいない。コースでもない。完全にピア・ラーニングとプロジェクト・ベースの学習で成り立っている。入学できるかどうかは、入学希望者のバックグラウンドや経歴ではなく、論理的思考を判定するための一連のテストと初めの短期コースの成績で決まる。入学許可された生徒は、「42」のカリキュラムを構成するプロジェクトすべてを約3年かけて修了することになる。この学校はパリとシリコンバレーにキャンパスがある。南アフリカ、モロッコ、ルーマニア、ブルガリアなど各国にも同様の組織があり、「42」はアドバイスをおこなっている。

第2章で取り上げたノーマン・ボーローグらの小麦と稲の改良は貴重な成果をおさめ、緑の革命を起こした。ロックフェラー財団とフォード財団が長年支援し、改良された品種は世界中の農家が無料で利用できるなど、このイノベーションはあくまでも非排除的である。

この実践はゴールデンライスなど新しいテクノロジーにも引き継がれている。ゴールデンライスはアフリカとアジアの子どもたちの健康を大幅に改善するものと期待される（遺伝子組み換え作物に対する政府や人々の漠然とした不安が解消されれば）。ゴールデンライス・プロジェクトを支援するのはロックフェラー財団である。このプロジェクトは人道主義的な見地から開発途上国の植物育種組織が無償で技術を使うことを認めている。官民のコラボレーションとして成功した例だ。スイスのバイオテクノロジー企業シンジェンタはゴールデンライスの研究を進め複数の特許を取得し、それを非営利団体に寄付した。（十38）

＊ダグラス・アダムスを象徴するSF小説『銀河ヒッチハイク・ガイド』〔邦訳：河出書房新社〕で「42」は「人生、宇宙、あらゆることの究極的な問いかけ」への回答である。

進む分断、そして社会関係資本の減少という問題に取り組むために、非営利団体は伝統的な仕事を保護するという興味深い取り組みをおこなっている。そのひとつが「許可銀行」を設立したマーサズ・ヴィニヤード・フィッシャーメンズ・プリザベーション・トラストだ。マサチューセッツ州マーサズ・ヴィニヤード島の周辺海域で海洋生物を獲るための免許を許可銀行としてまとめた。

免許の価値が非常に高くなって地元の多くの漁師が手を出せるような金額ではなくなったため、フィッシャーメンズ・プリザベーション・トラストが自己資金で、公開市場で免許を買う。こうしてあつめた漁業権を、島民に市価よりも安い価格で貸す。多くは何世代にもわたって漁業をしてきた人々だ。こうした例は、トラストなどの組織の守備範囲が土地と動物の保護ばかりでなく、その周囲に築かれてきた仕事とコミュニティの保護にも広がる可能性があることを示している。

さらに啓蒙を進めるために

ここまで読んできた皆さんの多くは、きっとこう思っているだろう。著者は資本主義とテクノロジーの進歩を礼賛し、人間が地球を大事にするには最大の味方だと信じている、と。確かに、私はかなりの紙幅を費やして、そのふたつがいかにして脱物質化という画期的な現象をもたらしたのかを語ってきた。

けれども、もっと大事なものがある。なにより重要なのは、人だ。なぜなら、社会を構成する人々が何を望み、どう選択するのかが流れを大きく変えるからである。反応する政府は自国の市民の声に耳を傾ける。独裁政権の中国ですら、そこで暮らす人々の意志を尊重して、大気汚染を大幅に削減したのはすでに紹介した通りだ。言うまでもなく企業は人々に買ってもらいたいし、自社の評判とブランドを守りたい。

だからこそ政府でも企業でもテクノロジーでもなく市民が、地球の健康を左右する重要な力となる。責任はずしりと重い。単に行動するのではなく、事実を踏まえて行動する責任がかかってくる。地球を守るために、さしあたって何をやるべきか。それは知識を持ち、もっとも質の高い情報をもとに行動し決断することだ。なんだそんなことか、と思うかもしれない。しかし実践するとなると、これはたいへんな厳しさが求められる。

人間と地球との関係について考えたり行動したりする際に、人はどれだけ質の高い証拠にもとづいているだろうか（本書のための調査を始める前の私も、実践できていなかった）。1970年の第1回アースデイの時の理論と予測は、いまも幅を利かせている。当時はもっともらしく思われたその内容は、後に事実とかけはなれているとあきらかになった。けれども人々の認識は当時のままだ。広島と長崎の原爆投下で核反応のすさまじい威力が恐怖として植えつけられ、それが世界中に広まり、意思決定を大きく左右している。また、人口が増えて繁栄が続いたら、地球の限りある資源と自然のめぐみを使い果たしてしまうという思い込みも根強い。

周囲の人たちがそう信じているから、政治的立場が同じ人たちが信じているから、政治的に対立する人々が言うことと逆だから、という理由で私たちは何かを信じる。もともとゼロサム思考の人が多いので、誰かがいい思いをしている時には誰かがひどい目に遭うと思ってしまう。同じことを何度も耳にすると、それを信じるようになる傾向がある。なじみのある情報を真実と思ってしまうのは、私たちの思考のハードウェアに不具合があるからだ。また、ネガティブな情報ほど頭に残りやすいので、悲観的な大見出し、衰退と破滅を予測する専門家の意見、ものごとが悪化の一途を辿っていると伝える大量の映像に接するうちに、真実だと思い込んでしまう。

こうした思い込みは百害あって一利無しだ。とくに問題となるのは、人類と地球の関係など重要な事柄について意思決定し行動をする時だ。そこで、本書ではふたつの試みをおこなった。第一に、人間が置かれている状況、自然界の状況、人間と自然との関係を示す証拠を多く提示した。第二に、ただ証拠を示すだけではなく理論として――マネジメントのグル、クレイトン・クリステンセンのようにストーリーとして――述べた。どんな状況で、なぜ、何が、何を引き起こしたのかを。

資本主義、テクノロジーの進歩、反応する政府、市民の自覚を〈希望の四騎士〉に見立てて語った私のストーリーは、経済の基礎理論である。近年、資本主義とテクノロジーの進歩は人間にさらなる繁栄をもたらし、アメリカなど先進国では資源消費量がピークに達した後、より少量からより多くを得られるようになった。そもそも資源は費用がかかる。利潤を追求し、競争にも打ち勝つには、費用はできるだけ削減したい。テクノロジーの進歩は、スリム化、置換、消滅、最適化の選択肢をふんだんに提供できるようになっている。その結果、消費はさかんであるにもかかわらず、脱物質化が進んだ。こうして私たちは〈第二啓蒙時代〉に入った。

ストーリーは続く。資本主義とテクノロジーの進歩だけでは、公害という負の外部性の解決も、脆弱なエコシステムと稀少な動物を市場の力から切り離すこともできないだろう。それを成し遂げるには、反応する政府と市民の自覚が必要だ。取り組むべき課題への自覚（真の課題を見極める）と、課題解決のための最良の策への自覚というふたつである。

部族主義《トライバリズム》、認知のバイアス、時代遅れの理論、直感と迷信、非合理的な恐れ、既得権のある団体がばらまく虚偽の情報にふりまわされてはならない。それで失われるものはあまりにも大きい。もっとも信頼の置ける証拠を手がかりに進んでいこう。たとえ、それが思いがけない方向であっても。

正確な証拠をもとに状況を自覚し、人類と地球のために行動を起こしたいという人には、家族や個人でできることはいくつもある。政府に影響を与えるための重要な行動としては、投票する、投票しようと周りの人を説得する、当選者とコミュニケーションをとる、公の場で話す、集会をおこない平和的な抗議活動をするなどがある。それ以外にも市民として、あらゆるツールを駆使して政府に働きかける。その際、とくに焦点を絞ってもらいたいのは、次の7項目である。

1 **公害の削減**：企業は公害対策に積極的に費用を投じようとはしない。それでも公害は負の外部性として、人々と環境に深刻な影響をもたらす。現在、アメリカを始めとする国々では、企業のコスト削減を目的として公害の規制緩和が進んでいる。だが利益を増やすよりも健康のほうがはるかに重要である。

2 **温室効果ガスの削減**：温室効果ガスは地球全体に長期的な影響をもたらし、法規制や税など負の外部性に対処する方法ではまだコントロールできていないので、他の種類の公害とは分けて扱うべきである。

3 **核エネルギー活用の促進**：温室効果ガスを排出せず、拡張性があり、安全で、信頼性があり、入手しやすいエネルギー源は、いまのところ、これ以外にない。原子力のコストを低くし、壁を乗り越えて広く採用されるための取り組みが必要だ。

4 **生息地を含めた種の保護**：資本主義は多くの国々で地理的なフットプリントを減らしている。それでも魅力的な土地、多くの動物は人々の欲望の対象となる。被害を防ぐための介入としては土地を保護し、狩猟を制限し、絶滅危惧種でつくった製品の取引を禁止する方法が非常に効果的だ。

5 **遺伝子組み換え作物を広める**：遺伝子組み換え作物の安全性は研究によって確認されている。作物の収穫量を格段に増やし、殺虫剤の使用を減らし、栄養を向上させるはずだ。それでも世界全体で根強い抵抗があり、これはなんとかして変える必要がある。

6 **基礎研究への資金補助**：民間企業は研究開発に投資するが、短期間で製品化が見込めない領域とアイデアには投資を多く割り当てない傾向がある。したがって、ここは政府の介入が重要である。基礎科学およびテクノロジーの研究、分断など社会現象の研究に、さらに支援を増やす必要がある。

7 **市場、競争、職の創出をうながす**：現在、資本主義の人気に翳《かげ》りが出て、替わって社会主義的な考えが復活の兆しを見せている。確かなことは、市場、競争、イノベーションが桁外れの繁栄を人類にもたらしたという事実だ。さらに、より少ない天然資源でまかなえるようになったのも事実だ。いま必要なのは資本主義に背を向けることではない。人々が社会から分断されないように、活躍の機会を増やすことに力を注ぐ必要がある。

7つの領域をとくに挙げる理由はふたつある。第一に、いずれも重要である。実現すれば人間と自然界の状況は格段によくなり、状態を大幅に改善するだろう。うまくいかなければ、人類も地球も深刻な事態となるに違いない。第二に、熾烈な戦いが繰り広げられる領域だからだ。私の考えと正反対の立場を取る勢力はかなりの影響力がある。政府、財界のロビイスト、利益団体などもその一部で、問題によって顔ぶれは変わってくる。共通しているのは、明確な証拠とすぐれたアイデアを認めない点だ。だからこそ、市民の自覚と支持がぜひとも必要だ。

政府がすぐれたアイデアにすばやく反応するように働きかけることも大切だが、個人あるいは家庭が支出のしかたと行動を意識的に変えていくことも重要だ。本章で述べたように、企業は地球温暖化に加担することについて、ますます敏感にならざるを得ない状況である。今後は、より多くの企業が温室効果ガス排出削減の取り組みを開始するだろう。それが誠実であるのか、効果はあるのかを、各家庭はさまざまな方法で見極めていけるだろう。その評価は、脱炭素化に努める企業が提供するモノとサービスを買うという行動にあらわれる。

社会への責任を果たすビジネス手法と誠実なふるまいに力を注ぐ企業は報われる。これは強力な証拠によって裏付けられる。経済学者ラルカ・ドラグサヌとネイサン・ナンは、1999年から2014年にかけて、コスタリカのコーヒー栽培農家を対象としてフェアトレード認証の効果を研究した。[†39] フェアトレード認証ラベルは、コーヒー農園の労働者が一連の基準にしたがって処遇されており、事前に定められた「フェアトレード最低価格」以上でコーヒー豆が買い取られていることを示している。だが、フェアトレード認証を得た生産者のコーヒーは価格が高いにもかかわらず、売上高が高いことがわかった。さらに、認証は「すべての世帯により高い収入をもたらしていたが、とりわけコーヒー関連の仕事をしている世帯でその傾向が強い」ことがわかった。

本書のおもなテーマのひとつは、資本主義において企業は価格の変化を気にするので、公害削減対策として課税やキャップ・アンド・トレード制度を導入すれば有効だというものである。一方で企業は自分たちの評判も気にする。いちばんの理由は、消費者は評判のよい企業から多く買い、イメージがよくない企業は避けられる傾向があるからだ。「炭素削減」認証をうまく設計すれば、企業は温室効果ガスの排出を削減し、売上も増えるというふたつのポジティブな効果が期待できる。

クリーンエネルギー製品を買うことも、消費者が市場に働きかけるひとつの方法だ。世帯ごとに原子炉を購入するのは現実的ではないが、ソーラーパネルと太陽電池ならわけなく買える。家庭で使用するエネルギーをすべて切り替えるところまで行かなくても、試しに買ってみるだけで大いに効果がある。クリーンテクノロジー製品の需要があるというサインとなるからだ。すでに述べたように、市場は需要のサインに反応し、供給量を増やそうとする。結果として資金が投じられて研究開発が活発になる。

需要が増すと競争が生まれ、値段が安くなっていく。実際、電池とソーラーエネルギー製品の価格は急速に下がった。この流れを維持し加速するには、クリーンエネルギー製品の需要を着実に増やすのがいちばんだ。それぞれの家庭で購入して使えば、確実に需要を増やしていける。

地球のために家庭でできることは、他にあるだろうか。気候変動に立ち向かうためのすぐれた個人向けガイドを、クリス・グッドールとマーク・ライナスがそれぞれ書いている。第5章で紹介したグッドールはイギリスの経済活動で脱物質化が起きていることをあきらかにした人物である。ライナスは第9章で取り上げた遺伝子組み換え作物を擁護する立場だ。グッドールの『*How to Live a Low-Carbon Life*(低炭素の暮らし術)』[未邦訳]とライナスの『*Carbon Counter*(炭素排出量を数える)』[未邦訳]で強調されているのは、一般的に個人のカーボン・フットプリントのほぼ半分を住居と移動手段が占めているという部分だ。暖房とエアコンを弱め、断熱材とＬＥＤ電球を使って家のエネルギー効率を高め、車での移動距離を減らす、飛行機の利用を減らすことは、いずれも確実な効果がある。

完全菜食主義に踏み切るのも効果的だ。とはいえ、動物由来の食品をいっさい口にしない食生活を実行する人はごく少数派だ。２０１８年、アメリカ人のヴィーガンは人口のわずか3％だった。(十40) そこまで徹底しなくても、牛肉と乳製品を食生活のなかで減らすと、温室効果ガスの削減につながるだろう。エコモダニストのシンクタンク、ブレイクスルー・インスティテュートのライナス・ブロムクヴィストは次のように述べる。「鶏肉と豚肉を摂り乳製品と牛肉を食べない場合と、ベジタリアンで牛乳とチーズも摂る場合では、前者のほうが温室効果ガス排出量は少なく、完全菜食主義とほぼ変わらないレベルである」[†41]。家庭からどうしても排出される（あるいは、あえて排出する）温室効果ガスについては、その分だけカーボン・オフセットを購入すればいい。

私たち一人ひとりの取り組みが問われる重要な問題がもうひとつある。多くの社会とコミュニティに増えている分断の問題だ。これは難問である。何しろ、もともと私たちには部族意識があり、似たような考えをする人と交流したがる。それでも、可能性はいくらでも見つけることができる。社会関係資本を増やすことも、分断を減らすことも、方法はたくさんある。市民の政治活動や支援活動に参加する、身体が不自由な退役軍人や難民や一人暮らしの高齢者など弱い状況にある人を助けるボランティアをする、礼拝など宗教関係の活動に参加する、自分のスキルを教える、などは無理なく人とのつながりを築いていける。

大事なのは、部族意識を共有できていない人々――肝心な部分で考え方が違う人々――と一緒におこなうことだ。さらに大事なのは、議論をして勝とうとしないこと。信条が違う、道徳的な基盤も違う者同士が交流する際、相手を改心させてやろうとする気持ちがついつい出てしまう。論理に欠陥がある、フェイクニュースだ、その信条は支持を得られないなどと説得したとしても、うまくいくはずがない。相手は素直になるどころか、いっそう頑なになるばかりだ。討論と議論をすればするほど、分断はひどくなってしまう。

もっとよい方法がある。相手との共通点を見つけるというやりかただ。心理学者ジョナサン・ハイトはリベラル派と保守派とに共通する道徳的基盤に注目した。本書でたびたび研究を紹介したハイトが指摘するのは、他者をいたわり自然を大事にする強い責任感だ。病気で苦しむ子ども、餓死しそうな動物、浜辺に積み上がったゴミを目にすれば、たいていの人は胸が痛む。人と人のつながりを育むためには、とりわけ部族意識からほど遠い相手と人間関係を築く際には、人間や自然界のどんな部分に相手がとくに心を痛めているのかを知るところから始めてはどうだろう。相手を傷つけるおそれはなく、絆はいっそう深まるのではないか。

結論

未来の地球

私たちは太陽系のすべての天体に探査機を送った。いまのところ、地球に勝る惑星はない。
――ジェフ・ベゾスのツイート、2018年

天才がタイムトラベルの方法を発明したと想像してみよう。自然愛好家は20万年前の世界を旅してまわれるようになる。ホモ・サピエンスはまだ故郷のアフリカにいて、地球上全体に広がっていない時代だ。(*)

タイムトラベラーたちはどんな光景を目にするだろうか。

海には、とうに絶滅した動物がたくさんいるだろう。いちばん大きいのは、おそらく、ステラーカイギュウだ。温和な性質で、ほおひげがあり、コンブを食べ、体重は10トンを超え、体長はスクールバスくらいになる。そのステラーカイギュウをナチュラリストのゲオルグ・ヴィルヘルム・ステ

ラーは1741年にベーリング海峡の島のそばで目撃した。彼は船員仲間とともにステラーカイギュウを仕留めようとしたが、一度目は失敗に終わった。皮があまりにも厚かったからだ。だが彼らはあきらめず、ついに銛で仕留め、肉、脂肪、皮を手に入れた。そして1768年までに、カイギュウをすべて獲り尽くしてしまったのである。[†2]

巨大な生き物を仕留めたいという人間の欲求は海だけに限ったことではない。陸上でも、私たちは容赦なかった。地球上に人類が広がっていくにつれて、その土地の最大の動物がまっ先に絶滅しているという興味深い事実がある。[†3]証拠もある（身体が大きいほど、1頭仕留めれば多くの肉が手に入るので、理にかなっている）。われらがタイムトラベラーは最大の地上性ナマケモノ、メガテリウムをチリで、ウォンバットの巨大な祖先ディプロトドンをオーストラリアで、アルマジロのようなグリプトドンをブラジルで目撃するだろう。いずれも、最小でも車くらいの大きさだ。

ニュージャージーにはマストドンが、ロンドンにはマンモスが生息していた。こうした毛深い厚皮動物は、北半球の緯度の高い地域全体を歩き回っていた。個体数は非常に多く、おかげで草原は豊かに繋っていたらしい。ところが、約1万年前にはいずれも絶滅してしまい、土地の大部分は森になった。[†4]重い動物がいた時には若木のうちに踏みつぶされてしまっていたが、そうした動物は二度とあらわれなかったため、木が大きく育つようになったのである（地球の温度を低く保つのは森よりも草原であり、[**]気候変動が問題となっているいま、マンモスもマストドンもいないのは残念なことだ）。

オオツノシカの枝角は全長12フィート［約3・7メートル］に及んだ。そのオオツノシカはダイアウルフの獲物となった。タスマニアに生息していたティラコレオ［フクロライオン］は、大きさも獰猛さも現在のアフリカのライオン並みだった。モアはニュージーランド原産の飛べない鳥で、最大のものは立ち上がると10フィート［約3メートル］、体重は500ポンド［約230キログラム］を超えていた。(***)

ひとつ残らず、絶滅した。

自然を愛好するタイムトラベラーは、おそらく悲しみにうちひしがれて現代に戻ってくるだろう。その嘆きの深さは、夫オルフェウスとふたたび離れて冥府に戻らざるを得なかったエウリュディケーに勝るとも劣らないものだろう。

人間がこれほどまでの破壊、種の絶滅に加担したことに、彼らは絶望するだろう。たいていは、絶滅させてやろうなどとは思っていなかった。そのぶんだけ救いはあるが、悲惨なことには変わりない。人類が地球上に広まるとともに、地球のめぐみを利用し尽くし、自分たちの都合に合わせて環境を変えてしまった。

＊化石から判断して、ヒトがアフリカから出たのは18万年前と思われる(†1)。したがって20万年前であれば、タイムトラベラーが世界を旅してもアフリカから広がったホモ・サピエンスと出合わないだろう。

＊＊草原のほうが多くの太陽光を反射する。そして草原は断熱効果が低いため冬には深いところまで凍結し、それが長く続く。

＊＊＊ニュージーランドは大型哺乳類の捕食者が一度も存在しなかったので、鳥は飛んで逃げる必要がなかった。そのため多くの鳥は、機能する羽が進化しなくなり、一部の鳥は巨大になった。

工業化時代以前も、そのさなかも人々は旧約聖書の神の言葉に忠実であろうとした。創世記で、神は人間を造った直後に彼らを祝福して言われた。「産めよ、増えよ、地に満ちよ。地のすべての獣と空のすべての鳥は、地を這うすべてのものと海のすべての魚と共に、あなたたちの前に恐れおののき、あなたたちの手にゆだねられる[十5]」

私たちは産み、増えた。多くの生き物の命が私たちの手にゆだねられた。神の言葉に忠実であったと胸を張りたくなる。しかし、神は種の絶滅を命じられただろうか。

これまでの失敗を補う機会が、いま訪れている。世界の大半の場所から撤退する。より少ない土地で必要な食糧をまかない、使わない土地を自然に返す。即効性のある毒物、じわじわと効く毒物を空と海に注ぐのをやめる。鉱物資源の採掘量を減らし、森林伐採を減らし、山の開発を減らす。それを実行するためのツールとアイデアと制度を私たちは手にしている。それによって私たちは世界のさまざまな場所で時を過ごすことができる。そこでは地球の宝物を奪うことなく、詩人メアリー・オリバーの表現を借りれば「世界と調和できる居場所」を満喫できる。

しかも、経済と社会をがらりと変えずに、おそらくこのすべてを実現できる。これはすばらしいことではないか。〈希望の四騎士〉——資本主義、テクノロジーの進歩、市民の自覚、反応する政府——をよりいっそう活躍させる。本書で述べてきたように、それが人類と地球の繁栄につながっていく。「自然には価値がない、そう言えるようにしなければならない[十6]」。これは、他に先駆けて脱物質化を実証した学者ジェシー・オースベルの言葉だ。もちろん、経済的な意味での価値である。努力して価値のないものにしていけば、資本主義に利用し尽くされる心配はない。その時ようやく、自然の真価を堪能できる時がおとずれる。

地球上で〈四騎士〉が存分に活躍している地域では「モア・フロム・レス」が実現し、地球を搾取したりダメージを与えたりする人間の仕業はピークを越えた。もちろん、地球全体としてはまだ一部であり、ペースは遅いかもしれない。それでも私たちはかつてのように原材料を使わなくなり、より少量からより多くを得ることができるようになった。本書では多くの方々の業績を紹介し、人類はいまどこまで到達できているのか、どうすればこの先も輝かしい成果をおさめていけるのかを——さらに豊かになり、健康的な暮らしを営み、美しい地球で暮らしていけるのかを——あきらかにした。

いまこそ転換点であると認識して実践することは、時を超えて皆の願いであるはずだ。

謝辞

本書の表紙に記される名前はたったひとつ。そんなバカなことがあるかと思う。はじめの一歩から完成に至るまで、多くの方々にお世話になった。本書のために力を貸してくださり、読み応えのあるものになった。ひとえに皆さんのお力添えのおかげであり、なんらかの不備があるとすれば、すべて私の責任である。

本書のはじめに述べたように、ブレイクスルー・ジャーナル誌に発表されたジェシー・オースベルの小論「自然の復活――テクノロジーはいかに環境を解放するか」に触発されて、私は人類の発展が大きな曲がり角を迎えてより少量からより多くを得られるようになったのかという主題を掘り下げてみた。ジェシーは私にアドバイスと励ましを与え、多くの質問に答えてくださった。やはりロックフェラー大学で研究するイド・ワーニックとアラン・カレーにも厚く御礼申し上げたい。ブレイクスルー・インスティテュートのテッド・ノードハウス、アレックス・トレンバス、ライナス・ブルムクイスト、レイチェル・プリツカーにも感謝の気持ちで一杯だ。

私が拠点とするＭＩＴデジタル経済イニシアティブの同僚たちは本書のために理想的な環境づくりとともに、多岐にわたる研究を手がけている。デイビッド・ヴェリルとクリスティー・コーは見事な手腕ですべてを取り仕切ってくれた。アジョヴィ・ケーネは多くの業務を肩代わりしてくれた。執筆のさなかにはセス・ベンゼルとダニエル・ロックの助言がたいへんにありがたかった。これまでに何冊も共著があり、ともに研究に取り組んできたエリック・ブリニョルフソンとの会話は実り多く、示唆に富むものであった。ここであらためて心から感謝を伝えたい。

本書を支えてくれたリサーチ・チームは、ＭＩＴスローン・スクールＭＢＡの学生3世代が担ってくれた。最初に指揮を執ったアタッド・ペレドは共有ファイルをアヤ・スチに託し、彼女はさらに内容を充実させてマオール・ゼーヴィとガル・シュワルツに受け継ぎ、彼らは私とともに仕事に取り組んで、無事やり遂げて卒業を迎えた。この間、プロジェクトを支えてくれたのはジョナサン・ルーアンだ。知性もさることながら、粘り強さと持ち前の明るさにどれほど助けられただろう。２０１８年にはＴＥＤｘケンブリッジでエレズ・ヨエリと話をした。脱物質化についての彼とのやりとりは、本書の内容をよりいっそう豊かなものにしてくれた。そしてこうしたアイデアを披露する場を提供してくれたＴＥＤｘケンブリッジのエグゼクティブ・ディレクター、ディミトリ・ガンに感謝申し上げる。

執筆に際しては、原稿を読んでフィードバックしてくださる世界各地の人々に大いに助けられた。エド・ファイン、レスリー・ファイン、ニルス・ギルマン、マイカ・ヘンフィル、マーティー・マンリーはカリフォルニアで（なかでもファイン夫妻は私がサンフランシスコを訪れるたびに自宅に滞在させてくださり、家族で歓待してくれた）、ボウ・カッターはニューヨークで、ジェローム・ド・カストレはパリで、ルース・ラスカムはオーストラリアのサンシャインコーストで、ヴィダ・ビエルクス、ジム・パロッタ、エイミー・シェファードはボストンで原稿を読み、論点が不明瞭な箇所、読者にとってわかりにくい箇所、間違っている箇所を指摘してくれた。エネルギーに関しては、マイク・シェレンバーガーとラメズ・ナムが、地球温暖化に関してはアラン・アダムスの貴重な助言を原稿に反映することができた。

アレクサンダー・ローズとアンドリュー・ワーナーは未来の地球に人間が残すフットプリントについての私の賭けに賛同し、ロングナウ協会の一部であるロングベッツのサイトを提供してくださった。ロングナウ協会の共同設立者スチュアート・ブランドはホール・アース・カタログを創刊した人物だ。1980年頃にホール・アース・カタログはクールな雑誌として登場し、私は大いに影響を受けた。型にはまらない考え方を示してくれたスチュアートに、ありがとうと伝えたい。

私のエージェントとして、コンシェルジュとして、友人として、レイフ・サガリンはすべての過程を通じて私を支えてくれ、スクリブナー社との調整もおこなってくれた。スクリブナー社の担当編集者リック・ホーガンは原稿の細かな部分にまで目を配り、すばらしい本にしてくださった。発行人のナン・グラハムによって声、タイトル、カバーが与えられた。ブライアン・ベルフィグリオ、ケイト・ロイド、アシュリー・ギリアムのご尽力で、本書は想定以上の好発進をすることができた。アンプリファイ・パートナーズのアリソン・マクリーンとエリザベス・ヘイゼルトンの存在抜きにはこれは語れない。

この間、ジョーン・パウエルは講演の過密なスケジュールを私が無事にこなせるようにサポートし、約束の時間に約束の場所に立つことができたのはエスター・シモンズの魔法のような力によるものである。

本書を締めくくるにあたって、ふたたび原点にもどろうと思う——すべては母、ナンシー・ハラーから始まった。母と父デイビッド・マカフィーから託された全地球［ホールアース］を、きちんと見ていくこと。それが自分の務めであると思っている。

Washington Post, October 29, 2018, https://www.washingtonpost.com/world/china-rolls-back-decades-old-tiger-and-rhino-parts-ban-worrying-conservationists/2018/10/29/a1ba913c-dbe7-11e8-aa33-53bad9a881e8_story.html.

37 Henry Grabar, "Why Ducks' Strongest Allies Are Duck Hunters," *Slate*, May 10, 2018, https://slate.com/business/2018/05/ducks-unlimited-which-helps-restore-wetlands-consists-mostly-of-duck-hunters.html.

38 Jorge Mayer, "Golden Rice Licensing Arrangements," *Golden Rice Project*, accessed March 25, 2019, http://www.goldenrice.org/Content1-Who/who4_IP.php.

39 Raluca Dragusanu and Nathan Nunn, *The Effects of Fair Trade Certification: Evidence from Coffee Producers in Costa Rica*, National Bureau of Economic Research Working Paper no. 24260, 2018.

40 Maura Judkis, "You Might Think There Are More Vegetarians than Ever. You'd Be Wrong," *Washington Post*, August 3, 2018, https://www.washingtonpost.com/news/food/wp/2018/08/03/you-might-think-there-are-more-vegetarians-than-ever-youd-be-wrong/.

41 Linus Blomqvist, "Eat Meat. Not Too Much. Mostly Monogastrics," Breakthrough Institute, accessed March 25, 2019, https://thebreakthrough.org/issues/food/eat-meat-not-too-much.

結論

1 Chris Stringer and Julia Galway-Witham, "When Did Modern Humans Leave Africa?," *Science* 359, no. 6374 (2018): 389–90.

2 Paul K. Anderson, "Competition, Predation, and the Evolution and Extinction of Steller's Sea Cow, *Hydrodamalis gigas*," *Marine Mammal Science* 11, no. 3 (July 1995): 391–94.

3 "Unprecedented Wave of Large-Mammal Extinctions Linked to Prehistoric Humans," *ScienceDaily*, April 19, 2018, https://www.sciencedaily.com/releases/2018/04/180419141536.htm.

4 Ross Andersen, "Welcome to the Future Range of the Woolly Mammoth," *Atlantic*, July 10, 2017, https://www.theatlantic.com/magazine/archive/2017/04/pleistocene-park/517779/.

5 King James Bible, Genesis 1:28.

6 Jesse Ausubel, "We Must Make Nature Worthless," *Real Clear Science*, September 19, 2015, https://www.realclearscience.com/articles/2015/09/19/we_must_make_nature_worthless_109384.html.

September 19, 2018, https://www.npr.org/2018/09/18/649326026/trump-administration-eases-regulation-of-methane-leaks-on-public-lands.

20 Knickmeyer, "Trump Administration Targets Obama's Clean-Up."

21 "Trump Administration Asks to Roll Back Rules Against Water Pollution," *The Scientist*, December 12, 2018, https://www.the-scientist.com/news-opinion/trump-administration-rolls-back-protections-against-water-pollution-65206.

22 "China Postpones Lifting of Ban on Trade of Tiger and Rhino Parts," *Reuters*, November 12, 2018, https://www.reuters.com/article/us-china-wildlife/china-postpones-lifting-of-ban-on-trade-of-tiger-and-rhino-parts-idUSKCN1NH0XH.

23 Benjamin Austin, Edward Glaeser, and Lawrence H. Summers, "Saving the Heartland: Place-Based Policies in 21st Century America," in *Brookings Papers on Economic Activity* Conference Drafts, 2018.

24 Eduardo Porter, "The Hard Truths of Trying to 'Save' the Rural Economy," *New York Times*, December 14, 2018, https://www.nytimes.com/interactive/2018/12/14/opinion/rural-america-trump-decline.html.

25 Thomas Koulopoulos, "Harvard, Stanford, and MIT Researchers Study 1 Million Inventors to Find Secret to Success, and It's Not Talent," *Inc.*, August 14, 2018, https://www.inc.com/thomas-koulopoulos/a-study-of-one-million-inventors-identified-key-to-success-its-not-talent.html.

26 Richard Feloni, "AOL Cofounder Steve Case Is Betting $150 Million That the Future of Startups Isn't in Silicon Valley or New York, but the Money Isn't What's Making His Prediction Come True," *Business Insider*, June 19, 2018, https://www.businessinsider.com/steve-case-rise-of-the-rest-revolution-startup-culture-2018-5.

27 Jamie Dimon and Steve Case, "Talent Is Distributed Equally. Opportunity Is Not," *Axios*, March 21, 2018, https://www.axios.com/talent-is-distributed-equally-opportunity-is-not-1521472713-905349d9-7383-470d-8bad-653a832b4d52.html.

28 Akshat Rathi, "If Your Carbon Footprint Makes You Feel Guilty, There's an Easy Way Out," *Quartz*, May 3, 2017, https://qz.com/974463/buying-carbon-credits-is-the-easiest-way-to-offset-your-carbon-footprint/.

29 "Salesforce Invests in Its Largest Renewable Energy Agreement to Date, the Global Climate Action Summit, and a More Sustainable Future," Salesforce, August 30, 2018, https://www.salesforce.com/company/news-press/press-releases/2018/08/180830/.

30 "100% Renewable," Google Sustainability, accessed March 25, 2019, https://sustainability.google/projects/announcement-100/.

31 Peter Economy, "United Airlines' Stunning New Greenhouse Gas Strategy Will Completely Change the Future of Air Travel," *Inc.*, September 14, 2018, https://www.inc.com/peter-economy/united-airlines-ceo-just-made-a-stunning-announcement-that-will-completely-change-future-of-air-travel.html.

32 "Maersk Sets Net Zero CO2 Emission Target by 2050," *Maersk*, December 4, 2018, https://www.maersk.com/en/news/2018/12/04/maersk-sets-net-zero-co2-emission-target-by-2050.

33 Peter Hobson, "Hydro-Powered Smelters Charge Premium Prices for 'Green' Aluminum," Reuters, August 2, 2017, https://www.reuters.com/article/us-aluminium-sales-environment/hydro-powered-smelters-charge-premium-prices-for-green-aluminum-idUSKBN1AI1CF.

34 Lisa Lednicer, "Rockefeller and the Secret Land Deals That Created Grand Teton National Park," *Washington Post*, December 4, 2017, https://www.washingtonpost.com/news/retropolis/wp/2017/12/04/rockefeller-and-the-secret-land-deals-that-created-grand-tetons-national-park/.

35 Pascale Bonnefoy, "With 10 Million Acres in Patagonia, a National Park System Is Born," *New York Times*, February 19, 2018, https://www.nytimes.com/2018/02/19/world/americas/patagonia-national-park-chile.html.

36 Gerry Shih, "China Rolls Back Decades-Old Tiger and Rhino Parts Ban, Worrying Conservationists,"

1 William D. Nordhaus, *The Climate Casino* (New Haven, CT: Yale University Press, 2013), Kindle, location 65.［邦訳：ウィリアム・ノードハウス『気候カジノ』藤崎香里訳、日経 BP］

2 Ibid., 66.

3 "British Columbia's Carbon Tax," British Columbia Ministry of Environment, October 3, 2018, https://www2.gov.bc.ca/gov/content/environment/climate-change/planning-and-action/carbon-tax.

4 "Opinion | Economists' Statement on Carbon Dividends," *Wall Street Journal*, January 16, 2019, https://www.wsj.com/articles/economists-statement-on-carbon-dividends-11547682910.

5 "Global Greenhouse Gas Emissions Data," US EPA, April 13, 2017, https://www.epa.gov/ghgemissions/global-greenhouse-gas-emissions-data.

6 Matthew Dalton and Noemie Bisserbe, "Macron Blinks in Fuel-Tax Dispute with Yellow Vests," *Wall Street Journal*, December 4, 2018, https://www.wsj.com/articles/france-to-delay-fuel-tax-increase-after-violent-protests-1543925246.

7 Stanley Reed, "Germany's Shift to Green Power Stalls, Despite Huge Investments," *New York Times*, October 7, 2017, https://www.nytimes.com/2017/10/07/business/energy-environment/german-renewable-energy.html.

8 "Germany's Greenhouse Gas Emissions and Climate Targets," *Clean Energy Wire*, March 21, 2019, https://www.cleanenergywire.org/factsheets/germanys-greenhouse-gas-emissions-and-climate-targets.

9 Reed, "Germany's Shift to Green Power Stalls."

10 "Nuclear Power in Germany," World Nuclear Association, accessed March 25, 2019, http://www.world-nuclear.org/information-library/country-profiles/countries-g-n/germany.aspx.

11 Damian Carrington, "Citizens across World Oppose Nuclear Power, Poll Finds," *Guardian*, June 23, 2011, https://www.theguardian.com/environment/damian-carrington-blog/2011/jun/23/nuclearpower-nuclear-waste.

12 Anil Markandya and Paul Wilkinson, "Electricity Generation and Health," *Lancet* 370, no. 9591 (September 15–21, 2007): 979–90.

13 Michael Shellenberger, "If Nuclear Power Is So Safe, Why Are We So Afraid of It?," *Forbes*, June 11, 2018, https://www.forbes.com/sites/michaelshellenberger/2018/06/11/if-nuclear-power-is-so-safe-why-are-we-so-afraid-of-it/.

14 Motoko Rich, "In a First, Japan Says Fukushima Radiation Caused Worker's Cancer Death," *New York Times*, September 6, 2018, https://www.nytimes.com/2018/09/05/world/asia/japan-fukushima-radiation-cancer-death.html.

15 D. Kinly III, ed., "Chernobyl's Legacy: Health, Environmental and Socio-Economic Impacts and Recommendations to the Governments of Belarus, the Russian Federation and Ukraine," 2nd rev. version, Chernobyl Forum 2003–5 (2006).

16 "Blow for New South Korean President after Vote to Resume Nuclear Power Build," *Financial Times*, accessed March 25, 2019, https://www.ft.com/content/66c5c9ad-71f0-3f2a-a66d-4078e93d46e5.

17 David Fickling and Tim Culpan, "Taiwan Learns to Love Nuclear, a Little," *Bloomberg*, November 28, 2018, https://www.bloomberg.com/opinion/articles/2018-11-28/taiwan-voters-give-nuclear-power-a-lifeline-after-election.

18 Ellen Knickmeyer, "Trump Administration Targets Obama's Clean-Up of Mercury Pollution," PBS, December 28, 2018, https://www.pbs.org/newshour/nation/trump-administration-targets-obamas-clean-up-of-mercury-pollution.

19 Jennifer Ludden, "Trump Administration Eases Regulation of Methane Leaks on Public Lands," NPR,

33 Eric Levitz, "Tribalism Isn't Our Democracy's Main Problem. The Conservative Movement Is," *New York*, Intelligencer, October 22, 2018, http://nymag.com/intelligencer/2018/10/polarization-tribalism-the-conservative-movement-gop-threat-to-democracy.html.

34 Interview (August 11, 1867) with Friedrich Meyer von Waldeck of the *St. Petersburgische Zeitung: Aus den Erinnerungen eines russischen Publicisten*, 2. *Ein Stundchen beim Kanzler des norddeutschen Bundes*. In *Die Gartenlaube* (1876), p. 858, de.wikisource. Reprinted in *Furst Bismarck: Neue Tischgesprache und Interviews*, 1:248.

35 "Global and Regional Immunization Profile," World Health Organization, September 2018, https://www.who.int/immunization/monitoring_surveillance/data/gs_gloprofile.pdf?ua=1.

36 Hillary Lewis, "Hollywood's Vaccine Wars," *Hollywood Reporter*, September 12, 2014, https://www.hollywoodreporter.com/features/los-angeles-vaccination-rates/.

37 Ibid.

38 "2017 Final Pertussis Surveillance Report," US Centers for Disease Control, https://www.cdc.gov/pertussis/downloads/pertuss-surv-report-2017.pdf.

39 Jacqui Thornton, "Measles Cases in Europe Tripled from 2017 to 2018," *The BMJ*, February 7, 2019, https://www.bmj.com/content/364/bmj.l634.

40 Bill Bishop, *The Big Sort* (Boston: Houghton Mifflin Harcourt, 2008), 14.

第14章

1 Paul M. Romer, "Endogenous Technological Change," *Journal of Political Economy* 98, no. 5, pt. 2 (1990): S71–S102.

2 https://github.com/open-source.

3 "The United States of Languages," *Making Duolingo* (blog), October 12, 2017, http://blog.duolingo.com/the-united-states-of-languages-an-analysis-of-duolingo-usage-state-by-state.

4 "Wikimedia Traffic Analysis Report—Wikipedia Page Views per Country—Overview," Stats.wikimedia, accessed March 25, 2019, https://stats.wikimedia.org/wikimedia/squids/SquidReportPageViewsPerCountryOverview.htm.

5 "Wikimedia Traffic Analysis Report—Page Views per Wikipedia Language—Breakdown," Stats.wikimedia, accessed March 25, 2019, https://stats.wikimedia.org/wikimedia/squids/SquidReportPageViewsPerLanguageBreakdown.htm.

6 Sara Castellanos, "Google Chief Economist Hal Varian Argues Automation Is Essential," *Wall Street Journal*, February 8, 2018, https://blogs.wsj.com/cio/2018/02/08/google-chief-economist-hal-varian-argues-automation-is-essential/.

7 Ian Sample, "Google's DeepMind Predicts 3D Shapes of Proteins," *Guardian*, December 2, 2018, https://www.theguardian.com/science/2018/dec/02/google-deepminds-ai-program-alphafold-predicts-3d-shapes-of-proteins.

8 "Safety-First AI for Autonomous Data Centre Cooling and Industrial Control," *DeepMind*, accessed March 25, 2019, https://deepmind.com/blog/safety-first-ai-autonomous-data-centre-cooling-and-industrial-control/.

9 Nicola Jones, "How to Stop Data Centres from Gobbling Up the World's Electricity," News Feature, *Nature*, September 12, 2018, https://www.nature.com/articles/d41586-018-06610-y.

10 Robbie Gramer, "Infographic: Here's How the Global GDP Is Divvied Up," *Foreign Policy*, February 24, 2017, https://foreignpolicy.com/2017/02/24/infographic-heres-how-the-global-gdp-is-divvied-up/.

fact-tank/2018/09/06/the-american-middle-class-is-stable-in-size-but-losing-ground-financially-to-upper-income-families/.

12 Scott Winship, "Poverty after Welfare Reform," Manhattan Institute, August 22, 2016, https://www.manhattan-institute.org/download/9172/article.pdf.

13 "Suicide Statistics," American Foundation of Suicide Prevention.

14 Kimberly Amadeo, "Compare Today's Unemployment with the Past," *The Balance*, accessed March 25, 2019, https://www.thebalance.com/unemployment-rate-by-year-3305506.

15 "Suicide," World Health Organization, accessed March 25, 2019, https://www.who.int/news-room/fact-sheets/detail/suicide.

16 Johann Hari, "'The Opposite of Addiction Isn't Sobriety—It's Connection,'" *Guardian*, April 12, 2016, https://www.theguardian.com/books/2016/apr/12/johann-hari-chasing-the-scream-war-on-drugs.

17 Michael J. Zoorob and Jason L. Salemi, "Bowling Alone, Dying Together: The Role of Social Capital in Mitigating the Drug Overdose Epidemic in the United States," *Drug and Alcohol Dependence* 173 (2017): 1–9.

18 Tom Jacobs, "Authoritarianism: The Terrifying Trait That Trump Triggers," *Pacific Standard*, March 26, 2018, https://psmag.com/news/authoritarianism-the-terrifying-trait-that-trump-triggers.

19 Anne Applebaum, "A Warning from Europe: The Worst Is Yet to Come," *Atlantic*, September 24, 2018, https://www.theatlantic.com/magazine/archive/2018/10/poland-polarization/568324/.

20 Woods and Poole Economics のデータ。

21 Emile Durkheim, *Suicide: A Study in Sociology*, trans. John A. Spaulding and George Simpson (Abingdon, UK: Routledge, 2005), 346. ［邦訳：デュルケーム『自殺論』宮島喬訳、中央公論新社］

22 Andrew Sullivan, "Americans Invented Modern Life. Now We're Using Opioids to Escape It," *New York*, Intelligencer, February 20, 2018, http://nymag.com/intelligencer/2018/02/americas-opioid-epidemic.html.

23 Case and Deaton, "Mortality and Morbidity."

24 Arlie Russell Hochschild, *Strangers in Their Own Land: Anger and Mourning on the American Right* (New York: New Press, 2016), Kindle, location 139. ［邦訳：A・R・ホックシールド『壁の向こうの住人たち』布施由紀子訳、岩波書店］

25 Christoph Lakner and Branko Milanovic, *Global Income Distribution: From the Fall of the Berlin Wall to the Great Recession* (Washington, DC: World Bank, 2013), http://documents.worldbank.org/curated/en/914431468162277879/pdf/WPS6719.pdf.

26 Ibid.

27 Branko Milanovic, "Global Income Distribution since 1988," *CEPR Policy Portal*, accessed March 25, 2019, https://voxeu.org/article/global-income-distribution-1988.

28 Paul Krugman, "Hyperglobalization and Global Inequality," *New York Times*, November 30, 2015, https://krugman.blogs.nytimes.com/2015/11/30/hyperglobalization-and-global-inequality/.

29 Philip Bump, "By 2040, Two-Thirds of Americans Will Be Represented by 30 Percent of the Senate," *Washington Post*, November 28, 2017, https://www.washingtonpost.com/news/politics/wp/2017/11/28/by-2040-two-thirds-of-americans-will-be-represented-by-30-percent-of-the-senate/.

30 Rachael Revesz, "Five Presidential Nominees Who Won Popular Vote but Lost the Election," *Independent*, November 16, 2016, https://www.independent.co.uk/news/world/americas/popular-vote-electoral-college-five-presidential-nominees-hillary-clinton-al-gore-a7420971.html.

31 Jeffrey B. Lewis, Keith Poole, Howard Rosenthal, Adam Boche, Aaron Rudkin, and Luke Sonnet, "Congressional Roll-Call Votes Database," *Voteview*, 2018, https://voteview.com/.

32 "Glossary Term | Override of a Veto," US Senate, January 19, 2018, https://www.senate.gov/reference/glossary_term/override_of_a_veto.htm.

Statistics, accessed March 25, 2019, https://www.bls.gov/bdm/us_age_naics_31_table5.txt.
7 Damon Darlin, "Monopoly, Milton Friedman's Way," *New York Times*, February 19, 2011, https://www.nytimes.com/2011/02/20/weekinreview/20monopoly.html.
8 Greg Robb, "Yellen to Stress Patience on Rates at Jackson Hole," *MarketWatch*, August 18, 2014, https://www.marketwatch.com/story/yellen-to-stress-patience-on-rates-at-jackson-hole-2014-08-17.
9 John Van Reenen, "Increasing Differences between Firms: Market Power and the Macro-Economy" (paper prepared for the 2018 Jackson Hole Conference), https://www.kansascityfed.org/~/media/files/publicat/sympos/2018/papersandhandouts/jh%20john%20van%20reenen%20version%2020.pdf.
10 Jeff Sommer and Karl Russell, "Apple Is the Most Valuable Public Company Ever. But How Much of a Record Is That?," *New York Times*, December 21, 2017, https://www.nytimes.com/interactive/2017/12/05/your-money/apple-market-share.html.
11 Robert Frank, "Jeff Bezos Is Now the Richest Man in Modern History," CNBC, July 16, 2018, https://www.cnbc.com/2018/07/16/jeff-bezos-is-now-the-richest-man-in-modern-history.html.
12 Christopher Ingraham, "For Roughly Half of Americans, the Stock Market's Record Highs Don't Help at All," *Washington Post*, December 18, 2017, https://www.washingtonpost.com/news/wonk/wp/2017/12/18/for-roughly-half-of-americans-the-stock-markets-record-highs-dont-help-at-all/.
13 Angus Deaton, "How Inequality Works," *Project Syndicate*, December 21, 2017, https://www.project-syndicate.org/onpoint/anatomy-of-inequality-2017-by-angus-deaton-2017-12?barrier=accesspaylog.
14 Christina Starmans, Mark Sheskin, and Paul Bloom, "Why People Prefer Unequal Societies," *Nature Human Behaviour* 1, no. 4 (2017): article 0082, https://www.nature.com/articles/s41562-017-0082.

第13章

1 Dexter Filkins, "James Mattis, a Warrior in Washington," *New Yorker*, May 22, 2017, https://www.newyorker.com/magazine/2017/05/29/james-mattis-a-warrior-in-washington.
2 Robert D. Putnam, *Bowling Alone: The Collapse and Revival of American Community* (New York: Simon & Schuster, 2001), 19. [邦訳：ロバート・D・パットナム『孤独なボウリング』柴内康文訳、柏書房]
3 Eric D. Gould and Alexander Hijzen, *Growing Apart, Losing Trust? The Impact of Inequality on Social Capital* (Washington, DC: International Monetary Fund, 2016).
4 "Public Trust in Government: 1958–2017," Pew Research Center for the People and the Press, April 25, 2018, http://www.people-press.org/2017/12/14/public-trust-in-government-1958-2017/.
5 Alexis de Tocqueville, *Democracy in America*, ed. and trans. Harvey C. Mansfield and Delba Winthrop (Chicago: University of Chicago Press, 2000), 489.
6 Anne Case and Angus Deaton, "Mortality and Morbidity in the 21st Century," Brookings Institution, August 30, 2017, https://www.brookings.edu/bpea-articles/mortality-and-morbidity-in-the-21st-century/.
7 "Suicide Statistics," American Foundation of Suicide Prevention, March 12, 2019, https://afsp.org/about-suicide/suicide-statistics/.
8 Joshua Cohen, "'Diseases of Despair' Contribute to Declining U.S. Life Expectancy," *Forbes*, July 19, 2018, https://www.forbes.com/sites/joshuacohen/2018/07/19/diseases-of-despair-contribute-to-declining-u-s-life-expectancy/.
9 Max Roser and Hannah Ritchie, "HIV/AIDS," *Our World in Data*, April 3, 2018, https://ourworldindata.org/hiv-aids.
10 "Real Gross Domestic Product," FRED, February 28, 2019, https://fred.stlouisfed.org/series/GDPC1.
11 Rakesh Kochhar, "The American Middle Class Is Stable in Size, but Losing Ground Financially to Upper-Income Families," Pew Research Center, September 6, 2018, https://www.pewresearch.org/

org/air-pollution.
22 Akash Kapur, "Pollution as Another Form of Poverty," *New York Times*, October 8, 2009, https://www.nytimes.com/2009/10/09/world/asia/09iht-letter.html.
23 David A. Keiser and Joseph S. Shapiro, "Consequences of the Clean Water Act and the Demand for Water Quality," *Quarterly Journal of Economics* 134, no. 1 (2018): 349–96.
24 Zhenling Cui et al., "Pursuing Sustainable Productivity with Millions of Smallholder Farmers," *Nature* 555, no. 7696 (2018): 363.
25 Noah Smith, "The Incredible Miracle in Poor Country Development," *Noahpinion* (blog), May 30, 2016, http://noahpinionblog.blogspot.com/2016/05/the-incredible-miracle-in-poor-country.html.
26 *Our World in Data*, https://ourworldindata.org/extreme-poverty. データや計算の詳細、出典については morefromlessbook.com/data にて公開している。
27 Linda Yueh, "Is It Possible to End Global Poverty?," BBC News, March 27, 2015, https://www.bbc.com/news/business-32082968.
28 Ibid.
29 *Our World in Data*, https://our worldindata.org/food-per-person. データや計算の詳細、出典については morefromlessbook.com/data にて公開している。
30 "What Should My Daily Intake of Calories Be?," *NHS Choices*, accessed March 25, 2019, https://www.nhs.uk/common-health-questions/food-and-diet/what-should-my-daily-intake-of-calories-be/.
31 *Our World in Data*, https://ourworldindata.org/water-use-sanitation#share-of-total-population-with-improved-water-sources. データや計算の詳細、出典については morefromlessbook.com/data にて公開している。
32 Hannah Ritchie and Max Roser, "Water Use and Sanitation," *Our World in Data*, November 20, 2017, https://ourworldindata.org/water-use-sanitation#share-of-total-population-with-improved-water-sources.
33 Ritchie and Roser, "Water Use and Sanitation."
34 *Our World in Data*, https://ourworldindata.org/primary-and-secondary-education. データや計算の詳細、出典については morefromlessbook.com/data にて公開している。
35 *Our World in Data*, https://ourworldindata.org/life-expectancy. データや計算の詳細、出典については morefromlessbook.com/data にて公開している。
36 *Our World in Data*, https://ourworldin data.org/child-mortality and https://ourworldindata.org/maternal-mortality. データや計算の詳細、出典については morefromlessbook.com/data にて公開している。

第12章

1 "68% of the World Population Projected to Live in Urban Areas by 2050, Says UN," UN Department of Economic and Social Affairs, accessed March 25, 2019, https://www.un.org/development/desa/en/news/population/2018-revision-of-world-urbanization-prospects.html.
2 "Everything You Heard About Urbanization Is Wrong," *Open Learning Campus* (blog), accessed March 25, 2019, https://olc.worldbank.org/content/everything-you-heard-about-urbanization-wrong.
3 Mary Clare Jalonick, "Farm Numbers Decline, But Revenue Rises," *Boston Globe*, February 21, 2014, https://www.bostonglobe.com/news/nation/2014/02/21/number-farms-declines-farmers-getting-older/LNON4aXK6Avf6CkfiH4YIK/story.html.
4 "U.S. Farming: Total Number of Farms 2017," *Statista*, accessed March 25, 2019, https://www.statista.com/statistics/196103/number-of-farms-in-the-us-since-2000/.
5 "Manufacturing Sector: Real Output," FRED, March 7, 2019, https://fred.stlouisfed.org/series/OUTMS.
6 "Table 5. Number of Private Sector Establishments by Age: Manufacturing," US Bureau of Labor

https://www.theguardian.com/world/commentisfree/2018/apr/11/good-news-at-last-the-world-isnt-as-horrific-as-you-think.

2 "Most of Us Are Wrong about How the World Has Changed (Especially Those Who Are Pessimistic about the Future)," *Our World in Data*, accessed March 25, 2019, https://ourworldindata.org/wrong-about-the-world.

3 "John Stuart Mill Quote," *LibQuotes*, accessed March 25, 2019, https://libquotes.com/john-stuart-mill/quote/lbn8u1p.

4 Bjorn Lomborg, *The Skeptical Environmentalist: Measuring the Real State of the World* (Cambridge, UK: Cambridge University Press, 2001), 5. ［邦訳：ビョルン・ロンボルグ『環境危機をあおってはいけない』山形浩生訳、文藝春秋］

5 Stewart Brand, "We Are Not Edging Up to a Mass Extinction," *Aeon*, accessed March 25, 2019, https://aeon.co/essays/we-are-not-edging-up-to-a-mass-extinction.

6 Douglas J. McCauley, Malin L. Pinsky, Stephen R. Palumbi, James A. Estes, Francis H. Joyce, and Robert R. Warner, "Marine Defaunation: Animal Loss in the Global Ocean," *Science* 347, no. 6219 (2015), 1255641.

7 Rachel Riederer, "The Woolly Mammoth Lumbers Back into View," *New Yorker*, December 27, 2018, https://www.newyorker.com/science/elements/the-wooly-mammoth-lumbers-back-into-view.

8 Richard Lea, "Scientist Chris D. Thomas: 'We Can Take a Much More Optimistic View of Conservation,' " *Guardian*, July 13, 2017, https://www.theguardian.com/books/2017/jul/13/chris-d-thomas-conservation-inheritors-of-the-earth-interview.

9 Ausubel, "Return of Nature."

10 "Elinor Ostrom's 8 Principles for Managing a Commons," *On the Commons*, accessed March 25, 2019, http://www.onthecommons.org/magazine/elinor-ostroms-8-principles-managing-commmons.

11 Brand, "We Are Not Edging Up."

12 "Goal 14," Sustainable Development Knowledge Platform, United Nations, accessed March 25, 2019, https://sustainabledevelopment.un.org/sdg14.

13 Jennifer Billock, "How Korea's Demilitarized Zone Became an Accidental Wildlife Paradise," *Smithsonian*, February 12, 2018, https://www.smithsonianmag.com/travel/wildlife-thrives-dmz-korea-risk-location-180967842/.

14 John Wendle, "Animals Rule Chernobyl Three Decades After Nuclear Disaster," *National Geographic*, April 25, 2017, https://www.nationalgeographic.com/news/2016/04/060418-chernobyl-wildlife-thirty-year-anniversary-science/.

15 "Trees Are Covering More of the Land in Rich Countries," *Economist*, November 30, 2017, https://www.economist.com/international/2017/12/02/trees-are-covering-more-of-the-land-in-rich-countries.

16 Yi Y. Liu, Albert I. J. M. van Dijk, Richard A. M. de Jeu, Josep G. Canadell, Matthew F. McCabe, Jason P. Evans, and Guojie Wang, "Recent Reversal in Loss of Global Terrestrial Biomass," *Nature Climate Change* 5 (2015): 470–74.

17 Kim Nicholas, "Climate Science 101," *Kim Nicholas* (blog), accessed March 25, 2019, http://www.kimnicholas.com/climate-science-101.html.

18 "Atmospheric Carbon Dioxide (CO_2) Levels, 1800–Present," SeaLevel.info, accessed March 25, 2019, https://www.sealevel.info/co2.html.

19 "Global Greenhouse Gas Emissions Data," US EPA, April 13, 2017, https://www.epa.gov/ghgemissions/global-greenhouse-gas-emissions-data.

20 Hannah Ritchie and Max Roser, "CO_2 and Other Greenhouse Gas Emissions," *Our World in Data*, May 11, 2017, https://ourworldindata.org/co2-and-other-greenhouse-gas-emissions.

21 Hannah Ritchie and Max Roser, "Air Pollution," *Our World in Data*, April 17, 2017, https://ourworldindata.

March 12, 2018, http://fortune.com/2018/03/12/feature-phone-sales-facebook-google-nokia-jio-8110/.
7 Jkielty, "The Most Popular Smartphones in 2019," *DeviceAtlas*, January 18, 2019, https://deviceatlas.com/blog/most-popular-smartphones#india.
8 Ansh Sharma, Jyotsna Joshi, Monu Sharma, and K. Rajeev, "Buy Jio Phone F90M, 2.4 Inch Display, Wireless FM, 512 MB RAM, 4 GB Internal Storage (Black, 512 MB RAM, 4 GB), Price in India (26 Mar 2019), Specification & Reviews," *Gadgets 360*, April 13, 2018, https://gadgets360.com/shop/jio-phone-f90m-black-363131302d3130353636.
9 Peter Diamandis, "The Future Is Brighter Than You Think," CNN, May 6, 2012, https://edition.cnn.com/2012/05/06/opinion/diamandis-abundance-innovation/index.html.
10 "Individuals Using the Internet (% of Population)," The World Bank Data, accessed March 25, 2019, https://data.worldbank.org/indicator/IT.NET.USER.ZS?end=2016&start=1960&view=chart.
11 "Deng Xiaoping, Chinese Politician, Paramount Leader of China," *Wikiquote*, September 5, 2018, https://en.wikiquote.org/wiki/Deng_Xiaoping.
12 Conor O'Clery, "Remembering the Last Day of the Soviet Union," *Irish Times*, December 24, 2016, https://www.irishtimes.com/news/world/europe/conor-o-clery-remembering-the-last-day-of-the-soviet-union-1.2916499.
13 "Eastern Bloc," *Wikipedia*, March 25, 2019, https://en.wikipedia.org/wiki/Eastern_Bloc.
14 "One More Push," *Economist*, July 21, 2011, https://www.economist.com/leaders/2011/07/21/one-more-push.
15 Ibid.
16 "Total Population of the World by Decade, 1950–2050," *Infoplease*, accessed March 25, 2019, https://www.infoplease.com/world/population/total-population-world-decade-1950-2050.
17 "2019 Index of Economic Freedom," Heritage Foundation, accessed March 25, 2019, https://www.heritage.org/index/.
18 "Telecoms and Competition," Twitter, accessed March 25, 2019, https://twitter.com/i/moments/782831197126660096.
19 Kevin G. Hall, "Brazil Telecom Bid Takes Market by Surprise," *Journal of Commerce and Technology*, July 27, 1997, https://www.joc.com/brazil-telecom-bid-takes-market-surprise_19970727.html.
20 Max Roser, "Democracy," *Our World in Data*, March 15, 2013, https://ourworldindata.org/democracy.
21 Bruce Jones and Michael O'Hanlon, "Democracy Is Far from Dead," *Wall Street Journal*, December 10, 2017, https://www.wsj.com/articles/democracy-is-far-from-dead-1512938275.
22 "Worldwide Governance Indicators," *The World Bank* (newsletter), accessed March 25, 2019, http://info.worldbank.org/governance/wgi/#reports.
23 Keith E. Schnakenberg and Christopher J. Fariss, "Dynamic Patterns of Human Rights Practices," *Political Science Research and Methods* 2, no. 1 (2014): 1–31, https://papers.ssrn.com/sol3/papers.cfm?abstract_id=1534335 or http://dx.doi.org/10.2139/ssrn.1534335.
24 Pinker, *Enlightenment Now*, Kindle, location 11.
25 Christian Welzel, *Freedom Rising: Human Empowerment and the Quest for Emancipation* (Cambridge, UK: Cambridge University Press, 2013).
26 Pinker, *Enlightenment Now*, Kindle, location 228.
27 Max Roser and Esteban Ortiz-Ospina, "Global Rise of Education," *Our World in Data*, August 31, 2016, https://ourworldindata.org/global-education.

第 11 章

1 Hans Rosling, "Good News at Last: The World Isn't as Horrific as You Think," *Guardian*, April 11, 2018,

publications/paris_agreement_by_state/.
45 Dylan Matthews, "Donald Trump Has Tweeted Climate Change Skepticism 115 Times. Here's All of It," *Vox*, June 1, 2017, https://www.vox.com/policy-and-politics/2017/6/1/15726472/trump-tweets-global-warming-paris-climate-agreement.
46 Douglass North, *Institutions, Institutional Change and Economic Performance* (Cambridge, UK: Cambridge University Press, 1990), 3. [邦訳：ダグラス・C・ノース『制度・制度変化・経済成果』竹下公視訳、晃洋書房]
47 Daron Acemoglu and James A. Robinson, *Why Nations Fail: The Origins of Power, Prosperity, and Poverty* (New York: Crown, 2013), 144. [邦訳：ダロン・アセモグル、ジェイムズ・A・ロビンソン『国家はなぜ衰退するのか』鬼澤忍訳、早川書房]
48 "History of Reducing Air Pollution from Transportation in the United States," US EPA, April 19, 2018, https://www.epa.gov/transportation-air-pollution-and-climate-change/accomplishments-and-success-air-pollution-transportation.
49 Matt Ridley, "17 Reasons to Be Cheerful," *Rational Optimist* (blog), September 23, 2015, http://www.rationaloptimist.com/blog/17-reasons-to-be-cheerful/.
50 Kyle Stock and David Ingold, "America's Cars Are Suddenly Getting Faster and More Efficient," *Bloomberg*, accessed May 17, 2017, https://www.bloomberg.com/news/features/2017-05-17/america-s-cars-are-all-fast-and-furious-these-days.
51 Ibid.
52 Gerald Elliot and Stuart M. Frank, "Whaling, 1937–1967: The International Control of Whale Stocks," monograph, Kendall Whaling Museum, 1997, https://www.whalingmuseum.org/sites/default/files/pdf/International%20Control%20of%20Whale%20Stocks.pdf.
53 Yulia V. Ivashchenko and Phillip J. Clapham, "Too Much Is Never Enough: The Cautionary Tale of Soviet Illegal Whaling," *Marine Fisheries Review* 76, no. 1–2 (2014): 1–22, https://spo.nmfs.noaa.gov/sites/default/files/pdf-content/mfr761-21.pdf.
54 Alfred A. Berzin, *The Truth About Soviet Whaling: A Memoir*, special issue, *Marine Fisheries Review* 70, no. 2 (2008): 4–59, https://spo.nmfs.noaa.gov/mfr702/mfr702opt.pdf.
55 Ibid.
56 Charles Homans, "The Most Senseless Environmental Crime of the 20th Century," *Pacific Standard*, November 12, 2013, https://psmag.com/social-justice/the-senseless-environment-crime-of-the-20th-century-russia-whaling-67774.

第 10 章

1 "The World's Poorest Are More Likely to Have a Cellphone than a Toilet," *Fortune*, January 16, 2016, http://fortune.com/2016/01/15/cellphone-toilet/.
2 Phoebe Parke, "More Africans Have Access to Cell Phone Service than Piped Water," CNN, January 19, 2016, https://www.cnn.com/2016/01/19/africa/africa-afrobarometer-infrastructure-report/index.html.
3 "In Much of Sub-Saharan Africa, Mobile Phones Are More Common than Access to Electricity," *Economist*, November 8, 2017, https://www.economist.com/graphic-detail/2017/11/08/in-much-of-sub-saharan-africa-mobile-phones-are-more-common-than-access-to-electricity.
4 "Mobile Cellular Subscriptions (per 100 People)," The World Bank Data, accessed March 25, 2019, https://data.worldbank.org/indicator/IT.CEL.SETS.P2.
5 "Gartner Says Worldwide Sales of Smartphones Recorded First Ever Decline During the Fourth Quarter of 2017," *Gartner*, accessed March 25, 2019, https://www.gartner.com/newsroom/id/3859963.
6 Aaron Pressman, "Why Feature Phone Sales Are Suddenly Growing Faster Than Smartphones," *Fortune*,

Save the Elephants, 2017, https://www.savetheelephants.org/wp-content/uploads/2017/03/2017_Decline-in-legal-Ivory-trade-China.pdf.

29 Stephen O. Duke and Stephen B. Powles, "Glyphosate: A Once-in-a-Century Herbicide," *Pest Management Science* 64, no. 4 (2008): 319–25.

30 Gary M. Williams, Robert Kroes, and Ian C. Munro, "Safety Evaluation and Risk Assessment of the Herbicide Roundup and Its Active Ingredient, Glyphosate, for Humans," *Regulatory Toxicology and Pharmacology* 31, no. 2 (2000): 117–65, https://www.ncbi.nlm.nih.gov/pubmed/10854122.

31 "Europe Still Burns Witches—If They're Named Monsanto," *Alliance for Science* Cornell, accessed March 25, 2019, https://allianceforscience.cornell.edu/blog/2017/11/europe-still-burns-witches-if-theyre-named-monsanto/.

32 Sarah Zhang, "Does Monsanto's Roundup Herbicide Cause Cancer or Not? The Controversy Explained," *WIRED*, June 3, 2017, https://www.wired.com/2016/05/monsantos-roundup-herbicide-cause-cancer-not-controversy-explained/.

33 Arthur Neslen, "Two-Thirds of Europeans Support Ban on Glyphosate, Says Yougov Poll," *Guardian*, April 11, 2016, https://www.theguardian.com/environment/2016/apr/11/two-thirds-of-europeans-support-ban-on-glyphosate-says-yougov-poll.

34 Arthur Neslen, "Controversial Glyphosate Weedkiller Wins New Five-Year Lease in Europe," *Guardian*, November 27, 2017, https://www.theguardian.com/environment/2017/nov/27/controversial-glyphosate-weedkiller-wins-new-five-year-lease-in-europe.

35 "France Says Farmers Exempt from Glyphosate Ban When No Alternative," *Reuters*, January 26, 2018, https://www.reuters.com/article/us-eu-health-glyphosate/france-says-farmers-exempt-from-glyphosate-ban-when-no-alternative-idUSKBN1FE2C6.

36 National Academies of Sciences, Engineering, and Medicine, *Genetically Engineered Crops: Experiences and Prospects* (Washington, DC: National Academies Press, 2016), https://www.nap.edu/catalog/23395/genetically-engineered-crops-experiences-and-prospects.

37 "A Decade of EU-Funded GMO Research (2001-2010)," European Commission Directorate-General for Research and Innovation, 2010, https://ec.europa.eu/research/biosociety/pdf/a_decade_of_eu-funded_gmo_research.pdf.

38 "Where Are GMO Crops and Animals Approved and Banned?," GMO FAQs, *Genetic Literacy Project*, accessed March 25, 2019, https://gmo.geneticliteracyproject.org/FAQ/where-are-gmos-grown-and-banned/.

39 Jorge Mayer, "Why Golden Rice?," *Golden Rice Project*, accessed March 25, 2019, http://www.goldenrice.org/Content3-Why/why.php.

40 "US FDA Approves GMO Golden Rice as Safe to Eat," *Genetic Literacy Project*, May 28, 2018, https://geneticliteracyproject.org/2018/05/29/us-fda-approves-gmo-golden-rice-as-safe-to-eat/.

41 Jorge Mayer, "Golden Rice and Intellectual Property," *Golden Rice Project*, accessed March 25, 2019, http://www.goldenrice.org/Content2-How/how9_IP.php.

42 "Special Report: Golden Rice," *Greenpeace International*, accessed March 25, 2019, https://www.greenpeace.org/archive-international/en/campaigns/agriculture/problem/Greenpeace-and-Golden-Rice/.

43 "Public Opinion about Genetically Modified Foods and Trust in Scientists, Connected with These Foods, " Pew Research Center Science & Society, December 1, 2016, https://www.pewresearch.org/2016/12/01/public-opinion-about-genetically-modified-foods-and-trust-in-scientists-connected-with-these-foods/.

44 "Majorities of Americans in Every State Support Participation in the Paris Agreement," Yale Program on Climate Change Communication, accessed March 25, 2019, http://climatecommunication.yale.edu/

7 Ibid.

8 Joe McCarthy, "India Has the World's 14 Most Polluted Cities, New Report Shows," *Global Citizen*, May 3, 2018, https://www.globalcitizen.org/en/content/india-has-worlds-most-polluted-cities/.

9 Jeffrey Gettleman, Kai Schultz, and Hari Kumar, "Environmentalists Ask: Is India's Government Making Bad Air Worse?," *New York Times*, December 8, 2017, https://www.nytimes.com/2017/12/08/world/asia/india-pollution-modi.html.

10 Kai Schultz, Hari Kumar, and Jeffrey Gettleman, "In India, Air So Dirty Your Head Hurts," *New York Times*, November 8, 2017, https://www.nytimes.com/2017/11/08/world/asia/india-air-pollution.html.

11 Seth Mydans, "Southeast Asia Chokes on Indonesia's Forest Fires," *New York Times*, September 25, 1997, https://www.nytimes.com/1997/09/25/world/southeast-asia-chokes-on-indonesia-s-forest-fires.html.

12 Vaidehi Shah, "5 Ways Singapore Is Dealing with the Haze," *Eco-Business*, October 7, 2015, http://www.eco-business.com/news/5-ways-singapore-is-dealing-with-the-haze/.

13 Christian Schmidt, Tobias Krauth, and Stephan Wagner, "Export of Plastic Debris by Rivers into the Sea," *Environmental Science & Technology* 51, no. 21 (2017): 12246–53, https://pubs.acs.org/doi/abs/10.1021/acs.est.7b02368.

14 Shivali Best, "95% of Plastic in Oceans Comes from Just Ten Rivers," *Daily Mail*, October 11, 2017, http://www.dailymail.co.uk/sciencetech/article-4970214/95-plastic-oceans-comes-just-TEN-rivers.html.

15 Mario Molina and Durwood J. Zaelke, "A Climate Success Story to Build On," *New York Times*, September 25, 2012, https://www.nytimes.com/2012/09/26/opinion/montreal-protocol-a-climate-success-story-to-build-on.html.

16 Kenneth S. Overway, *Environmental Chemistry: An Analytical Approach* (Hoboken, NJ: John Wiley & Sons, 2017), 154.

17 *The Ozone Hole*, accessed March 25, 2019, https://theozonehole.com/montreal.htm.

18 James Maxwell and Forrest Briscoe, "There's Money in the Air: The CFC Ban and DuPont's Regulatory Strategy," *Business Strategy and the Environment* 6 (1997): 276–86.

19 *The Ozone Hole*, https://theozonehole.com/montreal.htm.

20 Eric Hand, "Ozone Layer on the Mend, Thanks to Chemical Ban," *Science*, June 30, 2016, http://www.sciencemag.org/news/2016/06/ozone-layer-mend-thanks-chemical-ban.

21 "Harp Seal," Fisheries and Oceans Canada, Communications Branch, Government of Canada, November 25, 2016, http://www.dfo-mpo.gc.ca/species-especes/profiles-profils/harpseal-phoquegroenland-eng.html.

22 Nowak, *Walker's Mammals of the World*, 1141–43.

23 Isenberg, *Destruction of the Bison*, Kindle, locations 4873–74.

24 "Conservation," Great Elephant Census, accessed March 25, 2019, http://www.greatelephantcensus.com/background-on-conservation/.

25 "The Final Report," *Great Elephant Census*, accessed March 25, 2019, http://www.greatelephantcensus.com/final-report.

26 "Map Updates," *Great Elephant Census*, accessed March 25, 2019, http://www.greatelephantcensus.com/map-updates/.

27 Simon Denyer, "Yao Ming Aims to Save Africa's Elephants by Persuading China to Give Up Ivory," *Washington Post*, September 4, 2014, https://www.washingtonpost.com/world/ex-rocket-yao-ming-aims-to-save-africas-elephants-with-china-campaign/2014/09/03/87ebbe2a-d3e1-4283-964e-8d87dea397d6_story.html.

28 Lucy Vigne and Esmond Martin, "Decline in the Legal Ivory Trade in China in Anticipation of a Ban,"

venezuela-chil dren-starving.html.

26 Anatoly Kurmanaev, "Venezuela's Oil Production Is Collapsing," *Wall Street Journal*, January 18, 2018, https://www.wsj.com/articles/venezuelas-oil-industry-takes-a-fall-1516271401.

27 "The Tragedy of Venezuela," *Michael Roberts Blog*, August 3, 2017, https://thenextrecession.wordpress.com/2017/08/03/the-tragedy-of-venezuela/.

28 Ricardo Hausmann, "Venezuela's Unprecedented Collapse," *Project Syndicate*, July 31, 2017, https://www.project-syndicate.org/commentary/venezuela-unprecedented-economic-collapse-by-ricardo-hausmann-2017-07?referrer=/nvBcqfkklA&barrier=accesspaylog.

29 Robert Valencia, "Venezuela Inflation Rate Passes 1 Million Percent, and It's Costing Lives Every Day: This Is What Devastating Hyperinflation Looks Like," *Newsweek*, December 14, 2018, https://www.newsweek.com/venezuela-million-hyperinflation-losing-lives-everyday-1256630.

30 Juan Forero, Maolis Castro, and Fabiola Ferrero, "Venezuela's Brutal Crime Crackdown: Executions, Machetes and 8,292 Dead," *Wall Street Journal*, December 21, 2017, https://www.wsj.com/articles/venezuelas-brutal-crime-crackdown-executions-machetes-and-8-292-dead-1513792219.

31 Gideon Long, "Venezuela's Imploding Economy Sparks Refugee Crisis," *Financial Times*, April 16, 2018, https://www.ft.com/content/a62038a4-3bdc-11e8-b9f9-de94fa33a81e.

32 Jim Wyss, "In Venezuela, They Were Teachers and Doctors. To Buy Food, They Became Prostitutes," *Miami Herald*, September 25, 2017, http://www.miamiherald.com/news/nation-world/world/americas/venezuela/article174808061.html.

33 Sara Schaefer Muñoz, "Infant Mortality Soars in Venezuela," *Wall Street Journal*, October 17, 2016, https://www.wsj.com/articles/infant-mortality-soars-in-venezuela-1476716417.

34 Virginia López Glass, "Nothing Can Prepare You for Life with Hyperinflation," *New York Times*, February 12, 2019, https://www.nytimes.com/2019/02/12/opinion/venezuela-hyperinflation-food-shortages.html.

35 David Mikkelson, "Fact Check: Margaret Thatcher on Socialism," *Snopes*, accessed March 25, 2019, https://www.snopes.com/fact-check/other-peoples-money/.

36 Ricardo Hausmann, "Does Capitalism Cause Poverty?," *Project Syndicate*, August 21, 2015, https://www.project-syndicate.org/commentary/does-capitalism-cause-poverty-by-ricardo-hausmann-2015-08.

第9章

1 Richard Conniff, "The Political History of Cap and Trade," *Smithsonian*, August 1, 2009, https://www.smithsonianmag.com/science-nature/the-political-history-of-cap-and-trade-34711212/.

2 Ibid.

3 Edward Wong, "In China, Breathing Becomes a Childhood Risk," *New York Times*, April 22, 2013, https://www.nytimes.com/2013/04/23/world/asia/pollution-is-radically-changing-childhood-in-chinas-cities.html.

4 "A Toxic Environment: Rapid Growth, Pollution and Migration," *VoxDev*, accessed March 25, 2019, https://voxdev.org/topic/labour-markets-migration/toxic-environment-rapid-growth-pollution-and-migration.

5 Anthony Kuhn, "For Some in China's Middle Class, Pollution Is Spurring Action," *Parallels* (blog), NPR, March 2, 2017, https://www.npr.org/sections/parallels/2017/03/02/518173670/for-some-in-chinas-middle-class-pollution-is-spurring-action.

6 Michael Greenstone, "Four Years After Declaring War on Pollution, China Is Winning," *New York Times*, March 12, 2018, https://www.nytimes.com/2018/03/12/upshot/china-pollution-environment-longer-lives.html.

T. Cadell, 1776), vol. 1, chap. 2, p. 19.［邦訳：アダム・スミス『国富論』山岡洋一訳、日本経済新聞出版］
4 A. Bhattacharjee, J. Dana, and J. Baron, "Anti-profit Beliefs: How People Neglect the Societal Benefits of Profit," *Journal of Personality and Social Psychology* 113, no. 5 (2017): 671–96, http://dx.doi.org/10.1037/pspa0000093.
5 Smith, *Wealth of Nations*, vol. 1, chap. 2, p. 15.
6 Ibid., book 4, chap. 8, p. 49.
7 Ibid., book 5, chap. 1, p. 770.
8 Adam Smith, *The Theory of Moral Sentiments* (printed for Andrew Millar, in the Strand; and Alexander Kincaid and J. Bell, in Edinburgh, 1759), chap. 2.［邦訳：アダム・スミス『道徳感情論』村井章子、北川知子訳、日経 BP］
9 Adam Smith, *Wealth of Nations*, book 1, chap. 10, p. 127.
10 Ibid., book 4, chap. 2.
11 "Adam Smith on the Need for 'Peace, Easy Taxes, and a Tolerable Administration of Justice' " (1755), *Online Library of Liberty*, accessed March 25, 2019, http://oll.libertyfund.org/quote/436.
12 "Taxes Are What We Pay for Civilized Society," *Quote Investigator*, April 13, 2012, https://quoteinvestigator.com/2012/04/13/taxes-civilize/.
13 "Grover Norquist," *Wikiquote*, accessed January 6, 2018, https://en.wikiquote.org/wiki/Grover_Norquist.
14 Interview with Thomas W. Hazlett, May 1977, in "The Road to Serfdom, Foreseeing the Fall," *Reason*, July 1992.
15 "Report for Selected Countries and Subjects," International Monetary Fund, accessed March 25, 2019, http://www.imf.org/external/pubs/ft/weo/2016/02/weodata/weorept.aspx?sy=2001&ey=2001&scsm=1&ssd=1&sort=country&ds=.&br=1&c=213,218,223,228,288,233,293,248,298,299&s=PPPPC&grp=0&a=&pr.x=61&pr.y=10.
16 "Factbox: Venezuela's Nationalizations under Chavez," *Reuters World News*, October 8, 2012, https://www.reuters.com/article/us-venezuela-election-nationalizations/factbox-venezuelas-nationalizations-under-chavez-idUSBRE89701x20121008.
17 José Orozco, "With 'Misiones,' Chavez Builds Support Among Venezuela's Poor," *World Politics Review*, December 10, 2006, https://www.worldpoliticsreview.com/articles/404/with-misiones-chavez-builds-support-among-venezuelas-poor.
18 Mercy Benzaquen, "How Food in Venezuela Went from Subsidized to Scarce," *New York Times*, July 16, 2017, https://www.nytimes.com/interactive/2017/07/16/world/americas/venezuela-shortages.html.
19 Emiliana Disilvestro and David Howden, "Venezuela's Bizarre System of Exchange Rates," *Mises Wire* (blog), Mises Institute, December 28, 2015, https://mises.org/library/venezuelas-bizarre-system-exchange-rates.
20 Benzaquen, "How Food in Venezuela Went from Subsidized to Scarce."
21 "Venezuela Facts and Figures," OPEC, accessed March 25, 2019, http://www.opec.org/opec_web/en/about_us/171.htm.
22 "List of Countries by Proven Oil Reserves," *Wikipedia*, March 4, 2019, https://en.wikipedia.org/wiki/List_of_countries_by_proven_oil_reserves.
23 "Crude Oil Prices—70 Year Historical Chart," Macrotrends.net, accessed March 25, 2019, http://www.macrotrends.net/1369/crude-oil-price-history-chart.
24 "Venezuela Leaps towards Dictatorship," *Economist*, March 31, 2017, https://www.economist.com/the-americas/2017/03/31/venezuela-leaps-towards-dictatorship.
25 Isayen Herrera and Meridith Kohut, "As Venezuela Collapses, Children Are Dying of Hunger," *New York Times*, December 17, 2017, https://www.nytimes.com/interactive/2017/12/17/world/americas/

COAL-US-Coal-Prices-by-Region.

30 Arne Beck, Heiner Bente, and Martin Schilling, "Railway Efficiency—an Overview and a Look at Opportunities for Improvement," OECD International Transport Forum Discussion Paper#2013-12, https://www.itf-oecd.org/sites/default/files/docs/dp201312.pdf.

31 Marion Brunglinghaus, "Fuel Comparison," www.euronucler.org, accessed March 25, 2019, https://www.euronuclear.org/info/encyclopedia/f/fuelcomparison.htm.

32 Ethan Siegel, "How Much Fuel Does It Take to Power the World?," *Forbes*, September 20, 2017, https://www.forbes.com/sites/startswithabang/2017/09/20/how-much-fuel-does-it-take-to-power-the-world/.

33 "Airline Capacity Discipline: A New Global Religion Delivers Better Margins—but for How Long?," CAPA—Centre for Aviation, February 8, 2013, https://centreforaviation.com/analysis/reports/airline-capacity-discipline-a-new-global-religion-delivers-better-margins-but-for-how-long-96762.

34 Michael Goldstein, "Meet the Most Crowded Airlines: Load Factor Hits All-Time High," *Forbes*, July 9, 2018, https://www.forbes.com/sites/michaelgoldstein/2018/07/09/meet-the-most-crowded-airlines-load-factor-hits-all-time-high/.

35 "World Wood Production Up for Fourth Year; Paper Stagnant as Electronic Publishing Grows," UN Report, *UN News*, United Nations, accessed March 25, 2019, https://news.un.org/en/story/2014/12/486692-world-wood-production-fourth-year-paper-stagnant-electronic-publishing-grows-un.

36 Adam Thierer, "Defining 'Technology,' " *The Technology Liberation Front*, April 29, 2014, https://techliberation.com/2014/04/29/defining-technology/.

37 Ursula K. Le Guin, "A Rant About 'Technology,'" *Ursula K. Le Guin*, accessed March 25, 2019, http://www.ursulakleguinarchive.com/Note-Technology.html.

38 Jonathan Haidt, "Two Stories about Capitalism, Which Explain Why Economists Don't Reach Agreement," *The Righteous Mind*, January 1, 2015, http://righteousmind.com/why-economists-dont-agree/.

39 "Doing Business 2017," World Bank *Doing Business* (blog), accessed March 25, 2019, http://www.doingbusiness.org/en/reports/global-reports/doing-business-2017.

40 Meadows, Meadows, Randers, and Behrens, *Limits to Growth*, 126.

41 Ibid., 56–58.

42 Owen Edwards, "Abraham Lincoln Is the Only President Ever to Have a Patent," *Smithsonian*, October 1, 2006, https://www.smithsonianmag.com/history/abraham-lincoln-only-president-have-patent-131184751/.

43 "Abraham Lincoln's Second Lecture on Discoveries and Inventions," abrahamlincolnonline.org, accessed March 25, 2019, http://www.abrahamlincolnonline.org/lincoln/speeches/discoveries.htm.

44 Joel Mokyr, *A Culture of Growth: The Origins of the Modern Economy* (Princeton, NJ: Princeton University Press, 2016).

第8章

1 Ehrenfreund, "A Majority of Millennials Now Reject Capitalism, Poll Shows," *Washington Post*, April 26, 2016, https://www.washingtonpost.com/news/wonk/wp/2016/04/26/a-majority-of-millennials-now-reject-capitalism-poll-shows/.

2 George Stigler, "The Conference Handbook," *Journal of Political Economy* 85, no. 2 (1977), https://www.journals.uchicago.edu/doi/pdfplus/10.1086/260576.

3 Adam Smith, *An Inquiry into the Nature and Causes of the Wealth of Nations*, 2 vols. (London: W. Strahan and

9 "RadioShack Files for Bankruptcy, Again, Placing Future in Doubt," *CNN Money*, March 9, 2017, http://money.cnn.com/2017/03/09/news/companies/radioshack-bankruptcy/index.html.

10 "Annual Coal Report 2007," US Energy Information Administration, February 2009, https://www.eia.gov/coal/annual/archive/05842007.pdf.

11 "U.S. Coal Supply and Demand: 2010 Year in Review," US Energy Information Administration, accessed March 25, 2019, https://www.eia.gov/coal/review/coal_consumption.php.

12 "Annual Energy Outlook 2007," US Energy Information Administration, https://www.eia.gov/outlooks/archive/aeo07/index.html.

13 "Crude Oil: Uncertainty about Future Oil Supply Makes It Important to Develop a Strategy for Addressing a Peak and Decline in Oil Production," US Government Accountability Office, https://www.gao.gov/assets/260/257064.pdf.

14 "Oil Milestone: Fracking Fuels Half of U.S. Output," *CNN Money*, March 24, 2016, http://money.cnn.com/2016/03/24/investing/fracking-shale-oil-boom/index.html.

15 "America is Now the World's Largest Oil Producer," *CNN Money*, September 12, 2018, https://money.cnn.com/2018/09/12/investing/us-oil-production-russia-saudi-arabia/index.html.

16 "U.S. Natural Gas Marketed Production (Million Cubic Feet)," US Energy Information Administration, accessed March 25, 2019, https://www.eia.gov/dnav/ng/hist/n9050us2A.htm.

17 "Independent Statistics and Analysis—Coal Data Browser," US Energy Information Administration, accessed March 25, 2019, https://www.eia.gov/coal/data/browser/#/topic/20?agg=0,2,1&geo=vvvvvvvvvvvvo&freq=A&start=2001&end=2016&ctype=map<ype=pin&rtype=s&maptype=0&rse=0&pin=.

18 Javier Blas, "Remember Peak Oil? Demand May Top Out Before Supply Does," *Bloomberg*, July 11, 2017, https://www.bloomberg.com/news/articles/2017-07-11/remember-peak-oil-demand-may-top-out-before-supply-does.

19 Jeffrey Ball, "Inside Oil Giant Shell's Race to Remake Itself for a Low-Price World," *Fortune*, January 24, 2018, http://fortune.com/2018/01/24/royal-dutch-shell-lower-oil-prices/.

20 ボウ・カッターとの私信、2019 年1月。

21 "How Real-Time Railroad Data Keeps Trains Running," RTInsights.com, October 14, 2015, https://www.rtinsights.com/how-real-time-railroad-data-keeps-trains-running/.

22 "Technical Information," *Railinc*, accessed March 25, 2019, https://www.railinc.com/rportal/technical-information.

23 Keith Bradsher, "Amid Tension, China Blocks Vital Exports to Japan," *New York Times*, September 22, 2010, https://www.nytimes.com/2010/09/23/business/global/23rare.html.

24 Sarah Zielinski, "Rare Earth Elements Not Rare, Just Playing Hard to Get," *Smithsonian*, November 18, 2010, https://www.smithsonianmag.com/science-nature/rare-earth-elements-not-rare-just-playing-hard-to-get-38812856/.

25 "Rare Earths Crisis in Retrospect," Human Progress, accessed March 25, 2019, https://humanprogress.org/article.php?p=1268.

26 Mark Tyrer and John P. Sykes, "The Statistics of the Rare Earths Industry," *Significance*, April 2013, 12–16, https://rss.onlinelibrary.wiley.com/doi/pdf/10.1111/j.1740-9713.2013.00645.x.

27 Mark Strauss, "How China's 'Rare Earth' Weapon Went from Boom to Bust," *Io9* (blog), December 16, 2015, https://io9.gizmodo.com/how-chinas-rare-earth-weapon-went-from-boom-to-bust-1653638596.

28 Eugene Gholz, "Rare Earth Elements and National Security," Council on Foreign Relations Energy Report, October 2014, https://cfrd8-files.cfr.org/sites/default/files/pdf/2014/10/Energy%20Report_Gholz.pdf.

29 "US Coal Prices by Region," *Quandl*, accessed March 25, 2019, https://www.quandl.com/data/EIA/

16 Andrew Balmford et al., "The Environmental Costs and Benefits of High-Yield Farming," *Nature Sustainability* 1 (September 2018): 477–85, https://www-nature-com.libproxy.mit.edu/articles/s41893-018-0138-5.pdf.
17 Matt Ridley, "The Western Environmental Movement's Role in China's One-Child Policy," *Rational Optimist* (blog), November 7, 2015, http://www.rationaloptimist.com/blog/one-child-policy/.
18 Barbara Demick, "Judging China's One-Child Policy," *New Yorker*, June 19, 2017, https://www.newyorker.com/news/news-desk/chinas-new-two-child-policy.
19 Amartya Sen, "Population: Delusion and Reality," *New York Review of Books*, September 22, 1994.
20 Wang Feng, Yong Cai, and Baochang Gu, "Population, Policy, and Politics: How Will History Judge China's One-Child Policy?," in *Population and Public Policy: Essays in Honor of Paul Demeny*, suppl., *Population and Development Review* 38 (2012): 115–29.
21 https://twitter.com/paulrehrlich/status/659814941633986560.
22 "History of Reducing Air Pollution from Transportation in the United States," US EPA, April 19, 2018, https://www.epa.gov/transportation-air-pollution-and-climate-change/accomplishments-and-success-air-pollution-transportation.
23 Scott D. Grosse, Thomas D. Matte, Joel Schwartz, and Richard J. Jackson, "Economic Gains Resulting from the Reduction in Children's Exposure to Lead in the United States," *Environmental Health Perspectives*, June 2002, https://www.ncbi.nlm.nih.gov/pmc/articles/PMC1240871/.
24 Barry Yeoman, "Why the Passenger Pigeon Went Extinct," *Audubon*, May–June 2014, http://www.audubon.org/magazine/may-june-2014/why-passenger-pigeon-went-extinct.
25 William Souder, "How Two Women Ended the Deadly Feather Trade," *Smithsonian*, March 2013, https://www.smithsonianmag.com/science-nature/how-two-women-ended-the-deadly-feather-trade-23187277.
26 "Basic Facts about Bison," *Defenders of Wildlife*, January 10, 2019, https://defenders.org/wildlife/bison.
27 "Basic Facts about Sea Otters," *Defenders of Wildlife*, January 10, 2019, https://defenders.org/wildlife/sea-otter.

第7章

1 "Major Land Uses," USDA ERS—Major Land Uses, accessed March 25, 2019, https://www.ers.usda.gov/data-products/major-land-uses/.
2 "Ranking of States by Total Acres," *Beef2Live*, accessed March 25, 2019, https://beef2live.com/story-ranking-states-total-acres-0-108930.
3 https://twitter.com/HumanProgress/status/1068596289485586432.
4 Vaclav Smil, *Making the Modern World: Materials and Dematerialization* (Hoboken, NJ: John Wiley & Sons, 2014), 123.
5 Steve Cichon, "Everything from This 1991 Radio Shack Ad I Now Do with My Phone," *Huffington Post*, December 7, 2017, https://www.huffingtonpost.com/steve-cichon/radio-shack-ad_b_4612973.html.
6 "Forbes in 2007: Can Anyone Catch Nokia?," Nokiamob.net, November 12, 2017, http://nokiamob.net/2017/11/12/forbes-in-2007-can-anyone-catch-nokia/.
7 Walt Mossberg et al., "Elop in July: It's 'Hard to Understand the Rationale' for Selling Nokia's Devices Business," *All Things D*, accessed March 25, 2019, http://allthingsd.com/20130903/elop-in-july-its-hard-to-understand-the-rationale-for-selling-nokias-devices-business.
8 Arjun Kharpal, "Nokia Phones Are Back after Microsoft Sells Mobile Assets for $350M to Foxconn, HMD" CNBC, May 18, 2016, https://www.cnbc.com/2016/05/18/nokia-phones-are-back-after-microsoft-sells-mobile-assets-for-350-million-to-foxconn-hmd.html.

www.fpl.fs.fed.us/documnts/fplrp/fpl_rp679.pdf, table 5a より。紙の消費量は https://pubs.er.usgs.gov/publication/fs20173062 より。建築資材消費量はアメリカ地質調査所より。データや計算の詳細、出典については morefromlessbook.com/data にて公開している。

11 データは Noah Smith, "China Is the Climate-Change Battleground," *Bloomberg* Opinion, October 14, 2018, https://www.bloomberg.com/opinion/articles/2018-10-14/china-is-the-climate-change-battleground より。

12 アメリカの GDP は Johnston and Williamson, "What Was the U.S. GDP Then?" より。資源消費量はアメリカエネルギー情報局より。データや計算の詳細、出典については morefromlessbook.com/data にて公開している。

13 "Environmental Impacts of Natural Gas," Union of Concerned Scientists, accessed March 25, 2019, https://www.ucsusa.org/resources/environmental-impacts-natural-gas.

第6章

1 "Real Gross Domestic Product," FRED, February 28, 2019, https://fred.stlouisfed.org/series/A191RL1A225NBEA.

2 "Population," FRED, February 28, 2019, https://fred.stlouisfed.org/series/B230RC0A052NBEA.

3 "Shares of Gross Domestic Product: Personal Consumption Expenditures: Services," FRED, February 28, 2019, https://fred.stlouisfed.org/series/DSERRE1Q156NBEA.

4 Joseph J. Shapiro and Reed Walker, "Why Is Pollution from U.S. Manufacturing Declining? The Roles of Trade, Regulation, Productivity, and Preferences" (January 1, 2015), US Census Bureau Center for Economic Studies Paper no. CES-WP-15-03, https://ssrn.com/abstract=2573747 or https://dx.doi.org/10.2139/ssrn.2573747.

5 アメリカの GDP は Johnston and Williamson, "What Was the U.S. GDP Then?" 鉱工業生産指数は https://fred.stlouisfed.org/series/INDPRO より。金属消費量はアメリカ地質調査所より。データや計算の詳細、出典については morefromlessbook.com/data にて公開している。

6 Alexis de Tocqueville, *Democracy in America: A New Translation by Arthur Goldhammer* (New York: Library of America, 2004), 617.［邦訳：トクヴィル『アメリカのデモクラシー』松本礼二訳、岩波書店］

7 John F. Papp, *2015 Minerals Yearbook: Recycling—Metals* (advance release), US Department of the Interior, US Geological Survey, May 2017, https://minerals.usgs.gov/minerals/pubs/commodity/recycle/myb1-2015-recyc.pdf.

8 "Paper and Paperboard: Material-Specific Data," US EPA, July 17, 2018, https://www.epa.gov/facts-and-figures-about-materials-waste-and-recycling/paper-and-paperboard-material-specific-data.

9 Jeffrey Jacob, *New Pioneers: The Back-to-the-Land Movement and the Search for a Sustainable Future* (University Park, PA: Penn State University Press, 2010), 22.

10 "Population and Housing Unit Costs," US Census Bureau, Table 4: Population: 1790 to 1900, https://www.census.gov/population/censusdata/table-4.pdf.

11 Nigel Key, "Farm Size and Productivity Growth in the United States Corn Belt" (presentation at Farm Size and Productivity Conference, Washington, DC, February 2–3, 2017), https://www.farmfoundation.org/wp-content/uploads/attachments/1942-Session%201_Key_US.pdf.

12 Ibid.

13 Edward L. Glaeser, Matthew Kahn, Manhattan Institute, and UCLA, "Green Cities, Brown Suburbs," *City Journal*, January 27, 2016, https://www.city-journal.org/html/green-cities-brown-suburbs-13143.html.

14 Maciek Nabrdalik and Marc Santora, "Smothered by Smog, Polish Cities Rank Among Europe's Dirtiest," *New York Times*, April 22, 2018, https://www.nytimes.com/2018/04/22/world/europe/poland-pollution.html.

15 John U. Nef, "An Early Energy Crisis and Its Consequences," *Scientific American*, November 1977, 140–50.

www.infoplease.com/spot/milestones-environmental-protection.
34 "EPA History: The Clean Air Act of 1970," US EPA web archive, October 4, 2016, https://archive.epa.gov/epa/aboutepa/epa-history-clean-air-act-1970.html.
35 "Stewart Brand and His Five Pounds of Ideas for the '80s," *Christian Science Monitor*, January 15, 1981, https://www.csmonitor.com/1981/0115/011556.html.
36 Tove Danovich, "The Foxfire Book Series That Preserved Appalachian Foodways," NPR, March 17, 2017, https://www.npr.org/sections/thesalt/2017/03/17/520038859/the-foxfire-book-series-that-preserved-appalachian-foodways.
37 Julian Simon, *The Ultimate Resource* (Princeton, NJ: Princeton University Press, 1981), 3.
38 R. Buckminster Fuller, *Utopia or Oblivion* (Zurich: Lars Muller, 1969), 293.
39 Ibid., 297.
40 Ed Regis, "The Doomslayer," *WIRED*, December 15, 2017, https://www.wired.com/1997/02/the-doomslayer-2/.
41 Paul Kedrosky, "Taking Another Look at Simon vs. Ehrlich on Commodity Prices," *Seeking Alpha*, February 19, 2010, https://seekingalpha.com/article/189539-taking-another-look-at-simon-vs-ehrlich-on-commodity-prices?page=2.
42 Christopher L. Magee and Tessaleno C. Devezas, "A Simple Extension of Dematerialization Theory: Incorporation of Technical Progress and the Rebound Effect," *Technological Forecasting and Social Change* 117 (April 2017): 196–205, https://doi.org/10.1016/j.techfore.2016.12.001.

第5章

1 "When the Facts Change, I Change My Mind. What Do You Do, Sir?," *Quote Investigator*, July 7, 2011, https://quoteinvestigator.com/2011/07/22/keynes-change-mind/.
2 ジェシー・オースベルとの私信、2018 年 5 月 10 日。
3 Robert Herman, Siamak A. Ardekani, and Jesse H. Ausubel, "Dematerialization," *Technological Forecasting and Social Change* 37, no. 4 (1990): 333–48.
4 Ausubel, "Return of Nature."
5 Duncan Clark, "Why Is Our Consumption Falling?," *Guardian*, October 31, 2011, https://www.theguardian.com/environment/2011/oct/31/consumption-of-goods-falling.
6 Chris Goodall, "'Peak Stuff': Did the UK Reach a Maximum Use of Material Resources in the Early Part of the Last Decade?," research paper, October 13, 2011, http://static.squarespace.com/static/545e40d0e4b054a6f8622bc9/t/54720c6ae4b06f326a8502f9/1416760426697/Peak_Stuff_17.10.11.pdf.
7 アメリカ地質調査所のデータ。データや計算の詳細、出典については morefromlessbook.com/data にて公開している。
8 アメリカの GDP は Johnston and Williamson, "What Was the U.S. GDP Then?" Metal consumption from the US Geological Survey より。データや計算の詳細、出典については morefromlessbook.com/data にて公開している。
9 農作物収穫量は https://www.usda.gov/topics/farming/crop-production より。肥料消費量は https://www.usgs.gov/centers/nmic/historical-statisticsmineral-and-material-commodities-united-states より。水の消費量は https://waterdata.usgs.gov/nwis/water_use?format=html_table&rdb_compression=file&wu_year=ALL&wu_category=ALL より。作付面積は https://www.ers.usda.gov/data-products/major-land-uses/major-land-uses より。データや計算の詳細、出典については morefromlessbook.com/data にて公開している。
10 アメリカの GDP は Johnston and Williamson, "What Was the U.S. GDP Then?" より。木材消費量は https://

10 "Implications of Worldwide Population Growth for U.S. Security and Overseas Interests" ("The Kissinger Report"), National Security Study Memorandum NSSM 200, December 10, 1974, https://pdf.usaid.gov/pdf_docs/Pcaab500.pdf.

11 アメリカの GDP は Louis Johnston and Samuel H. Williamson, "What Was the U.S. GDP Then?," MeasuringWorth, 2019, https://www.measuringworth.com/datasets/usgdp/ より。資源消費量はアメリカ地質調査所より。データや計算の詳細、出典については morefromlessbook.com/data にて公開している。

12 Donella Meadows, Dennis Meadows, Jorgen Randers, and William Behrens III, *The Limits to Growth* (New York: Universe Books, 1972), 56–58. [邦訳：ドネラ・H・メドウズ等著『成長の限界』大来佐武郎監訳、ダイヤモンド社]

13 Ronald Bailey, "Earth Day, Then and Now," *Reason*, May 1, 2000, http://reason.com/archives/2000/05/01/earth-day-then-and-now.

14 "Atoms for Peace Speech," IAEA, July 16, 2014, https://www.iaea.org/about/history/atoms-for-peace-speech.

15 "Amory Lovins: Energy Analyst and Environmentalist," *Mother Earth News*, November/December 1977, https://www.motherearthnews.com/renewable-energy/amory-lovins-energy-analyst-zmaz77ndzgoe.

16 FAS Public Interest Report, May–June 1975, https://fas.org/faspir/archive/1970-1981/May-June1975.pdf.

17 アメリカの GDP は Johnston and Williamson, "What Was the U.S. GDP Then?" より。資源消費量はアメリカエネルギー情報局より。データや計算の詳細、出典については morefromlessbook.com/data にて公開している。

18 Earl Cook, "The Flow of Energy in an Industrial Society," *Scientific American* 225, no. 3 (September 1971): 134–47.

19 Walter E. Williams, "Environmentalists Are Dead Wrong," *Creators*, April 26, 2017, https://www.creators.com/read/walter-williams/04/17/environmentalists-are-dead-wrong.

20 Bailey, "Earth Day."

21 Matt Ridley, "Apocalypse Not: Here's Why You Shouldn't Worry About End Times," *WIRED*, August 17, 2012, https://www.wired.com/2012/08/ff-apocalypsenot/.

22 Bailey, "Earth Day."

23 Ibid.

24 Paul R. Ehrlich and John P. Holdren, "Impact of Population Growth," *Science* 171 (1971): 1212–17, https://www.agro.uba.ar/users/fernande/EhrlichHoldren1971impactPopulation.pdf.

25 N. Koblitz, "Mathematics as Propaganda," in *Mathematics Tomorrow*, ed. Lynn Steen (New York: Springer-Verlag, 1981), 111–20.

26 "A History of Degrowth," *Degrowth*, accessed March 25, 2019, https://www.degrowth.info/en/a-history-of-degrowth/.

27 Andre Gorz, *Ecology as Politics*, trans. Patsy Vigderman and Jonathan Cloud (Boston: South End Press, 1980), 13.

28 Barry Commoner, *The Closing Circle* (New York: Bantam Books, 1974), 294–95. [邦訳：バリー・コモナー『なにが環境の危機を招いたか』安部喜也、半谷高久訳、講談社]

29 Kenneth E. Boulding, "The Economics of the Coming Spaceship Earth," in *Environmental Quality in a Growing Economy*, ed. H. Jarrett (Baltimore: Resources for the Future/Johns Hopkins University Press, 1966), 3–14.

30 Gregory Scruggs, "A Brief Timeline of Modern Municipal Recycling," *Next City*, February 12, 2015, https://nextcity.org/daily/entry/history-city-recycling-pickup-modern.

31 Ehrlich, *Population Bomb*, 127.

32 Meadows, Meadows, Randers, and Behrens, *Limits to Growth*, 167–68.

33 Holly Hartman, "Milestones in Environmental Protection," *Infoplease*, accessed March 25, 2019, https://

Noah_Harari.

19 Carl Zimmer, "Century After Extinction, Passenger Pigeons Remain Iconic—and Scientists Hope to Bring Them Back," *National Geographic*, August 30, 2014, https://news.nationalgeographic.com/news/2014/08/140831-passenger-pigeon-martha-deextinction-dna-animals-species/.

20 Jaymi Heimbuch, "How Many Hairs Does a Sea Otter Have in Just One Square Inch of Coat?," MNN, August 9, 2018, https://www.mnn.com/earth-matters/animals/blogs/how-many-hairs-does-a-sea-otter-have-in-just-one-square-inch-of-coat.

21 Ronald M. Nowak, *Walker's Mammals of the World*, vol. 2, 5th ed. (Baltimore and London: Johns Hopkins University Press, 1991), 1141–43.

22 Jim Sterba, *Nature Wars: The Incredible Story of How Wildlife Comebacks Turned Backyards into Battlegrounds* (New York: Broadway Books, 2013), Kindle, location 73.

23 Isenberg, *Destruction of the Bison*, Kindle, location 2735.

24 Ibid., Kindle, location 3763.

25 "Whales and Hunting," New Bedford Whaling Museum, accessed March 25, 2019, https://www.whalingmuseum.org/learn/research-topics/overview-of-north-american-whaling/whales-hunting.

26 Ibid.

27 J. R. McNeill, *Something New Under the Sun: An Environmental History of the Twentieth-Century World*, Global Century Series (New York: W. W. Norton, 2000), Kindle, location 3748

28 Ibid., Kindle, location 3793.

29 William Stanley Jevons, *The Coal Question: An Enquiry Concerning the Progress of the Nation, and the Probable Exhaustion of Our Coal-Mines* (Macmillan, 1865), 171.

30 Ibid., 177.

31 Alfred Marshall, *Principles of Economics*, vol. 1 (Macmillan, 1890), 150.

第4章

1 "The History of Earth Day," Earth Day Network, accessed March 25, 2019, https://www.earthday.org/about/the-history-of-earth-day/.

2 John Noble Wilford, "On Hand for Space History, as Superpowers Spar," *New York Times*, July 13, 2009, https://www.nytimes.com/2009/07/14/science/space/14mission.html?auth=login-smartlock.

3 Archibald MacLeish, "A Reflection: Riders on Earth Together, Brothers in Eternal Cold," *New York Times*, December 25, 1968, https://www.nytimes.com/1968/12/25/archives/a-reflection-riders-on-earth-together-brothers-in-eternal-cold.html.

4 Michael Rotman, "Cuyahoga River Fire," *Cleveland Historical*, accessed March 25, 2019, https://clevelandhistorical.org/items/show/63.

5 Gerhard Gschwandtner, Karin Gschwandtner, Kevin Eldridge, Charles Mann, and David Mobley, "Historic Emissions of Sulfur and Nitrogen Oxides in the United States from 1900 to 1980," *Journal of the Air Pollution Control Association* 36, no. 2 (1986): 139–49, https://doi.org:10.1080/00022470.1986.10466052.

6 Patrick Allitt, *A Climate of Crisis*, Penguin History American Life (New York: Penguin, 2014), Kindle, location 43.

7 Ibid.

8 Paul R. Ehrlich, *The Population Bomb* (New York: Ballantine Books, 1968), 11. ［邦訳：ポール・R・エーリック『人口爆弾』宮川毅訳、河出書房新社］

9 William Paddock and Paul Paddock, *Famine 1975! America's Decision: Who Will Survive?* (Boston: Little, Brown, 1967).

49 Max Roser, "Average Real GDP Per Capita across Countries and Regions," Our World in Data, accessed March 15, 2019, https://ourworldindata.org/grapher/average-real-gdp-per-capita-across-countries-and-regions.

50 Michael Marshall, "Humanity Weighs in at 287 Million Tonnes," *New Scientist*, June 18, 2012, https://www.newscientist.com/article/dn21945-humanity-weighs-in-at-287-million-tonnes/.

第3章

1 Steven Pinker, *Enlightenment Now: The Case for Reason, Science, Humanism, and Progress* (New York: Penguin, 2018), Kindle, location 408. ［邦訳：スティーブン・ピンカー『21 世紀の啓蒙（上・下）』橘明美、坂田雪子訳、草思社］

2 Ibid., preview location 4117.

3 エイブラハム・リンカーンがアルバート・G・ホッジスに宛てた書簡。1864 年 4 月 14 日付。Abraham Lincoln Online: Speeches & Writings, accessed March 18, 2019, http://www.abrahamlincolnonline.org/lincoln/speeches/hodges.htm.

4 "Civil War Casualties," American Battlefield Trust, accessed March 18, 2019, https://www.battlefields.org/learn/articles/civil-war-casualties.

5 Lawrence W. Reed, "Child Labor and the British Industrial Revolution," Foundation for Economic Education, last updated October 23, 2009, https://fee.org/articles/child-labor-and-the-british-industrial-revolution/.

6 Douglas A. Galbi, "Child Labor and the Division of Labor in the Early English Cotton Mills," *Journal of Population Economics* 10 (1997): 357–75.

7 Emma Griffin, "Child Labour," Discovering Literature: Romantics & Victorians, last updated May 15, 2014, https://www.bl.uk/romantics-and-victorians/articles/child-labour#. ［邦訳：ラス・カサス『インディアスの破壊についての簡潔な報告』染田秀藤訳、岩波書店］

8 Bartolome de las Casas, *A Short Account of the Destruction of the Indies*, trans. Nigel Griffen (1542, published 1552; repr., Harmondsworth, UK: Penguin, 1992), 52–53, http://www.columbia.edu/~daviss/work/files/presentations/casshort/.

9 "Colonialism," Wikiquote, last revised September 5, 2018, https://en.wikiquote.org/wiki/Colonialism.

10 "Non-Self-Governing Territories," United Nations and Decolonization, accessed March 19, 2019, http://www.un.org/dppa/decolonization/en/nsgt.

11 William Blake, "Jerusalem," Poetry Foundation, accessed March 20, 2019, https://www.poetryfoundation.org/poems/54684/jerusalem-and-did-those-feet-in-ancient-time.

12 Department for Environment, Food & Rural Affairs, "Chapter 7: What Are the Main Trends in Particulate Matter in the UK?," GOV.UK, https://uk-air.defra.gov.uk/assets/documents/reports/aqeg/ch7.pdf.

13 Brian Beach and W. Walker Hanlon, "Coal Smoke and Mortality in an Early Industrial Economy," *Economic Journal* 128 (November 2018): 2652–75.

14 Tim Hatton, "Air Pollution in Victorian-Era Britain—Its Effects on Health Now Revealed," *The Conversation*, November 15, 2017.

15 Sean D. Hamill, "Unveiling a Museum, a Pennsylvania Town Remembers the Smog That Killed 20," *New York Times*, November 1, 2008, https://www.nytimes.com/2008/11/02/us/02smog.html.

16 Ibid.

17 Tom Skilling, "Ask Tom: Is 'Smog' a Combination of 'Smoke' and 'Fog'?," *Chicago Tribune*, August 30, 2017, https://www.chicagotribune.com/news/weather/ct-wea-asktom-0831-20170830-column.html.

18 "Yuval Noah Harari," *Wikiquote*, last revised December 21, 2018, https://en.wikiquote.org/wiki/Yuval_

23 Gregori Galofré-Vilà, Andrew Hinde, and Aravinda Guntupalli, "Heights across the Last 2,000 Years in England," Discussion Papers in Economic and Social History, no. 151 (Oxford: University of Oxford, January 2017).

24 Felipe Fernandez-Armesto, *Near a Thousand Tables: A History of Food* (New York: Free Press, 2002), Kindle, location 3886.

25 Charles Elmé Francatelli, *A Plain Cookery Book for the Working Classes* (1852; repr., Stroud, Gloustershire: History Press, 2010), "No. 15. Cocky Leeky," https://books.google.com/books?id=5ikTDQAAQBA-J&printsec=frontcover&source= &cad=0#v=onepage&q&f=false.

26 B. S. Rowntree, *Poverty and Progress: A Second Social Survey of York* (London: Longmans, Green, 1941), 172–97.

27 June Young Choi, "The Introduction of Tropical Flavours into British Cuisine, 1850–1950" (unpublished paper for AP European History class, Korean Minjok Leadership Academy, Fall 2009).

28 Ian Morris, *The Measure of Civilization: How Social Development Decides the Fate of Nations* (Princeton, NJ: Princeton University Press, 2013).

29 Ian Morris, *Why the West Rules—for Now: The Patterns of History, and What They Reveal About the Future* (New York: Farrar, Straus & Giroux, 2010), Kindle, location 8098. ［邦訳：イアン・モリス『人類5万年　文明の興亡（上・下）』北川知子訳、筑摩書房］

30 Ibid. データや計算の詳細、出典については morefromlessbook.com/data にて公開している。

31 Ibid. データや計算の詳細、出典については morefromlessbook.com/data にて公開している。

32 Dylan Tweney, "Feb. 25, 1837: Davenport Electric Motor Gets Plugged In," *WIRED*, February 25, 2010, https://www.wired.com/2010/02/0225davenport-electric-motor-patent/.

33 Warren D. Devine, "From Shafts to Wires: Historical Perspective on Electrification," *Journal of Economic History* 43, no. 2 (June 1983): 356.

34 Andrew C. Isenberg, *The Destruction of the Bison: An Environmental History, 1750–1920*, Studies in Environment and History (Cambridge, UK: Cambridge University Press, 2000), Kindle, location 3660.

35 Devine, "From Shafts to Wires," 359.

36 David M. Cutler and Grant Miller, "The Role of Public Health Improvements in Health Advances: The Twentieth Century United States," *Demography* 42, no. 1 (February 2005): 1–22.

37 Harvey Green, *Fit for America: Health, Fitness, Sport, and American Society* (New York: Pantheon Books, 1986), 108.

38 Robert A. Caro, *The Path to Power: The Years of Lyndon Johnson* (New York: Knopf, 1982), 505.

39 Edmund Lindop, *America in the 1930s*, Decades of Twentieth-Century America Series (Minneapolis: Twenty-First Century Books, 2010), 57.

40 Charles C. Mann, *The Wizard and the Prophet: Two Remarkable Scientists and Their Dueling Visions to Shape Tomorrow's World* (New York: Knopf, 2018), Kindle, location 167.

41 Ibid., 170.

42 Anne Bernhard, "The Nitrogen Cycle: Processes, Players, and Human Impact," Nature Education Knowledge Project, accessed March 15, 2019, https://www.nature.com/scitable/knowledge/library/the-nitrogen-cycle-processes-players-and-human-15644632/.

43 Mann, *Wizard and the Prophet*, 168–72 passim.

44 Ibid., 171–72.

45 Ibid., 170.

46 Ibid., 171.

47 Roser, Ritchie and Ortiz-Ospina, "World Population Growth."

48 Max Roser, "Life Expectancy," *Our World in Data*, accessed March 15, 2019, https://ourworldindata.org/life-expectancy.

3 Roland E. Duncan, "Chilean Coal and British Steamers: The Origin of a South American Industry," Society for Nautical Research, August 1975, https://snr.org.uk/chilean-coal-and-british-steamers-the-origin-of-a-south-american-industry/.

4 James Croil, *Steam Navigation: And Its Relation to the Commerce of Canada and the United States* (Toronto: William Briggs, 1898), 57, https://books.google.com/books?id=Xv2ovQEACAAJ&printsec=frontcover#v=onepage&q&f=false.

5 Bernard O'Connor, "The Origins and Development of the British Coprolite Industry," *Mining History: The Bulletin of the Peak District Mines Historical Society* 14, no. 5 (2001): 46–57.

6 David Ross, ed., "The Corn Laws," *Britain Express*, accessed February 28, 2019, https://www.britainexpress.com/History/victorian/corn-laws.htm.

7 Paul A. Samuelson, "The Way of an Economist," in *International Economic Relations: Proceedings of the Third Congress of the International Economic Association*, ed. Paul Samuelson (London: Macmillan, 1969), 1–11. [邦訳：P. A. サミュエルソン編『国際経済（上・下）』相原光訳、竹内書店]

8 Stephen Broadberry, Rainer Fremdling, and Peter Solar, "Chapter 7: Industry, 1700–1870" (unpublished manuscript, n.d.), 34–35, table 7.6, fig. 7.2.

9 Gregory Clark, "The British Industrial Revolution, 1760–1860" (unpublished manuscript, Course Readings ECN 110B, Spring 2005), 1.

10 Ibid., 36.

11 Ibid., 38–39, fig. 10.

12 1200 ～ 2000 年の実質賃金と 1200 ～ 1860 年の人口は Clark, "Condition of the Working Class," 1307–40 より。それ以降の人口については、GB Historical GIS, University of Portsmouth, England Dep., Population Statistics, Total Population, A Vision of Britain through Time およびイギリス国家統計局より。データや計算の詳細、出典については morefromlessbook.com/data にて公開している。

13 Karl Marx, *Capital: A Critique of Political Economy*, vol. 1, pt. 1, *The Process of Capitalist Production*, ed. Friedrich Engels, trans. Ernest Untermann (1867; repr., New York: Cosimo, 2007), 708–9. [邦訳:マルクス『資本論』中山元訳、日経 BP]

14 George Meyer, Sam Simon, John Swartzwelder, and Jon Vitti, "The Crepes of Wrath," *The Simpsons*, season 1, episode 11, April 15, 1990.

15 Jeffrey G. Williamson, "Was the Industrial Revolution Worth It? Disamenities and Death in 19th Century British Towns," *Explorations in Economic History* 19, no. 3 (July 1982): 221–45, https://doi.org/10.1016/0014-4983(82)90039-0.

16 "Cholera," World Health Organization Fact Sheets, updated January 17, 2019, https://www.who.int/en/news-room/fact-sheets/detail/cholera.

17 Jacqueline Banerjee, "Cholera," Victorian Web: Literature, History, & Culture in the Age of Victoria, last modified January 19, 2017, http://www.victorianweb.org/science/health/cholera/cholera.html.

18 Simon Rogers, "John Snow's Data Journalism: The Cholera Map That Changed the World," *Guardian Datablog*, March 15, 2013, https://www.theguardian.com/news/datablog/2013/mar/15/john-snow-cholera-map.

19 C.W., "Did Living Standards Improve during the Industrial Revolution?," *Economist*, Economics: Free Exchange, September 13, 2013, https://www.economist.com/free-exchange/2013/09/13/did-living-standards-improve-during-the-industrial-revolution.

20 Williamson, "Was the Industrial Revolution Worth It?," passim.

21 Williamson, "Was the Industrial Revolution Worth It?," 227, table 1.26.

22 "Child and Infant Mortality in England and Wales: 2016," Office for National Statistics, accessed March 1, 2019, https://www.ons.gov.uk/peoplepopulationandcommunity/birthsdeathsandmarriages/deaths/bulletins/childhoodinfantandperinatalmortalityinenglandandwales/2016.

原註

はじめに

1 Jesse Ausubel, "The Return of Nature: How Technology Liberates the Environment," *rough Journal* 5 (Summer 2015), https://thebreakthrough.org/journal/issue-5/the-return-of-nature.

第1章

1 Thomas Malthus, *An Essay on the Principle of Population, as it Affects the Future Improvement of Society with Remarks on the Speculations of Mr. Godwin, M. Condorcet, and Other Writers* (1798; repr., Electronic Scholarly Publishing Project, http://www.esp.org, 1998), 12, http://www.esp.org/books/_althus/population/_althus.pdf. [邦訳：マルサス『人口論』永井義雄訳、中央公論新社]

2 Ibid., 10.

3 Ibid., 4–5.

4 データは Gregory Clark, "The Condition of the Working Class in England, 1209–2004," *Journal of Political Economy* 113, no. 6 (2005): 1307–40 より。データや計算の詳細、出典については morefromlessbook.com/data にて公開している。

5 Gregory Clark, "The Long March of History: Farm Wages, Population and Economic Growth, England 1209–1869" (Working Paper 05-40, University of California–Davis, Department of Economics, 2005), 28, http://hdl.handle.net/10419/31320.

6 Rodney Edvinsson, "Pre-industrial Population and Economic Growth: Was There a Malthusian Mechanism in Sweden?" (Working Paper 17, Stockholm Papers in Economic History, Stockholm University, Department of Economic History, 2015), http://www.historia.se/SPEH17.pdf.

7 Chris Stringer and Julia Galway-Witham, "When Did Modern Humans Leave Africa?," *Science* 359 (January 2018): 389–90, https://doi:10.1126/science.aas8954.

8 Susan Toby Evans, *Ancient Mexico and Central America: Archaeology and Culture History* (New York: Thames & Hudson, 2013), 549.

9 Clive Emsley, Tim Hitchcock, and Robert Shoemaker, "A Population History of London," Old Bailey Proceedings Online, www.oldbaileyonline.org, version 7.0, accessed February 28, 2019, https://www.oldbaileyonline.org/static/Population-history-of-london.jsp.

10 Max Roser, Hannah Ritchie and Esteban Ortiz-Ospina, "World Population Growth," Our World in Data, last updated April 2017, https://ourworldindata.org/world-population-growth.

11 James C. Riley, "Estimates of Regional and Global Life Expectancy, 1800–2001," *Population and Development Review* 31 (September 2005): 537, http://www.jstor.org/stable/3401478.

12 Angus Maddison, *Growth and Interaction in the World Economy: The Roots of Modernity* (Washington, DC: AEI Press, 2005), 5.

第2章

1 John Enys, "Remarks on the Duty of the Steam Engines Employed in the Mines of Cornwall at Different Periods," *Transactions of the Institution of Civil Engineers* vol. 3 (London: Institution of Civil Engineers, 1842), 457.

2 William Rosen, *The Most Powerful Idea in the World: A Story of Steam, Industry, and Invention* (New York: Random House, 2010).

[著者紹介]

アンドリュー・マカフィー (Andrew McAfee)

マサチューセッツ工科大学(MIT)スローン経営大学院首席リサーチ・サイエンティスト。MITデジタル経済イニシアティブの共同創設者兼共同ディレクター。デジタル技術がどう世界を変えるのかを研究している。エリック・ブリニョルフソンとの共著に『機械との競争』『ザ・セカンド・マシン・エイジ』『プラットフォームの経済学』(いずれも日経BP)がある。フォーリン・アフェアーズ誌、ハーバード・ビジネス・レビュー誌、エコノミスト誌、ウォール・ストリート・ジャーナル紙などに寄稿するほか、世界経済フォーラム、TEDなどにも登壇している。MITとハーバード大学にて複数の学位を取得。マサチューセッツ州ケンブリッジ在住。

[訳者紹介]

小川敏子 (Toshiko Ogawa)

翻訳家。東京生まれ、慶應義塾大学文学部英文学科卒業。小説からノンフ ィクションまで幅広いジャンルで活躍。ルース・ドフリース『食糧と人類』、ジャレド・ダイアモンド『危機と人類』(共訳)ほか訳書多数。

Author photo by Evgenia Eliseeva

MORE from LESS
(モア・フロム・レス)
資本主義は脱物質化する

2020年9月23日　　1版1刷

著　者	アンドリュー・マカフィー
訳　者	小川敏子
発行者	白石　賢
発　行	日経BP 日本経済新聞出版本部
発　売	日経BP マーケティング 〒105-8308　東京都港区虎ノ門4-3-12
ブックデザイン	山之口正和(OKIKATA)
DTP	アーティザンカンパニー
印刷・製本	中央精版印刷株式会社

ISBN978-4-532-17688-4

本書籍に関するお問い合わせ、ご連絡は下記にて承ります。

https://nkbp.jp/booksQA
Printed in Japan